国家重点研发计划"有机质可移动文物价值认知及关键技术研究"（2019YFC1520300）资助

Hand Papermaking Techniques
in North China

中国北方
手工造纸工艺

陈刚 张学津◎著

科学出版社

北　京

内 容 简 介

　　我国北方地区是造纸术的发源地，手工造纸历史悠久，在不少方面还保留着较为原始的面貌；有些古老的纸种，如麻纸，其传统制造技术也只存于北方。本书在大量田野调查的基础上，就北方仅存的二十余个地点的手工纸制作工艺进行了系统的记录分析；同时结合历史文献，就麻纸、皮纸、草纸等代表性纸种的传统制作工艺进行了还原和剖析，从原料、工具、工艺等环节分析了北方手工造纸工艺的特点；探讨了北方手工造纸工艺的多元价值与保护问题。本书是系统调查、整理、研究北方手工造纸工艺的成果。

　　本书适合文化遗产保护相关方向的研究人员，从事手工纸研究、制造的技术人员，以及纸质文物鉴定、保护修复工作者和书画爱好者。

图书在版编目（CIP）数据

中国北方手工造纸工艺 / 陈刚，张学津著. —北京：科学出版社，2021.6
　　ISBN 978-7-03-068737-1

　Ⅰ. ①中⋯　Ⅱ. ①陈⋯ ②张⋯　Ⅲ. ①手工-造纸-研究-北方地区
Ⅳ. ①TS756

中国版本图书馆CIP数据核字（2021）第 082828 号

责任编辑：邹　聪　刘红晋　陈晶晶 / 责任校对：贾伟娟
责任印制：徐晓晨 / 封面设计：有道文化

科 学 出 版 社 出版
北京东黄城根北街 16 号
邮政编码：100717
http://www.sciencep.com
北京建宏印刷有限公司 印刷
科学出版社发行　各地新华书店经销

*

2021 年 6 月第　一　版　　开本：720×1000　1/16
2021 年 6 月第一次印刷　　印张：18 1/4
字数：320 000

定价：128.00 元
（如有印装质量问题，我社负责调换）

序

就我而言，尽管天天在与纸打交道，但却一直对此熟视无睹，对于传统手工纸，更是不闻也不问。或许，大多数人也和我一样。因此，按理说，我不是为该书作序的最佳人选，然而，陈刚教授是我的同事加朋友，勉为其难，只能尽力，略抒己见，聊以为序。

我是从阅读陈刚教授的《中国手工竹纸制作技艺》（科学出版社，2014 年）一书后才开始了解手工纸的。因此，对于陈刚教授领衔的新作——《中国北方手工造纸工艺》，早有期待。

在该著作中，陈刚教授主要考察了各类麻纸和皮纸的手工制造工艺。陈刚教授及其团队通过田野调查，走村访寨，考察手工造纸作坊，与传统技艺的继承者促膝相谈，搜集实物资料，结合前人的调查成果，对传统手工麻纸的制作工艺进行了梳理，获得了中国北方手工造纸的现状、地理分布、历史演变、工艺传承与变迁等的第一手资料，为中国北方的手工造纸的历史与现状做了较为完整的记录，保留了重要的原始资料。同时，陈刚教授也不无担忧地指出："目前北方手工纸正处在一个迅速萎缩的阶段，如不及时采取措施，将面临彻底消亡的危险。本书希望通过对北方手工造纸工艺的调查研究，分析其所具有的特点和价值，为日后的保护工作提供建议，以期实现北方手工造纸工艺的持久发展。"

其实，何尝仅是北方纸，整个中国传统手工纸均面临着相似的境遇。该书读来，我深有感受。虽然，中国的造纸术已历经千百年的发展，远播世界，对人类文化的传播和不同文化之间的相互交流做出了重要贡献。然而，当今中国手工纸的境况却不容乐观。中国手工纸的市场相当混乱，在制纸工艺中，偷工减料、滥用强碱和漂白剂等各类有害化学品、熟练抄纸工的严重缺乏和技术水平的下降、粗劣机械的使用等因素，导致劣质的手工纸充斥市场。时至今日，除了少数不可替代的领域，如书画、古籍修复和传统典籍的再造外，手工纸业节节败退。更糟糕的是，即便在这些领域里，中国在世界上也处于劣势，日本、韩国均已经远远走在了我们的前头。最近，我的一位朋友在考察美欧的图书馆、档案馆和博物馆后，感叹道："西方古籍保护用纸都来自日本。中国造纸术是世界公认的伟大发明，然而我们中国造纸术发展至今已被日本远远超越。究其原因是我们至今沉迷于工艺传承上，缺乏科学分析与工艺的结合。我们应该清醒地认识到自己的差距。"

此说不无道理。尽管当今大多数的手工纸生产地均实行了"非遗传承人"制度，一些工匠被列为非物质文化遗产（非遗）传承人，也获得了一定的补贴和经费支持。这些举措在文化意义上，对保护与传承非物质文化遗产起到了重要的作用。非遗文化的传承，是人类对自己的一项技艺或物品的记忆，我们必须尽可能逼真地保持原有全部工艺和生产方式，并将其向现代人展示。

然而，对于手工纸而言，我们必须从两个层面上去理解它，即文化传承和消费品。手工纸，它并非仅是非遗，它还代表了一种采用传统工艺制作的纸品。同时，在书画、纸质艺术的材料、古籍修复、善本再造和典籍印刷等方面还有市场，因而它还是一种商品（产品）。必须指出，对于作为商品的手工纸，"手工"并非表示必须完全手工制作，所谓"手工"只是代表一种制作的过程，代表了特定的纸的特性，表明所采用的生产工艺是传统的而已。

对于一种人类仍在消费的商品，我们必须有发展的眼光。如果墨守成规，错误地认为任何技术的进步都有悖于非遗，那么任何技术革新都无法开展。尽管非遗是一种必要的传承，但如果以"传承"为名而不事创新，那么在商品的意义上就是自毁前程。

近代以来，随着以木材为原料的机制纸的普及，传统手工纸的新纸品开发严重滞后，由于其成本较高，适应现代需求的品种开发滞后，传统手工纸的使用范围日渐缩小，现在已基本退出了日常书写、印刷等领域。我国手工纸的产地、产量也在迅速减少，传统手工纸业正面临严峻的考验和发展的困境。

当然，随着时代的变迁、社会经济状况的变化、原有原材料的枯竭和新的原材料的采用，相应的原材料处理等传统手工纸制造工艺也经历了一系列的改变。进入当代，如果完全遵守原始的传统工艺，则既费时，又费力，并导致劳力成本的大幅上升。因此，借助于化学工业的发展，在植物纤维的制浆处理、纸浆的漂白和成纸等过程中，更多地采用合成的化学品。由于采用了合成化学品，纸浆制备效率得到了巨大的提高。为了追求高的生产效率并获取更大的效益，合成的化学品在传统手工纸生产过程中得到了极其广泛的应用，即便是手工造纸的小作坊也难以避免。然而，从业人员往往缺乏对这类化学品对纤维的破坏性的认识，而科研人员对在什么条件下使用才能使纤维的损害达到极小等一系列问题缺乏深入、广泛和细致的科学研究，因此，这类合成化学品对纸张的性质产生了诸多不利的影响（尤其是纸寿），尽管表观上看来似乎一切如常。这是导致纸品质量大幅度下降，以至于劣质纸品充斥市场的主要原因。

尽管传统工艺为我们提供了极其重要的手工纸生产的技术要素和宝贵经验，但毕竟由于时代的限制，有些工艺过程并非那么科学，甚至带有不少的迷信色彩。加之原先的手工纸生产作为家庭秘传，造纸商户之间相互保密，严重阻碍了技术的发展。而且，纯手工操作不仅无法实现快速生产，更无法实现整套工艺的高精度、稳定地实现。例如，纯手工工艺无法做到纸浆中纤维的粗细、长短分布的可重复性，更无法控制诸如纤维表面的化学物理性质等一系列相关物性的稳定性。对于抄纸工艺，即便是十分熟练的抄纸工，抄纸过程中的纸浆浓度也难以保持恒定，更无法精确定量，因此也难以做到纸张内和纸张间的高精度的厚薄均匀性和一致性。再者，由于在纯手工生产的自然条件下，因不同季节和地点的水中的有机物和矿物盐的浓度的差别、不同环境温度下纸浆中微生物的繁殖速率的差别、不同工艺操作人员的习惯和手艺的差别等各类因素的影响，不同的批次的产品很难保持性能的一致性和稳定性。

然而，从应用方面来讲，传统手工纸张作为一种艺术作品的基本材料，其各种理化性能直接影响到艺术的表现力。更为精细的是，不同个性和风格的艺术家往往对材料（纸、墨、颜料等）有独特的要求，因而需要开发出满足各种不同艺术风格所需要的艺术纸品的牌号（或许它们之间的物性差别并不是很大，但要求具有稳定的、标准化的生产和供应）。即便对于印刷和修复用纸，为了满足高精度印刷及其快速走纸的要求，用户总归希望纸张对于水墨或油墨的洇墨性、纸张的湿强度和纸张的厚薄均匀性等理化性能符合一些较高的特定要求。如果人们无法满足这些特定的要求，或是无法可重复并稳定地供应高质量、系列化的传统手工纸品，不仅将严重妨碍艺术家的风格的发挥，阻碍文化的传承发展，也难以拓展新的市场。久而久之，其必被市场所淘汰。

对于未来，一个更为严重的问题已经浮现。纯手工制纸工艺，因其巨大的劳动强度，少有年轻一代的人愿意从事这一行业，而培养一个技术熟练的、合格的抄纸工又需要较长的时间。"非遗传承人"制度也无法促使形成足够数量的熟练匠人队伍。因此，随着时间的推移，招收到合格的抄纸工难度越来越大。

或许，极少数人还可以做"非遗传承"的演示，但作为生产工艺的技术人员，不可否认，人才困境已经显现。

......

有必要强调的是，我并非排斥现代合成化学品的使用，关键在于在哪个工艺段，使用哪种化学品，以及该如何使用。我不仅不排斥机械的使用，而且积极鼓励为传统手工纸生产开发专用设备（例如，适用于长纤维纸浆的成纸机械）。简言之，造成传统手工纸目前困境的原因并不在于合成化学品的应用，更不在于机械的使用，而是在于现代化学品和某些机械的不合理使用，在于现代科学和先进技术在传统手工纸生产中的普遍缺位。若要达到对当代科学技术的合理利用，唯有加强对传统造纸从原料到工艺的全面、深入的基础研究，并在此基础上积极利用现代技术来提升和改造原始的生产工艺，以普遍提高和稳定传统手工纸的质量。

有人将出现的问题归咎于现代科技的广泛运用，以及传统手工造纸难以抵御现代化工业革命浪潮。我认为这只是表象，而不是问题的关键所在。或许，"因循守旧"、以"传承"和"保护"为名来包装的种种人为因素，才是使得作为消费品（商品）的传统手工纸业难以发展的真正阻碍。

我国各地历来对造纸植物没有进行专门的原料培植，因此常常导致某些手工纸生产原料得不到保障而使工艺流于失传。然而，中国手工纸的产地分布之广、原材料（除了竹以外，可用于造纸的韧皮纤维种类繁多，如楮皮、桑皮、青檀皮、三桠皮、雁皮、杨树皮等）和相应的工艺技术之多样、品种之丰富，仍是其他国家所无法比拟的。正因为如此，中国的传统手工造纸技术不仅引起国际艺术界、科技史界，以及文物研究和保护学术界的重视，同时也因其超长的纸寿和良好的着墨性等特有品质而引起国际纸业界的重视，相应的研究也正在逐步开展。因此，如何利用我国传统手工纸的多样性和优异的特性，进一步拓展其应用面，突破传统的书画用纸的应用领域，将其发展为更为广泛的艺术材料、典籍印刷材料、存档用纸等，是亟待解决的问题。

总之，我们必须对传统生产工艺，取其精华，去其糟粕。在保持传统工艺精华的前提下，以科学的方法提炼传统手工纸生产工艺各段所隐含的科学问题，并加以研究，并以此为基础，发展和改造传统纸的生产工艺，针对需求领域开发更多的新纸品，以必要的智能机械设备来代替繁重人力和人工技术，充分利用各种造纸资源，大力发展更多的传统手工纸品，以适用和满足市场的各种需求，开发出各种（满足现代高精度的油印、水墨印和喷墨和激光打印等要求）传统手工纸品，并以新的纸品来引导更多的市场需求。这是对中华传统真正的，也是最好的传承和保护，也是让传统手工纸再次辉煌发展的必由之路。

然而，不可否认，人们对于以现代科学手段研究传统手工纸，以现代科技来改造传统手工纸的生产还存有许多误解，因此并未受到普遍的欢迎和认可。业界除了采取不支持、不鼓励、不配合的态度外，甚至竭力排斥。尤其是其中某些人甚至对现代科技抱有很大的偏见，这些人不仅对现代科技了解甚浅，而且置言极端。另外，也不可否认科技界自身亦存在严重问题。对不成熟的，也不切实际的科研成果的贸然推广应用，对纸质文物已经造成了不可挽回的重大损失，从而进一步增长了古籍与书画保护界对科技手段的不信任感。当今，不少研究人员对此领域不屑一顾，认为其不够前沿，不够现代，年轻一代的科学家也因种种原因而远离或完全不屑于进入这个小众领域。从宏观层面上看，不合理的科研体制导致此类研究难以获得足够的研究经费，阻碍了相关研究工作的开展；不合理的考核与评价机制更是进一步加剧了研究形势的恶化。只有上述问题得到改善，才能为我国传统手工纸的复兴创造一个美好的未来。

总之，陈刚教授及其团队做了一件十分重要而又及时的工作，开了一个很好的头。事实上，纸的生产和应用在相当的程度上代表了人类的文化、社会和经济的状态及其发展水平。对一种纸、一种工艺、一种文化的发展及衰变过程，及其与当地的经济和社会结构的演化的关系等问题的考察或许能够给出更为深刻、更具意义的结果。最近江苏人民出版社出版的由德国艾约博著的《以竹为生——一个四川手工造纸村的 20 世纪社会史》（韩巍译，2017 年）在这方面提供了重要的启示。对于中国北方的手工纸，更需要社会人类学家的努力。我对此亦有期待。

不似序，是为序。

2019年6月4日

目　　录

第一章 概 述

中国造纸术经过千百年的发展，已传至世界各地，对人类文化的传播与文明的传承起到了重要作用。同时，在传播的过程中，各地形成了丰富多样的工艺体系，如以中国、日本、韩国为代表的东亚手工造纸体系；以泰国、缅甸、印度、尼泊尔为代表的东南亚手工造纸体系；以意大利、法国、德国为代表的欧洲的手工造纸体系等。近代以来，随着以木材为原料的机制纸的普及，在我国，手工纸的使用范围也日渐缩小，现在已基本退出了日常书写、印刷等领域，手工纸的产地、产量也在迅速减少，即使如此，中国手工纸的产地分布之广、技术之多样、品种之丰富，仍是其他国家所无法比拟的。正因为如此，中国的传统手工造纸技术也日益引起国际艺术界、科技史界以及文物研究和保护学术界的重视。

除了部分少数民族地区以外，我国大部分地区的手工造纸技术，属于东亚的体系，即以活动式纸帘抄纸为特征。但是，考察各地的原料、工艺、设备与产品，仍可以发现鲜明的地域特征。我国北方地区是造纸术的发源地，在手工造纸技术发展的历史进程中具有重要作用。以往，手工造纸技术研究的重点区域，多集中在南方地区，这主要是由于唐宋以来，我国造纸的中心南移，现有的手工造纸遗存多集中于南方。而实际上，北方地区的手工造纸由于历史悠久、发展较为缓慢，在不少方面还保留着较为原始的面貌，在造纸技术史的研究方面具有较大的价值。有些古老的纸种，如麻纸，其传统制造技术也只存于北方。由于种种原因，北方的手工造纸业的衰退更为严重，硕果仅存的约二十个地点也濒临停产，其技艺的调查抢救工作非常紧迫。本书即试图致力于这方面的初步调查和研究工作。需要指出的是，这里所论述的北方手工造纸工艺，并不是严格按照地理范围划分的，而是在此基础上，结合了制作工艺和纸张特点等多种因素。北方手工造纸工艺，主要指分布在我国秦岭—淮河一线以北地区，主要以麻和皮为造纸原料，使用比较简易的工具设备进行生产的造纸工艺。与南方手工造纸工艺，特别是竹纸工艺相比，具有显著的差异性。

北方手工纸以皮纸和麻纸为主，普遍尺幅较小，以四五十厘米见方的纸张居多；纸张表面不均匀，杂质较多，且相对粗厚，但韧性强、牢度大，广泛应用于生产生活的各个领域。过去北方地区日常书写、制作账簿、订立契约、发放公文等均采用当地的手工纸。此外，北方手工纸还用来糊窗、糊顶棚、裱糊工具以及包裹物品、制作鞋样和衣服内衬、纸伞、灯笼等。在丧葬仪式中，不管是纸幡、纸车马等纸扎还是焚化用的纸钱，都由当地手工纸制成。手工纸也是裱糊棺材内壁、做衬垫的主要材料。由此可见，北方手工纸曾经在当地居民的日常生活中扮演重要的角色。

与南方宣纸、连史纸等文化用纸相比，北方手工纸在尺幅、均匀度、厚度、强度等方面，存在明显区别。北方手工纸尺幅小，而宣纸、连史纸等尺幅大；北方手工纸由于已不再作为书写用纸，纸张表面比较粗糙，而宣纸、连史纸等纸张均匀细腻；北方手工纸广泛用于包装和裱糊，对纸张强度要求高，纸张较厚且韧性强，这一点是宣纸、连史纸等所不具备的。

北方手工纸不管是制作工艺还是纸张产品，都存在明显的特殊性，独具一格。它与南方手工纸工艺共同构成了我国传统造纸工艺体系，从而反映了我国手工造纸工艺的多样性。而且，北方手工纸生产历史悠久，见证了手工纸从产生、发展直至繁荣又走向衰落的全过程，是我国手工造纸工艺发展史的缩影。作为传统农村副业，北方手工纸产品一直是必不可少的生活用品，已融入当地居民的生活，成为地区文化的物质载体。它所承载的历史和文化信息也不容忽视。

遗憾的是，北方手工纸的生存现状并不乐观。就目前而言，大多已不再作为文化用纸使用，一般仅作包装、裱糊之用，或作为丧葬用纸。现有的产品类型，使其在当今社会陷入困境。目前社会对手工纸的需求主要集中在书画用纸领域，包装、裱糊等日常生活用纸多被塑料制品或机制纸所替代。因此，北方手工纸的市场需求量不高。再加上产品现在质量普遍较差，售价低廉，所能带来的经济利益有限，难以为继。

由于社会上普遍存在重视宣纸等高级书画纸，而忽视其他手工纸的倾向，北方手工造纸工艺的价值往往被低估，没有得到应有的重视，相关的研究工作也比较薄弱。目前北方手工纸正处在一个迅速萎缩的阶段，如不及时采取措施，将面临彻底消亡的危险。本书希望通过对北方手工造纸工艺的调查研究，分析其所具有的特点和价值，为日后的保护工作提供建议，以期实现北方手工纸的持久发展。书中"现在""目前"等所指的一般为附录二调查时情况。

第一节　北方手工纸的发展历史

在造纸术发明的两汉时期，北方地区是政治、经济中心。借助区位优势，北方各省普遍较早开展造纸生产，形成了最早的一批造纸中心，主要集中在河南、陕西、山西等地。在陕西、甘肃出土了为数不少的汉代纸张。造纸术产生初期，由于技术尚不成熟，纸张较为粗糙，多作为包装等用。例如汉代悬泉置遗址出土了写有药名的包药纸。[①]在纸面上有时还可以看到未打碎的麻布片和麻绳等（图 1-1）。为了改善纸张质量，需对纸张进行后期加工，采用涂布、研光等方法使纸张表面平滑。有学者分析旱滩坡出土的东汉古纸为单面涂布加工纸。[②]汉末山东人左伯制作出高级加工纸左伯纸，研妙辉光[③]，为世人所称道。

图 1-1　汉魏古纸中的麻布与麻绳碎片
注：敦煌悬泉置遗址出土，甘肃省文物考古研究所藏

魏晋南北朝时期，随着人员的迁徙，造纸工艺开始向南方传播。南方逐步形成新的造纸中心，但北方地区仍然占据重要地位。北方产纸以洛阳、长安（今西安）及山西、河北、山东等地为中心，南方有江宁（今南京）、会稽（今

① 何双全：《甘肃敦煌汉代悬泉置遗址发掘简报》，《文物》，2000 年第 5 期，第 4-20 页。
② 王菊华等：《中国古代造纸工程技术史》，太原：山西教育出版社，2006 年版，第 101 页。
③ "左伯字子邑，汉末益能为之，故萧子良答王僧虔书云：子邑之纸研妙辉光，仲将之墨一点如漆。"
　苏易简：《文房四谱》卷四纸谱三，清十万卷楼丛书本。

图 1-2　北朝时期剪纸

注：吐鲁番阿斯塔纳墓出土，新疆博物馆藏

绍兴）、扬州、今安徽南部及广州等地。[1]这一时期，纸张取代简帛，成为主要书写载体。敦煌石室所出的两晋南北朝时的写经纸，反映了当时北方地区造纸工艺的发展水平。从实物来看，当时造纸生产以草帘抄造为主，普遍使用了加填、染潢、砑光等纸面处理技术。随着造纸技术的发展，北方手工纸的用途也不断扩大，不仅作为书写用纸，也开始用于绘画领域。1964 年新疆吐鲁番地区出土的东晋时期纸绘设色地主生活图，长 16.5 厘米，高 47 厘米，由六张纸联成，材料为麻纸。[2]另外，北方手工纸依然用作日常生活用纸。新疆吐鲁番阿斯塔那北区 4 世纪末到 7 世纪末的墓葬中出土了纸鞋、剪纸（图 1-2）。纸鞋由麻纸剪成帮、底，用丝线缝，全是由字纸制成的。[3]用字纸制作陪葬用的纸鞋，说明当时已经出现对纸张的再利用。

隋唐时期，造纸中心已遍布全国。有学者根据《新唐书·地理志》、《元和郡县图志》及《通典》所记载的各地贡纸情况，列举唐代常州、杭州、越州（今绍兴）、婺州（今金华）、衢州、宣州（今宣城）、歙州（今徽州）、池州、江州（今九江）、信州（今上饶）、衡州（今衡阳）等 11 个长江流域的贡纸产区。[4]此时，南方地区的手工纸发展已十分成熟，与北方手工纸难分伯仲。随着纸张的产量增加，纸的用途扩大到日常生活的各个方面，民间用量较大的为糊窗与冥纸。此外，纸已用于包装、厕纸、纸衣、纸灯与纸鸢等，甚至战争用的纸甲。[5]糊窗、冥纸、包装纸，目前依然是北方手工纸常见的用途，从隋唐一直延续至今。

宋元时期，随着文化的进步，社会对印书用纸的需求量巨大，而这种需求使竹纸的制造技术与质量得到迅速发展提高，改变了宋代以前以皮纸、麻纸为主要原料的状况。竹纸在其制作技术成熟之后，开始取代北方的麻纸和皮纸，

① 潘吉星：《中国造纸史》，上海：上海人民出版社，2009 年版，第 135 页。

② 潘吉星：《中国科学技术史：造纸与印刷卷》，北京：科学出版社，1998 年版，第 110 页。

③ 新疆维吾尔自治区博物馆：《新疆吐鲁番阿斯塔那北区墓葬发掘简报》，《文物》，1960 年第 6 期，第 13-21 页。

④ 王明：《隋唐时代的造纸》，《考古学报》，1956 年第 1 期，第 115-126 页。

⑤ 王菊华等：《中国古代造纸工程技术史》，太原：山西教育出版社，2006 年版，第 175 页。

成为主要的文化用纸。南方地区凭借充足的竹料资源，在这一时期迅速崛起，北方手工纸生产的中心地位最终被南方所取代。这一时期，在传统皮纸、麻纸方面，南方也出现了大量高级纸品，如澄心堂纸、蠲纸、金粟山藏经纸等。北方虽依然有高级手工纸生产，如河北桑皮纸①，但无论是高级纸品种类的多寡还是影响力的大小，均难以与南方相匹敌。

明清时期，竹纸技术日臻完善，我国南方各省产竹地区，几乎都有竹纸生产。其主要产区以浙江、福建、江西、广东、四川等省最为兴盛，而湖南、湖北、广西、贵州乃至陕南地区的竹纸制造也逐步发展，此时，竹纸生产跃居手工纸的主导。同时，安徽泾县的宣纸进一步发展，并得到文人墨客的青睐，直至今日，宣纸依然是主要的书画用纸。虽然这一时期造纸中心已完全由北方地区转移到南方，但北方仍是贡纸的重要产地。《大明会典》中记载："洪武二十六年定，凡每岁印造茶盐引由契本盐粮勘合等项，合用纸札，著令有司抄解。其合用之数……产纸地方分派造解额数：陕西十五万张，湖广十七万张，山西十万张，山东五万五千张，福建四万张，北平十万张，浙江二十五万张，江西二十万张，河南五万五千张，直隶三十八万张。"②从记载中可以看出，北方依然负责生产大量贡纸。清代的《钦定大清会典则例》中，也有关于雍正年间山西解送毛头纸的记载，数量可达每年15万张。③而乾隆年间，更是达到年解百万张之多，一直持续到光绪初年。④有学者曾对明清故宫档案部83份纸样进行分析，其中只有1份"满文世袭谱档"样品为"迁安桑皮纸或官纸局纸"，其他均为南方手工纸或产地不明的纸品。⑤北方手工纸在明清宫廷档案用纸中所占比例很小。北方生产的贡纸很可能并非书写用纸，而是另作他用，因为宫廷建筑装潢等方面对手工纸的需求量也十分巨大，如高丽纸、东昌纸、山西毛头纸等常常在建筑裱糊档案文献中出现。虽然北方手工纸在宫廷中较少用作书写纸，但在民间，北方手工纸仍然是百姓书写、记账、订立契约的主要载体。

综上所述，从造纸术产生之初直至宋元时期，北方地区一直是我国手工纸生产的中心。北方手工纸长期以来，不仅作为书写、绘画的主要载体，还广泛

① "河北桑皮纸，白而慢，受糊浆硾成，佳如古纸。"米芾：《十纸说》，见：刘岳云：《格物中法》卷六下之下木部，清同治刘氏家刻本。
② 申时行：《大明会典》卷一百九十六工部十五，明万历内府刻本。
③《钦定大清会典则例》卷三十八，《景印文渊阁四库全书》（第621册），台北：台湾商务印书馆，1986年版。
④ 衡翼汤：《山西轻工业志》（上册），太原：山西省地方志编纂委员会办公室，1984年版，第108页。
⑤ 明清宫廷用纸分析总表（一）（二）（三），见：王菊华等：《中国古代造纸工程技术史》，太原：山西教育出版社，2006年版，第363-369页。

应用于日常生活的各个方面。但是随着竹纸、南方高级加工纸以及安徽宣纸的发展成熟，北方手工纸受到极大冲击，使得其在书画创作、宫廷文书用纸等领域萎缩，仅在民间保留了书写等用途，并主要用作日常生活用纸。在此情形下，北方手工纸开始沿着粗放化的趋势发展，因此逐渐形成了目前的工艺体系和产品类型。

手工纸按用途可以划分为：文化用纸、生活用纸（还包括日常用纸、文娱用纸、卫生用纸）以及丧葬用纸等几大产品类型。北方手工纸一直兼具文化用纸、生活用纸和丧葬用纸等多重角色。虽然其在书画创作和高级书写纸领域被宣纸和竹纸所取代，但在民间，它依然扮演着文化用纸的角色。而南方宣纸，较早地确立了其作为高级书画用纸的定位，虽然也具有一定的生活用纸功能，但主要发展方向是文化用纸。南方竹纸按纸张的外观和处理工艺可以大体分为连史纸、贡川纸、毛边纸、元书纸、表芯纸等五大类别。每一类别的纸张质量和用途都各有不同。南方手工纸的原料、生产工艺相差较大，很难归于某一工艺体系。相比之下，北方手工纸生产工艺差别不大，在同一工艺体系之内，产品却能够呈现出丰富多样的面貌。这主要是由于北方地区采用麻和皮等长纤维原料进行造纸，可以采用相对简单的方法，生产出质地较好的纸张，而不像竹纸，若要生产高级连史纸，则需要十分复杂的工艺处理。

这一特点使得北方手工纸可以在文化用纸、生活用纸、丧葬用纸等用途之间自由转换，根据实际需求进行自我调整，从而导致北方手工造纸工艺并没有呈现出不断完善的发展趋势，而是出现了技术的革新与退化并存的现象；也使得北方手工纸工艺并未发展到完全成熟、进步的阶段，依然保留了部分原始要素。这一点在北方现存造纸工艺中也有所体现。

第二节　北方手工造纸工艺的分布

北方手工造纸工艺分布范围广泛，曾经涵盖华北、西北、东北大部分地区，主要造纸产地集中在山西、山东、河北、河南、陕西、甘肃等省，东北三省以及内蒙古、宁夏、新疆等地也有零星分布。通过对北方各省地方志、文史资料等文献进行梳理，可以了解清代至新中国成立前这一阶段传统手工纸生产区域的分布情况。

其中，传统麻纸工艺分布最为广泛，传统麻纸产区主要分布在黄河流域以北,遍布北方各省,尤以山西省最为集中。除中原地区之外,吉林省东辽县[①],辽宁省开原市、桓仁县、铁岭市、昌图县[②],新疆昌吉州奇台县[③]等地均有麻纸生产。麻纸以废旧麻绳、麻布、麻鞋等生活用品为原料,而非直接使用麻类植物。原料来源受地理环境影响较小,因此手工麻纸工艺分布范围最广。

北方地区皮纸生产主要包括桑皮纸和构皮纸两类,两者工艺基本相同,只是原料不同。构皮纸以野生构皮为原料,主要分布在甘肃、陕西、河南三省南部地区。这些地区由于临近秦岭北部山区,野生构皮资源丰富,便于进行构皮纸生产,并由此形成了专门贩卖构皮的行业——穰行[④]。桑皮纸产区主要分布在山西、山东、河北以及河南部分地区。桑皮纸生产与蚕桑业关系密切,蚕桑业的副产品——桑皮,是桑皮纸生产的主要原料来源。山东、河北是主要蚕桑基地,因此周边地区桑皮纸生产发达。

北方手工纸生产多分布在相对不发达的乡村,中心城市往往较少进行造纸生产。这主要是由于造纸需要丰富的原料来源和充足的水源条件。因此山区的居民往往借助原料优势和水源进行手工纸生产,产品除自己使用外,也会贩卖到城市。如果从山区采购原料再运往城市进行手工纸生产,势必会极大地增加生产成本,因此城市大多进行再生纸生产,即从当地收购废纸作原料,降低成本。北京白纸坊地区传统上便生产再生纸。[⑤]再生纸的生产工艺简单。竹纸在陕西、河南南部少数地区也有生产,但规模不大。

造纸原料的分布对手工纸生产的区域分布产生了直接影响。这是北方手工纸生产就地取材特点的反映,也凸显了手工纸生产的适应性。正因如此,北方手工纸生产工艺这一体系之下,又呈现出多样化的风格面貌。可以说,北方手工造纸工艺,是统一与多元的结合。

从分布区域来看,麻纸工艺与皮纸工艺并非泾渭分明,两者交错分布,并存在同时生产麻纸和皮纸的情况,渭河流域天水、陇县、凤翔、富平、蒲城等诸多造纸地点既生产麻纸又生产皮纸。从工艺上看,虽然由于原料不同,麻纸

---

① 段盛梓等:《西安县志略》卷十一,雷飞鹏等修,清宣统三年(1911年)石印本。
②《辽宁造纸工业史略》编委会:《辽宁造纸工业史略》,沈阳:辽宁省造纸研究所,1994年版。
③ 吴仁学:《奇台造纸业》,见:中国人民政治协商会议奇台县委员会文史资料研究委员会:《奇台县文史资料》(第14辑),1988年版,第41页。
④ 陈德智:《穰庄如雪长安道》,见:中国人民政治协商会议陕西省旬阳县委员会文史资料研究委员会:《旬阳县文史资料》(第1辑),1988年版,第78-85页。
⑤ 王克昌:《北京的白纸坊》,见:中国人民政治协商会议北京市委员会文史资料研究委员会:《文史资料选编》(第18辑),北京:北京出版社,1983年版,第248-250页。

和皮纸工艺在原料处理和打浆工艺等方面存在一定的差异，所选择的工具也不尽相同。但是两者所采用的抄纸、晒纸的工具和方法均一致，且体现了北方手工纸工艺的共同特点。因此，这里所探讨的北方地区传统手工造纸工艺体系，主要是以北方麻纸和皮纸生产工艺作为研究对象，并由此分析北方手工纸工艺的独特性和价值。

相比于传统北方手工纸产区分布广泛、造纸地点众多的情况，北方手工纸生产的现状并不乐观。近代以来，随着日常生活中机制纸使用的普及，北方传统手工纸生产急剧萎缩。根据实地调查得知，北方仅有河北、河南、山东、山西、陕西、甘肃、新疆的个别地区仍保留有传统手工纸的生产。

总体而言，北方手工造纸保存情况堪忧，麻纸工艺尤甚。传统麻纸产区众多，各省均有分布，但目前仅陕西北部、山西北部和南部少数地区保留了传统麻纸工艺。山东阳谷地区现在虽在进行麻纸生产，但当地传统是生产桑皮纸，只因桑皮来源困难，改用废麻作原料，因而不能算作传统意义上的麻纸产地。构皮纸工艺保存状况好于桑皮纸工艺。陕西南部、甘肃南部秦岭地区较集中地保留了构皮纸工艺；桑皮纸产区则零星分布在河北、山东等省。

据附录二调查统计，北方仍在进行造纸生产（包括间歇性生产）的地点共计 21 处（表 1-1）。北方手工纸生产仅为农村副业，生产规模普遍较小，根据实地调查了解，目前北方大多造纸地点仅有不到十户的造纸作坊，有的地点甚至只有一户人家在生产。这就使得北方手工纸生产不具有持续性，很可能随着手工造纸生产者的外出务工、疾病、亡故等原因而彻底停产。近年来，已陆续有地区停产。这一情况如果不能得到改善，北方手工纸生产地区会持续减少，传统工艺将迅速消亡。

表 1-1　北方地区手工造纸工艺保存现状表（调查时数据）

省/区	产地	纸张种类	原料种类	生产规模
甘肃	康县	寺台构皮纸	构皮、废纸	10 余户
	西和	西和麻纸	构皮	5—6 户
陕西	长安	楮皮纸	构皮	7 户
	柞水	柞水皮纸	构皮	数十户
	周至	周至皮纸	构皮	1 户
	洋县	皮纸	构皮	1 户
	佳县	峪口麻纸	麻、废纸	10 余户
	镇巴	书画纸、皮纸、竹纸	青檀皮、构皮、竹、稻草	书画纸、皮纸、竹纸各 1 户

续表

省/区	产地	纸张种类	原料种类	生产规模
山西	定襄	麻纸	苎麻、废纸	3—4 户
	襄汾	平阳麻笺	麻	3 户
	沁源	麻纸	麻	1 户
	高平	桑皮纸	桑皮	1 户
	临县	临县麻纸	麻、废纸	20 余户
山东	曲阜	桑皮纸	桑皮	18 户
	阳谷	麻纸	亚麻、纸边	2 户
	临朐	桑皮纸	桑皮	1 户
	郯城	草纸	废棉	近百户
河北	迁安	毛头纸、呈文纸	桑皮、麻绳、麻袋、纸边	4 户
		红辛纸、书画纸	桑皮、麻绳、麻袋、纸边	5—6 户
	肃宁	毛头纸	纸边、纸浆、人造纤维	1 户
河南	新密	棉纸	构皮、废棉、纸边	1 户
新疆	墨玉	桑皮纸	桑皮	2 户

第三节　北方手工纸的种类与用途

通过对地方文史资料的整理和实地调查发现，北方传统手工纸名称繁多，各地都有不同称谓。[①]根据纸张尺寸命名，有对尺四、二尺八、尺八纸、尺六纸、三五纸、一九纸、一六纸、一五五纸、一五纸、四才纸、小对方、小方纸、大方纸、方曰纸等；根据纸张用途命名，有抄账纸、呈文纸（大呈文、二呈文、三呈文）、仿纸、夹纸、冥纸、烧纸、篓纸、糊窗纸、油衫纸、鞋样纸、草纸等；根据纸张质量不同，有毛头纸、白皮纸、黑皮纸、黑毛纸等；根据抄造工艺命名，有顶帘纸、老帘纸、独帘儿、条帘子、条曰子、老连纸、改连纸等；此外，还有郭纸、斤文纸、吊挂纸、行纸、红辛纸等名称。

虽然纸张名称繁多，但这主要是由于不同地区有各自的习惯称谓而已，并不意味着北方手工纸实际品种也很多。总体而言，北方手工纸可以大体分为毛

---

① 具体详见书后附录一。

头纸类、呈文纸类和冥纸类，尤以毛头纸最为常见。毛头纸一般尺寸为 50 厘米见方，因此也称为斗方纸，这类纸张现在一般是由一抄二张的纸帘所抄造，也有地区还在使用小型的一抄一张的纸帘；另一种较为常见的是 40 厘米×90 厘米左右的呈文纸，采用的是一抄一张的纸帘；另外，北方地区还生产 20 厘米×30 厘米的冥纸，一般仅为丧葬用纸，多由一抄多张的纸帘抄制而成。总体而言，北方手工纸纸张尺寸普遍较小。

北方手工纸尺幅较小的特点，与其生产工艺密不可分。北方采用地坑式抄纸槽和小型纸帘，不便于抄造大纸，自然导致其所产纸张尺寸较小。

另外，北方手工纸的产品用途，也是导致其呈现此类特点的主要原因。北方手工纸无论是用作账簿、契约、票据等的日常书写，还是用于糊窗、糊顶棚、糊篓、包装、衬垫等日常生活方面，对纸张尺幅都没有太大的要求。

同时，北方手工纸尺幅较小，也在一定程度上体现了其原始性。总体而言，我国纸张的尺幅有不断增大的趋势，如敦煌悬泉置遗址出土的较完整的纸张尺寸为 21 厘米×29 厘米（编号 90DXT114③:201），据潘吉星先生统计，魏晋时期，纸张的直高为 23.5—27 厘米，横长 40.7—52 厘米；南北朝时期，纸张的直高为 24.0—26.5 厘米，横长 36.3—55 厘米；隋唐时期，大纸有直高超过 30 厘米，横长接近 100 厘米者[1]。纸张尺幅的加大，是纸张用途扩大的必然要求，同时也对造纸技术提出了更高的要求。

但纸张尺寸也不是一成不变的，一方面由于现在纸帘难以购买，造纸者对旧有纸帘进行修补，可能导致纸帘尺寸减小，致使纸张变小；另一方面，由于手工纸用途萎缩，有的纸张品种已停产。与此同时，为扩大产品销路，北方手工纸生产者开始积极探索纸张定制生产模式，根据顾客的需求生产相应的纸张，也出现了以前没有的纸品。在河北迁安，山西襄汾、高平等地，由于现在主要生产书画用纸，因此也出现了与宣纸规格相似、尺幅较大的纸张，如 70 厘米×140 厘米的四尺纸，抄造工艺与南方的宣纸类似。

传统上，呈文纸、毛头纸和冥纸三大类纸张，各自用途不同，但都是较为常见的生活必需品。从实地调查可以发现，随着社会环境的变化，北方手工纸的产品用途也发生了变化，这一点在表 1-2 中可以体现。

---

① 潘吉星：《中国科学技术史：造纸与印刷卷》，北京：科学出版社，1998 年版，第 127 页、第 163-164 页。

表 1-2　北方手工纸产品用途一览表

类别		麻纸		皮纸	
		传统	现在	传统	现在
呈文纸类	文化用纸	书写、写仿、制作账簿、订立契约、公文用纸、印书、书画用纸、装裱字画	书画用纸	书写、写仿、制作账簿、订立契约、装裱字画	书画用纸
		抗日战争（抗战）期间：机关用纸，印报纸、课本、书籍、钞票		抗战期间：印书（通俗读物）、印报纸、制钞票	
毛头纸类	生活用纸	糊窗、糊顶棚、裱糊物件、包裹物品、做衬垫、做鞋底、包烟皮	糊窗、糊顶棚、包装用纸、做衣服衬里	糊窗、做墙纸、包装用纸、做纸伞、做棉衣内衬、鞋样纸、做灯笼、炮捻、铺垫蚕席、糊酒篓、提取金子、过滤蜂蜜	糊窗、糊顶棚、裱糊物件、包装用纸、糊酒篓
	文娱用纸			做风筝、纸花、做戏剧头盔、做戏靴鞋底	做戏靴鞋底
	卫生用纸			卫生纸、医用杀菌、医用止血	医用杀菌、卫生纸
冥纸类	丧葬用纸	纸扎、冥纸	冥纸	纸扎（纸幡、纸车、纸马、纸牛），冥纸，糊棺材里子，垫于棺材内，制作纸孝帽、纸包头	冥纸或祭祀用纸、垫于棺材内

由此可见，历史上北方手工纸曾广泛用于生活各个方面，除作为写字、印书等文化用纸外，主要作为裱糊、包装、衬垫等生活用纸以及纸扎、冥纸等丧葬用纸，此外还部分作为文娱用纸以及卫生用纸。产品用途不同，对纸张质量的要求不同。作为文化用纸，要满足书写的要求，则纸张表面必须均匀、细腻；作为生活用纸，主要用于糊窗、糊吊顶、包裹物件等方面，则要求纸张具有一定的厚度和韧性，这样才能保证牢固；丧葬用的冥纸，对质量要求较低，但用于做纸扎的纸张还是对纸张韧性有一定要求的。因此，传统北方手工纸产品，以呈文纸类质量最好，毛头纸类次之，冥纸类质量较差。

目前随着产品用途的萎缩和生产规模的减小，北方手工纸产品出现了三类纸张趋同的情况，主要用途已缩减为包装、裱糊、衬垫以及丧葬用纸等。三者之间的差异目前主要体现在纸张尺寸上，而纸张质量的差异已缩小。

总体而言，北方手工纸纸张尺寸较小，以斗方纸居多；纸张普遍较粗糙，均匀度较差，表面有明显的纤维束或杂质，但纸张比较厚韧，还保留有早期纸张的一些特点。

　　北方地区地域广阔，加之有悠久的造纸历史，形成了多种造纸工艺。根据原料的不同，北方手工纸工艺可以大致划分为麻纸工艺、皮纸工艺、草纸工艺和竹纸工艺等，但从重要性和现存状况来考虑，本书将以麻纸工艺和皮纸工艺为重点考察对象。

第二章　河北地区的手工造纸工艺

　　河北地区传统手工造纸的历史至少可以追溯到唐代。唐代皇甫枚的《三水小牍》中有关于河北地区纸坊晒纸情况的记载："唐文德戊申岁，钜鹿郡南和县街北有纸坊。长垣悉曝纸。忽有旋风自西来。卷壁纸略尽。直上穿云。如飞雪焉。"[1]南和造纸，一直延续到现代，主要生产麻头纸，以烂麻绳为主要原料。[2]明代弘治年间刊刻的《永平府志》记载：永平府（今秦皇岛）下属的昌黎、抚宁、乐亭、卢龙、滦州、迁安等县均有进贡历日纸的定额，数量黄历日纸为数百至千余张，白历日纸为一万余张至六万余张。[3]明胡应麟的《少室山房笔丛》也讲道："燕中自有一种纸，理粗庞，质拥肿而最弱，久则鱼烂，尤在顺昌下，惟燕中刷书则用之。"[4]

　　清末为抵御洋货入侵，直隶工艺总局分别于 1903 年、1904 年、1905 年三次派员赴日本的牧溪地方、王子制纸、三菱会社高砂造纸、阿部制纸考察日本纸的制造。1905 年冬，迁安设立官纸厂，次年 9 月迁至天津。该厂为手工纸厂，先延请日人滨田角马等人，使用三桠、楮皮造纸。后又派主簿吴鸿年赴安徽宣城考察并招募工匠数名。该厂分为南厂、北厂和日厂，生产南北以及仿日本工艺的多种纸张，计有章武连、开花棉连、五色筋染纸、各色画图纸、冲西

① 皇甫枚：《三水小牍》，北京：中华书局，1958 年版，第 4 页。

② 任书香：《南和麻头纸今昔》，见：南和文史资料编纂委员会：《南和文史资料》（第 1 辑），1991 年版，第 154-157 页。

③ 吴杰修，张廷纲、吴祺：《永平府志》卷二，明弘治十四年（1501 年）刻本。见：《天一阁藏明代方志选刊续编》（三），上海：上海书店影印，1990 年版，第 90-98 页。明代历日属官卖，需要采办大量纸张，就历书的供应而言，官府先行确定用纸数额，每年从民间征收，再印刷成品颁下，一般地方岁贡历日纸有黄、白两种，黄纸用于包裹封面，故所需数量较少。见：汪小虎：《明代颁历民间及财政问题》，《自然科学史研究》，2013 年第 1 期，第 13-35 页。

④ 胡应麟：《少室山房笔丛》卷四，上海：上海书店出版社，2001 年版，第 43 页。

毛纸、东洋毛边、防寒纸、鸟子纸、美浓纸等品种，原料以桑皮、三桠皮和稻草为大宗，混以纸边废纸和草根树皮等，在当时独树一帜。该厂注重学习其他地方的造纸经验，尤其是日本纸和南方宣纸的制造技术，可谓眼光独到。[①]同时，直隶工艺总局还对直隶（今河北）各地的物产进行了调查，当时所产纸张有：昌平州的银花纸，建昌县的麻纸，迁安县的桑皮纸，滦州的桑抄纸，宁晋县、南和县、任县、怀来县、怀安县、保安州（今河北涿鹿）均产毛头纸，保安州的白麻纸，独石口厅（今河北赤城）的粗麻纸。[②]据《河北省工商统计》载，手工纸产区多集中在河北省中南部，毛头纸产地有涿县、定兴、迁安、清苑、深县、南和、肃宁、满城等地，草纸产区为磁县、肃宁、任县、徐水等地。此外还有昌平的呈文纸、濮阳的麻纸和烧纸。其中迁安位于河北省北部，年产量221.2万刀，远远大于其他产区。[③]据1955年的统计，迁安所属的唐山专区，手工纸厂从业人员占全省的22.78%，而产值占到全省的43.6%，远高于其他地区。[④]近年来，河北省的手工造纸萎缩较为严重，根据实地调查得知，目前河北全省，仅迁安、肃宁尚保留有传统手工纸生产，其他产区业已停产。

第一节   迁安市的毛头纸制作工艺

迁安位于河北省东北部的冀东沙区，适宜种植条桑，当地的桑皮纸生产起源于蚕桑业。明隆庆元年（1567年）名将戚继光（山东人）奉命北调镇守蓟州，驻防迁安的建昌、三屯营一带。传说戚将军对植桑防沙和桑皮造纸非常重视，特从山东盛产桑皮纸的东昌府调来一名县令和若干造纸工匠，传授种桑和造纸技术。[⑤]清《树桑养蚕要略》提到："近时京东如迁安等处遍地皆桑，迁安桑皮纸久著称。"[⑥]由于养蚕植桑的发达，迁安有充足的桑皮来源。此外，迁安地处滦河流域，境内河流交错、水系丰沛，为手工造纸提供了充足的水源。原料和水源的丰富，使得迁安拥有进行造纸生产的良好物质条件。在此基础上，迁安学习借鉴其他地区的手工造纸技术，得以自主生产手工桑皮纸。

---

① 周尔润：《直隶工艺志初编》报告类卷下、志表类卷下《官造纸厂总志》，天津：北洋官报局，光绪三十三年（1907年）刊。

② 周尔润：《直隶工艺志初编》报告类卷上，天津：北洋官报局，光绪三十三年（1907年）刊。

③ 河北省实业厅视察处：《河北省工商统计》，天津：德泰中外印字馆，1931年版，第189-242页。

④《河北造纸》，1991年第3-4期，第19页。

⑤ 韦承兴：《河北造纸史料选辑》，《河北造纸》，1990年第4期，第24-29页。

⑥ 佚名：《树桑养蚕要略》，清光绪莲池书局，光绪十四年（1888年）刻本。

　　清末，迁安县李家窝铺（今迁安镇西里铺）人李显廷三至朝鲜考察造纸技术，引入红辛、油衫二纸的制造技术，在外地又称高丽纸或高丽皮纸，延续制造至今，成为具有迁安特色的手工纸。[①]新中国成立以后，迁安手工纸又有了新的发展，1972 年，迁安书画纸厂建立，1974 年以桑皮为主要原料开始试产仿宣书画纸。该厂生产的"令支"牌书画纸在 20 世纪 80 年代享有盛誉，一时有"南宣北迁"之称，是北方屈指可数的优质书画纸。[②]

　　这样，迁安的桑皮纸在发展过程中，由于其他地区造纸工艺的传入和影响，最终形成了毛头纸、红辛纸和书画纸三种不同手工纸并存的格局。与北方其他手工纸产地产品单一、零散分布的情况不同，迁安的手工造纸至今仍有相当规模，可称为"北方手工造纸的中心"（图 2-1）。

图 2-1　迁安手工造纸分布图

　　毛头纸是迁安地区最古老的纸张，也是北方手工纸的代表。经过数百年的发展，毛头纸已经形成自身独特的工艺流程，能够反映当地手工造纸的工艺特

① 王维贤：《迁安县志》卷八，滕绍周修，民国二十年（1931 年）铅印本。
② 宁贵：《迁安书画纸誉满中华》，见：中国人民政治协商会议河北省迁安县委员会文史资料委员会：《迁安文史资料·第 7 辑·经济专辑》，1991 年版，第 85-87 页。

点。有一种说法：毛头纸晒好之后不经剪裁，其纸张四周毛糙，因而得名"毛头纸"，是所有用此技术生产的纸张的统称。清代编纂的《永平府志》①将迁安桑皮纸作为地方特产加以记述。民国年间的《迁安县志》记载："邑向产毛头纸，用桑皮为料，石灰沤之，然后缫之为纸，名曰毛头，为邑产大宗。"②虽然文字简略，但包含了原料、工艺等信息，并明确提到"毛头纸"这一名称。

毛头纸可以细分为许多种，包括大的呈文纸和较小的一九纸、一六纸、一五五纸等。过去，毛头纸曾经广泛应用于书写、裱糊、包装等方面，呈文纸就是因其用于书写而得名。现在毛头纸的使用范围则主要局限于包装等③，纸张种类也趋于单一，以呈文纸和一九纸两类为主。

历史上迁安三里河两岸曾分布有众多毛头纸纸庄，但现在其生产规模已严重萎缩。仍在进行毛头纸生产的仅剩四户人家。笔者分别于 2009 年 1 月、2009 年 8 月前往迁安省庄、三李庄、庞庄、石新庄等地实地调查。在调查过程中走访了三户毛头纸作坊，对抄纸人员进行采访，并对两户作坊的生产过程进行了记录。此外，还向若干曾从事过毛头纸生产的村民询问相关信息，并收集了造纸原料、纸张样品、生产工具等实物资料。

一、传统毛头纸生产工艺

关于迁安桑皮纸的工艺早期的记载较少，清笔记小说《蜨阶外史》中专设桑皮纸一节，介绍了河北地区桑皮纸的制造方法。

> 永平之地，多老桑，居人植此为业，而育蚕者颇少。大者蔽牛中车，材柔条脆，干摧为薪，叶霜后采入药能明目。而其利尤在皮，剥之，剐之，揉之，舂之成屑，焙釜中令热。拓石塘方广数尺，浸以水，调以汁如胶漆。制纸者，刳木为范，卷虾须帘，两手持范，漉塘中去水存性，复置石板上，时揭而曝之，即成纸矣。今永平一带，如迁安纸寨、滦州何家庄为尤多。贫民操作甚苦，而获利微尠（鲜）。④

自 20 世纪 90 年代起，毛头纸生产开始引入机械设备，其工艺发生了较大

---

① 史梦兰：《永平府志》卷二十五，游智开修，光绪五年（1879 年）刻本。
② 王维贤：《迁安县志》卷十八，滕绍周修，民国二十年（1931 年）铅印本。
③ 根据调查了解，目前毛头纸除了作为包装纸之外，还用来制作戏曲道具，质量较好的毛头纸则销往医院，用于杀菌。
④ 佚名：《蜨阶外史》卷四，上海：进步书局，民国石印本。

的变化，在调查过程中已经无法看到完整的传统工艺流程。在参考马咏春 [1] 20 世纪 80 年代调查成果的基础上，通过对马咏春本人以及其他从事过毛头纸生产的人员进行询问和采访，以及对现存传统工具等物质遗存的寻查，可以将传统毛头纸生产工艺划分为四个阶段——备料、制浆、抄纸、晒纸。

（一）备料

传统的毛头纸以桑皮为原料，备料阶段主要包括砍条、解豁子、串皮、泡皮、沤皮、蒸皮、贬皮、化皮以及晒瓤子等步骤。这种处理是为了去除黑皮等杂质，提取桑皮的韧皮部分。韧皮部分的纤维是造纸原料，而黑皮等杂质则会影响到纸张质量。因此在备料阶段要精心处理，尽可能去除杂质，保证纤维的纯度。

（1）砍条。当地养蚕者在秋末冬初的时候将桑条砍下，放入蒸皮锅里蒸煮。经过蒸煮的桑条，桑皮易于剥落。将剥下的桑皮晒干，并捆成碗口粗的捆储存起来。等到第二年春天，将储存的桑皮拿到集市上出售，造纸户直接购买这种晒干的桑皮。

（2）解豁子。用力抖动成捆的桑皮，并将混杂其中的树枝等杂质拣出。

（3）串皮。串皮时使用的碌碡是一种石制农具，近似圆柱体，但一头略粗，适宜绕一个中心旋转。串皮时将桑皮平铺在地上，用驴拉着碌碡加以碾压，将桑皮上的黑皮去掉。这一步骤也可以采用石碾。

（4）泡皮。将已经去掉黑皮的桑皮放在河水里浸泡 2 天，以去除残留的黑皮碎屑，并将桑皮泡软。

（5）沤皮。沤皮时需要把泡好的桑皮放进沤皮瓮中。沤皮瓮是在地下挖一个深坑，里面沿坑壁用砖砌成。放桑皮的时候要逐层撒上生石灰，并加入水，将桑皮浸没。桑皮和石灰的比例约为 2∶1。大约沤 1 天，使桑皮变软，然后用钩子捞出。

（6）蒸皮。专门的蒸皮锅形制比普通锅大，蒸皮时将沤好的桑皮直接放入锅内，并用特制的大锅盖盖上，还要用老皮堵住边缘以免漏气，以保证蒸皮的效果。蒸皮大约耗时 1 小时。

（7）贬皮。将蒸好的桑皮从锅内捞出，然后用脚踩踏或者用石碾碾压，去掉残余的黑皮。

---

[1] 马咏春：《迁安造纸考察散记》，《纸史研究》，1985 年第 1 期，第 63-69 页。

（8）化皮。将处理好的桑皮放入流动的河水中冲泡两天两夜，将残余的石灰洗净。河边有专门用来化皮的水池，称为场子。

（9）晒瓤子。将化好的桑皮放在阳光下晾晒，直至彻底晒干，干燥后的桑皮称为"瓤子"。然后将瓤子放入仓库中储存，随用随取。

（二）制浆

制浆阶段包括砸碓、切皮、捶捣等步骤，其主要目的是将桑皮纤维加以分散。纤维的分散程度是决定纸张质量的关键因素。纤维越分散，抄出的纸张就越细腻。但过于分散会导致纸张的强度降低，因此处理时要把握好适当的尺度。

（1）砸碓。传统毛头纸生产中所采用的是脚碓，碓头由枣木制成，碓头下平置一块光滑的石板。砸碓之前需把干瓤子在清水里泡软，并卷成卷压干，形成"饼子"。操作时一人用脚踩碓杆，带动碓头上下运动，另一人将饼子置于石板之上，并不断移动。最终将饼子砸成长条，称为"皮条"。

图 2-2　石槽
注：迁安省庄，2009 年 1 月

（2）切皮。切皮时的主要工具是切皮床子和切皮刀。切皮床子是长条形木板，板面窄而厚。切皮刀的刀身较长，两侧各有一柄。切皮时将皮条叠码在切皮床子上，皮条上放一块长板，再用一只脚踩绳套，勒紧长板。然后双手操刀，把皮条切成约 1 厘米宽、2—3 厘米长的条块。

（3）捶捣。将切碎的桑皮放入石槽中，加少量水，由两人各握一捶槌加以捶捣。石槽由一整块石料制成，形制不一，有的上宽下窄，有的则上下同宽。外长约 1.2 米，宽约 0.6 米，高 0.4 米，壁厚约 8 厘米（图 2-2）。捣槌为枣木所制，槌头为长方形，两个槌头的大小近似于石槽底的内表面积，因此两人交错捶捣可以保证石槽中的桑皮得到充分分散。

（三）抄纸

抄纸工序主要包括打碓、抄纸、压纸等步骤。抄纸对技术要求比较高，能否形成均匀的纸张在很大程度上取决于抄纸工人的技术水平，是整个手工造纸工艺的关键环节。抄纸阶段的工具主要包括纸碓、纸帘等。

纸碓低于地面，先在地下挖一个长方形坑，然后砌上石板，四壁各两块、底部三块，接缝用石灰抹平。碉的形制通常为长 195 厘米，宽 168 厘米，深 105 厘米。在碉的一侧有一个长 75 厘米、宽 65 厘米、深 76 厘米的抄纸坑，人抄纸时站于其中。此外，在碉的旁边还有一块用来放湿纸的石板，称为抄案。

传统毛头纸工艺采用床架式纸帘，主要由帘床和竹帘两部分组成。帘床由红松木或梨木打制，竹帘由细竹条编成。从形制分，可分为一九纸纸帘和呈文纸纸帘两种。前者较窄而长，其竹帘中间有一块布条，使纸浆无法沉积在其上，因此一次可以同时抄两张小纸。后者略宽而短，中间没有布条分隔，一次抄一张纸。

（1）打碉。将经过捶捣的原料放入纸碉中，用一根长 1 米左右、比手指略粗的白蜡杆在纸碉中左右划打，使纤维充分分散，保证纸碉内纸浆的均匀。

（2）抄纸。笼的形制类似栅栏，用木材制成，其宽度与纸碉内沿相同。抄纸前，将笼从靠近抄纸坑的一侧垂直插入纸碉中，并推往中间，将纸浆推到远离人的一侧。人在纸浆少的一侧抄纸。当纸浆不够时，用耙子在浓纸浆一侧稍加搅动，使部分纸浆流到近人的一侧。这样可以保证抄纸时纸浆的浓度比较均匀，利于纸张的抄造。由于传统毛头纸工艺不加纸药，因此纤维容易沉淀，一般抄十张纸就需要用耙子搅动一下纸浆。

抄纸时用帘床托住竹帘，两侧各用一根木条夹住。该木条称为镊尺（或作捏尺），用于固定竹帘。再将纸帘斜插入纸浆中，然后水平抬起，在水面处将纸帘轻轻前后晃动几次，然后将其再次斜插入水中，重复上述动作。经过两次入水，纤维能够比较均匀地分布在纸帘上。这样抄出的纸张，有一条边因纤维沉淀较多而比较厚，称为"觅头"。抄好一张纸之后，可以将帘床搭放在碉内的横杆和笼上，然后将纸帘两侧的镊尺取下放于帘床之上。右手持竹帘一端的横杆将其倒扣在抄案上。然后从觅头处将竹帘慢慢提起，使湿纸和竹帘相分离。之后将竹帘放回帘床，继续抄下一张纸。这样的工序，抄一张纸大概需要 1 分钟（图 2-3）。

在抄案的旁边有两排刻度，内侧表示十位，外侧表示个位。两排刻度之上分别放置一枚铜钱，每抄好一张纸就将外侧的铜钱移动一格，以此计数。抄好的一叠湿纸称为"纸托子"，300 张纸为一托。每托纸之间会放入垫子加以分隔。由于冬天抄纸时纸碉里的水过冷，因此碉旁放有一火炉，其上有一盆热水，抄纸时需不时将手放入热水盆中取暖。

（3）压纸。压纸的工具是千斤桩和梯杆。千斤桩位于抄案后面，是一个嵌入墙壁内的木石混装的十字架。而梯杆则类似普通的梯子，由枣木制成。压纸时在纸托子上加垫木，再将梯杆插进千斤桩内，压在垫木上，梯杆另一端再压上数块石板。放石板时要隔一段时间放一块，以免将湿纸压弯。石板总重七八百斤，压纸需要一夜的时间（图2-4）。

图 2-3　毛头纸抄纸工序
注：迁安庞庄，2009 年 8 月

图 2-4　毛头纸压纸工序
注：迁安省庄，2009 年 1 月

（四）晒纸

晒纸工序主要包括晒纸、整理等步骤，是最后的处理工序。

（1）晒纸。将压干的纸托子放在立式晒纸架上，然后将湿纸揭下贴在晒纸墙上，再用晒纸笤帚将其刷平。晒纸的时候纸张要每五张交错叠压贴在一起。迁安的晒纸墙并非火墙，纸张的干燥需要阳光晒干或自然风干，天气好的时候晒半天即可（图2-5）。

（2）整理。纸张晒好后，用插上针的秫秸将纸揭开一角，然后一张张揭下垛好，100 张纸为一刀，纸张不需要裁边。

二、现代毛头纸生产工艺

现代的毛头纸生产与传统工艺相比较，工艺流程存在明显不同。其变化主要体现在备料和制浆两个阶段，其他阶段则基本保留了传统工艺。

现代工艺中，备料阶段的砍条、解豁子、串皮、泡皮、沤皮、蒸皮、贬皮、化皮以及晒瓢子等步骤已经大为简化。传统的碌碡、石碾等工具也不再使用。由于对纸张质量要求的降低，在生产较粗糙的纸张时，蒸皮步骤已被省略，只有纸张质量要求较高时才会对桑皮进行蒸煮处理。

在制浆阶段，打浆机（图 2-6）的使用取代了传统的脚碓、石槽。现代毛头纸生产主要依靠打浆机对桑皮纤维进行分散处理。这种改变，使得制浆工艺由依靠人力转变为依靠机械动力，提高了工作效率，降低了劳动强度，但也使得传统的砸碓、捶捣等工艺消失。

图 2-5　毛头纸晒纸工序
注：迁安庞庄，2009 年 8 月

图 2-6　毛头纸打浆机
注：迁安省庄，2009 年 1 月

以上备料、制浆工艺的变化还影响了毛头纸生产原料的选择。传统意义上的毛头纸采用纯桑皮为原料。随着机制纸的产生，办公纸边也开始成为造纸原料，但所占比例较小。而打浆机的投入使用，使得原本人力打浆难以处理的麻袋、麻绳等变得容易，因此麻袋、麻绳等也开始成为造纸原料（图 2-7）。再加之办公纸边使用量的增加，桑皮在毛头纸生产中所占比例明显降低 ①。这也使得原本是针对桑皮原料的一系列备料、制浆工艺趋于简化。工艺与原料两者的相互影响最终导致了毛头纸生产工艺的变化。

图 2-7　桑皮与麻绳
注：迁安李姑店，2009 年 1 月

毛头纸生产从原料种类到备料、制浆工艺都发生了较大变化，只有抄纸阶段保留了较多的传统工艺，但在工具方面也有所改变。传统毛头纸采用的是北方的马尾帘，但现在已经开始借鉴书画纸的生产技术，使用南方纸帘，这主要是由于当地造纸行业的衰落，使得纸帘制造等相关产业没落 ②，没有了北方纸帘的生产，抄纸者不得不将书画纸纸帘加以改造继续

---

① 根据实地调查得知，现在生产的毛头纸，有的已经完全不采用桑皮而是使用纸边和麻袋作原料。有的即使使用桑皮，但桑皮与纸边的比例也只有 2 : 3。

② 在调查过程中了解到，迁安谢庄曾经有人专门制作纸帘，但他去世之后当地就没有人会制作纸帘了。

利用，这种改变也是无奈之举。由于没有专门的纸帘生产人员，因此无法根据实际需要生产出不同类型的纸帘，这也使得迁安毛头纸的种类趋于单一。

综上所述，迁安毛头纸生产的变化主要体现在四个方面：其一，造纸原料，传统所用的桑皮比例降低，加入了纸边、麻袋、麻绳等新原料；其二，备料工艺，此阶段工艺流程简化，碌碡、石碾等工具不再使用；其三，制浆工艺，打浆机取代了脚碓、石槽，打浆由依靠人力转化为依靠机械动力；其四，抄纸工具，出现了北方纸帘与南方纸帘并用的情况。这些变化所产生的影响有利有弊。有利的一面是，扩大了造纸原料的来源。随着当地养蚕业的萎缩，造纸所需桑皮来源减少，造纸原料的扩大可以解决原料不足的问题。麻袋、麻绳等低价原料的使用，也降低了生产成本①。此外，现代技术的应用极大地提高了生产效率，降低了劳动强度。但是这种改变也存在一定的缺陷，纸边麻袋等的应用，使得桑皮的含量大幅度降低，致使桑皮纸的特点在这些纸张上已不明显。再加上打浆机所处理的纸浆，纤维过于分散，影响纸张的强度，削弱了桑皮纸韧性大的优点。因此，工艺上的改变，使得纸张的质量受到影响，毛头纸原有的优点和特性逐渐消失。

第二节　迁安市的红辛纸和书画纸制作工艺

红辛纸和书画纸是学习借鉴其他地区造纸工艺而产生的，属于外来技术与本地工艺的结合，从中可以发现不同工艺体系之间的影响与融合。由于红辛纸和书画纸生产工艺上的联系十分密切，因此迁安当地的私营纸厂一般同时生产这两种纸张。这类纸厂目前主要集中在迁安北部的李姑店地区。笔者分别于2009年1月、2009年8月前往李姑店进行实地调查，走访了四家纸厂，观看并记录了其造纸生产过程，并对造纸人员进行采访；同时收集了造纸原料、纸张样品等实物资料。

一、传统红辛纸生产工艺

与毛头纸类似，近二三十年来，红辛纸生产工艺也发生了较大变化，实地

---

① 据调查得知，当地桑皮的价格是 1.2 元/公斤（千克），而麻袋麻绳的价格则是 0.12—0.14 元/公斤。

调查过程中所看到的只是经过了改革的现代工艺。笔者参考 20 世纪 40 年代阚骥卿[1]的调查成果，并结合对造纸工人的采访，尽可能复原红辛纸传统工艺原貌。

虽然红辛纸的生产技术是由朝鲜传入的，但其根植于迁安当地的造纸工艺，因此与毛头纸工艺有一定的相似之处，尤其是在备料、制浆阶段。为避免重复，对两者相同之处仅作简要介绍。

（一）备料

与毛头纸相同，传统红辛纸工艺备料阶段也主要包括砍条、解豁子、串皮、泡皮、沤皮、蒸皮、贬皮、化皮以及晒瓢子等步骤。

（1）砍条。在秋末冬初的时候将桑条砍下，放入蒸皮锅里蒸煮，然后将桑皮剥下晒干。

（2）解豁子。用力抖动成捆的桑皮，并将混杂其中的树枝等杂质拣出。

（3）串皮。用碌碡或石碾对桑皮进行碾压，去掉其上的黑皮。

（4）泡皮。将经过串皮处理的桑皮放在河水里浸泡 2 天，以去掉残留的黑皮碎屑，并将桑皮泡软。

（5）沤皮。在桑皮内加入石灰与水，进行灰沤处理，使桑皮变软，需要沤制 1 天。

（6）蒸皮。将沤好的桑皮直接放入蒸皮锅内，蒸 1 小时左右。

（7）贬皮。将桑皮从蒸皮锅内捞出，然后用脚踩踏或用石碾碾压，去掉残余的黑皮。

（8）化皮。将处理好的桑皮放入流动的河水中冲泡两天两夜，去掉残余的石灰。

（9）晒瓢子。将化好的桑皮放在阳光下晾晒，直至彻底晒干，形成"瓢子"。

（二）制浆

传统红辛纸在制浆阶段除了包括与毛头纸工艺相同的砸碓、切皮、捶捣等步骤之外，还包括漂白工序。

（1）砸碓。砸碓之前先将原料制成"饼子"，然后利用脚碓将饼子砸成长条，称为"皮条"。

---

① 阚骥卿：《迁安县的高丽纸》，《工业月刊》，1947 年第 5 期，第 21-22 页。

图 2-8 红辛纸切皮工序

注：迁安李姑店，2009 年 8 月

（2）切皮。利用切皮床子和切皮刀等专门工具，把皮条切成约 1 厘米宽、2—3 厘米长的条块（图 2-8）。

（3）捶捣。将切碎的桑皮放入石槽中，加少量水，由两人各握一捣槌加以捶捣。

（4）漂白。为了生产出更加白皙的纸张，要对原料进行漂白处理，一般采用在处理好的原料中加入漂白粉的方式，需要漂白 4 小时。这一工序通常在抄纸槽内进行。

（三）抄纸

传统红辛纸的抄纸工艺比较独特，不论是所用工具还是工艺步骤都与毛头纸存在较大不同。抄纸过程中主要应用的工具是抄纸槽、纸帘等。

抄纸槽由两部分组成：一个主槽、一个低矮的辅槽。主槽内盛放纸浆，用于抄纸，辅槽里面盛放原料。主槽的一侧较高，且横放一根圆木，另一侧装有两根活动的木条，这些装置便于将帘床放于其上。通常还在抄纸槽旁边放有一个水缸，里边盛放浓纸浆。

一般情况下，首先将经过粉碎处理的原料放一部分在主槽中以形成纸浆，其余则放在辅槽里。在抄纸之前，不光要搅拌好主槽中的纸浆，而且需要将一部分原料从辅槽中取出放入水缸中，并加入较少的水形成比较稠的纸浆，这一缸纸浆便是用作储备。当主槽中的纸浆较少时，便从水缸里取出一些浓纸浆加到主槽里。红辛纸采用床架式纸帘，纸帘形状近似方形且较大，用于抄大纸。在帘床上有两根活动的木条，用以固定竹帘。

（1）搅拌。两个人分立于抄纸槽两侧，在抄纸之前，先各拿一根一端有方形木板的木棍，搅拌抄纸槽中的纸浆，使之更为均匀，并在纸浆中加入纸药，使纤维均匀悬浮在水中，有利于连续抄纸，减少搅拌次数。传统的纸药主要是由榆树皮或葵花根制成。

（2）抄纸。两名抄纸工人共同端起纸帘将其斜插入水中，再将纸帘水平提起直至水面，然后前后轻轻晃动，使纸浆均匀地分布在纸帘上；随后将纸帘一头搭在主槽一端的横木上，另一头用两根活动的木条撑住，形成明显的斜度，使多余的纸浆迅速流走，以保证形成较薄的纸张。这种抄纸方法只需将纸帘插入水中一次，速度较快，一般抄一张纸只需要不到半分钟的时间。由于抄红辛纸需要两名工人共同完成，两人的合作至关重要，没有熟练的配合，难以抄出优质的纸张（图 2-9）。

两名抄纸工既要合作，又有不同分工。其中一人负责下纸，另一人负责搅拌纸浆。负责下纸的工人背后有一块专门盛放湿纸的木制台子，比纸张尺寸稍大。一张纸抄好之后，该工人便将竹帘从帘床上拿下，将湿纸转移到台子上。与此同时，另一名工人搅拌他身旁水缸里较稠的纸浆。由于水缸中的浓纸浆经常搅拌比较均匀，因此加入到主槽之后，只需稍加搅拌就可以进行抄纸，提高了生产效率。一般每抄 50 张纸就需要加一次浓纸浆。像这样两个工人配合抄纸，一天可以抄 1000 多张红辛纸。

（3）压纸。先在抄好的一摞湿纸上倒扣一张竹帘，然后放上木板，再在木板之上直接加石块等重物。每当抄了一定数量的纸张之后，就先短暂地压一段时间，然后再继续抄纸，如此重复，直至一天的纸张全部抄好，再统一进行压纸，需要压一夜的时间。

（四）晒纸

晒纸阶段主要的工具是晒纸架和晒纸墙。红辛纸采用卧式晒纸架，晒纸时将其放在独轮车上。采用自然晒干的方法，纸厂内设有一排排晒纸墙用于干燥。通常红辛纸的晒纸墙上方放有秸秆，能够避免沙尘落于纸张之上，保证纸张的洁净。

（1）晒纸。晒纸前，先在墙上洒一些由面粉熬成的稀糨糊，以便纸张能够粘在墙上，然后将第一张湿纸从晒纸架上揭下，用鬃刷将之平整地贴在墙上。随后再将湿纸一张张交错叠压贴在一起，通常 10 张湿纸为一组，天气好的时候只需一天即可。一名晒纸工负责晒一个纸槽生产的纸，即每名晒纸工每天晒纸 1000 张左右（图 2-10）。

（2）裁剪。晒好的红辛纸要经过裁剪，去掉毛糙的纸边之后才能出售。

综上所述，传统红辛纸生产工艺与毛头纸工艺的区别主要表现在抄纸和晒纸阶段，包括以下几方面。

其一，毛头纸使用的是地坑式的纸碉，纸碉和抄纸坑都低于地面，而红辛纸则采用高于地面的抄纸槽。由于纸碉只有一侧有抄纸坑供人抄纸，因此无法实现两人合抄大纸，而抄纸槽就很好地解决了这个问题。

图 2-9　红辛纸抄纸工序
注：迁安李姑店，2009 年 8 月

图 2-10　红辛纸晒纸工序
注：迁安李姑店，2009 年 8 月

其二，毛头纸的纸碉中安放有笼，用以将纸浆进行分隔。但由于笼的阻隔，无法用较大的纸帘抄纸，限制了纸张的大小，红辛纸的抄纸槽中并不放置笼。

其三，毛头纸不加纸药，而红辛纸需在纸浆中加入纸药。这种加入纸药的方法在北方传统手工造纸工艺中是很少见的，表明其工艺应是从其他地区引入的。

其四，两者的纸帘不同。毛头纸纸帘为长方形，而红辛纸纸帘近似方形，而且红辛纸纸较大。通常毛头纸纸帘长 94 厘米，宽 53 厘米，而红辛纸纸帘长 110 厘米，宽 104 厘米。另外，尽管都采用床架式纸帘，但两者的帘床不同。抄毛头纸需要有两根镊尺将竹帘和帘床固定，在红辛纸工艺中这两根镊尺被安装在帘床上的活动木条所取代，两者的作用是相同的。

其五，压纸方法不同。毛头纸设有专门用于压纸的千斤桩和梯杆，红辛纸则只采用一般的重物如石块等，相对简便。

其六，晒纸工具不同。毛头纸采用的是立式的晒纸架，移动时需要搬动。红辛纸则采用卧式晒纸架，并将之放于独轮车上，便于移运，减少劳动量。

从上述工艺区别中可以看出红辛纸工艺与毛头纸工艺属于不同的造纸工艺系统。相比之下，红辛纸是一种更为成熟的工艺。这一点可以从产品和技术方面体现出来。

从产品上看，红辛纸纸张尺寸更大、质量要求更高。纸张尺寸增加直接提高了抄纸难度。抄大纸不仅需要有更大的抄纸工具，如纸帘等，也要求抄纸工人拥有更高的技术并且配合熟练。此外大纸的晒纸工作也更为困难，废品率会增加。纸张尺寸的增加，提高了诸多工序的难度，只有更加成熟的工艺才能生产更大的纸张。红辛纸纸张质量要求更高，因此需要进行漂白、防沙等处理，造纸工艺更为复杂。

从技术上看，红辛纸生产效率较高。只需将纸帘插入水中一次便可使纸浆均匀分布在纸帘上，提高了抄纸速度。另外，红辛纸技术在一定程度上减轻了劳动强度。纸药的使用使得抄纸过程中不必经常搅拌纸浆，独轮车的使用避免了搬运晒纸架，这都减少了劳动量。

由于红辛纸技术更为成熟，因而产品种类更丰富、质量更高，能够满足书画等高档用纸的需求，这是毛头纸所无法比拟的。

二、现代红辛纸生产工艺

近年来，红辛纸工艺的变化主要体现在原料品种、工艺步骤和产品种类等方面。

与毛头纸类似，红辛纸的原料品种也发生了变化。由以纯桑皮为原料变为桑皮、纸边、麻袋、麻绳并用，且桑皮比重日益降低。虽然原料的变化由来已久，新中国成立之前在红辛纸生产中已经开始加入纸边 ①，但当时仍以桑皮为主。近二十年来，麻袋和麻绳开始大量引入，降低了桑皮的含量。

红辛纸工艺的变化也很显著，打浆机、电动碾的引入取代了传统工具。原料的蒸煮环节改变尤为明显。制作红辛纸的原料，无论是桑皮、麻袋还是麻绳都需要进行蒸煮。现在原料的蒸煮处理已不再由造纸作坊自主进行，而是集中到蒸料中心统一完成。该中心设有两口大型的高压蒸锅，专门用于蒸料。造纸作坊需要向该中心提供原料、燃料、碱以及一定的加工费用。一般一口锅可以蒸料 200—300 斤，每次蒸料 3 小时。通常一个纸厂一个月需要蒸三四锅原料。这样统一处理能够在一定程度上减少造纸生产所带来的环境污染，而且大型压力锅的应用也缩短了蒸料的时间（图 2-11）。此外，红辛纸工艺的一些细微之处也发生了变化。由于传

图 2-11　蒸料中心
注：迁安李姑店，2009 年 8 月

---

① 阚禹卿：《迁安县的高丽纸》，《工业月刊》，1947 年第 5 期，第 21-22 页。

统的纸药制作复杂且不易保存，因此已经被聚丙烯酰胺取代。

除了上述原料和工艺的变化外，红辛纸的产品也发生了较大的变化，主要体现在形制和种类两方面。从形制上说，红辛纸类型已不仅局限于传统的方形纸，而是开发出了长方形红辛纸，并且纸张尺寸有五尺、六尺、八尺不等。从种类上说，除普通红辛纸之外，还出现了纯皮纸、皮棒纸等品种。这些变化极大地丰富了红辛纸的产品种类。

纸张品种的多样化一方面是由于其工艺成熟、技术水平高，成熟的技术有助于进行灵活的变化；另一方面，原料的多元化也是导致纸张品种增多的重要原因。不同的原料配比，会产生不同质量的纸张，因此造纸作坊可以通过调整原料比例来达到改进纸张的目的。此外，市场的不同需求也是不容忽视的原因，来自市场的压力是造纸作坊不断探索的动力。

从上述变化中可以看出，红辛纸和毛头纸在某些方面有着共同的发展趋势。例如，原料种类更加丰富，桑皮比重降低；备料、制浆阶段引入现代化机械设备，工艺流程简化。但红辛纸的多样化趋势是毛头纸所没有的。说明红辛纸工艺的灵活性和适应性在毛头纸之上，是一种更具活力的造纸工艺。

红辛纸出现之后，便成为迁安手工纸的代表，广泛应用于裱糊、印刷以及书画等方面。其影响不仅局限于国内，还延伸到海外市场。可以说，红辛纸作为优质桑皮纸已经获得了市场的认可。虽然现在红辛纸的现状不甚乐观，市场销路日趋萎缩，但是凭借其成熟的工艺、灵活多变的特性，进行适当的改良，红辛纸有望恢复往日的风采。

三、书画纸生产工艺

书画纸是在红辛纸技术的基础上借鉴南方宣纸技术产生的，因此两者在工艺上具有极大的相关性，但是也存在明显的区别。

书画纸与红辛纸最大的区别体现在纸帘上。红辛纸使用的是传统的北方马尾帘，而书画纸借鉴南方技术，使用南方纸帘。虽然两者都是床架式纸帘，但竹帘却存在较大区别。北方的纸帘是将竹丝以马尾加以编连，而南方纸帘则采用的是丝线。此外，在防止纸帘在抄纸过程中粘连纸张并增加纸帘的使用寿命的处理方式上，两者也不尽相同。前者竹丝在做好之后要先用花生油等植物油炸过，而后者则采取涂漆处理的方法。另外北方纸帘的帘线纹一般较宽，见有1.5 厘米、3.5 厘米、3.5 厘米、3.5 厘米的循环（红辛纸帘线纹较窄，约 0.6 厘米），而南方纸帘，特别是造竹纸的纸帘，帘线纹较窄，以 1—2 厘米居多。因此北方纸帘更适合抄厚纸，而南方纸帘则适合抄薄纸。除此之外，两种纸帘在形状上也有明显的不同。红辛纸纸帘近似方形，而书画纸纸帘则沿袭南方纸帘形制，呈长方形。

红辛纸和书画纸的另一区别体现在原料上。书画纸用途单一，仅作为书画用纸，因此对纸张质量要求较高。所以一般情况下书画纸原料中桑皮比例要高于红辛纸，但没有明确的限定。

不过，现在两者的区别已经逐渐淡化。首先，原料的区别已不显著。由于书画纸原料配比并没有严格的规定，只凭抄纸人的经验而定；再加上现在红辛纸的原料比例日益多样化，两者的差别越加模糊。其次，由于红辛纸的纸张形制日趋丰富，已经很难再用方纸或长纸来对两者加以区分。再次，红辛纸在裱糊、印刷等方面的功能萎缩，目前也主要作为书画用纸，因此在用途方面两者基本没有差别。最后，由于纸帘制造业的萎缩，目前不能进行马尾帘的生产，导致迁安许多造纸作坊的纸帘都买自温州等地，因此纸帘的差异也被迫消解。可见，红辛纸与书画纸之间的界限已经日趋模糊。

需要指出的是，两者区别的淡化并不意味着纸张种类的单一化。现在迁安当地丰富的纸张品种就是明证，无论是红辛纸还是书画纸，都已经发展出了不同的产品类型。这在很大程度上得益于两种工艺的相互借鉴。

第三节　肃宁县的毛头纸制作工艺

除了桑皮纸，河北也是重要的麻纸产区，例如前面提到的南和，生产麻纸具有悠久的历史。但是，随着原料来源的枯竭和用途的缩减，麻纸的生产已经绝迹。[①]传统的麻纸产区中，也只有肃宁还有手工纸的生产，能够从中一窥麻纸制造的部分工艺。

肃宁县位于河北省中部，北京以南约 200 公里，在沧州市的最西端。手工捞纸集中在县城以东靠近河间市的梁家村镇桥城铺，据文献记载[②]，桥城铺的捞纸技术源于蔡伦的故乡湖南。大约 400 年前，明代一姓杨的湖南人迁到桥城铺，带来了造纸技术，其主要生产裱糊纸（窗户纸、烧纸）、包装纸（梨袋包装

---

① 杜烁、岳红亮、张新丽等：《穿越百年的麻头纸》，《邢台日报》，2010 年 9 月 1 日，第 7 版。
② 刘广通：《肃宁史话》，北京：方志出版社，2006 年版，第 31-32 页。

纸）、毛边纸（书法练习纸）等日常用纸。据《河北省工商统计》记载，当时肃宁县生产毛头纸和草纸，毛头纸以废纸和烂麻制成，年产 9000 刀；草纸以麦秸加少量蒲绒制成，年产 3 万刀，均主要销往本地和附近。[①]抗日战争和解放战争时期，桥城铺生产的纸曾是《冀中导报》用纸的重要来源之一。据记载，冀中导报社饶阳张岗造纸厂的部分技术工人也来自桥城铺。[②]20 世纪 80 年代，农村实行联产承包责任制后，桥城铺 4 个分村几乎家家户户捞纸，全村每年产纸量几十万刀。2016 年，肃宁捞纸技艺被列入河北省第五批省级非物质文化遗产名录。邓那为沧州市市级非物质文化遗产项目代表性传承人。

邓那的家在桥城铺一分村，以前在自家造纸，在抄纸房中，有两个传统的地坑式纸槽，院子里有切料机等设备。晒纸则在村里的院墙上。2017 年起，将作坊搬到 1 公里外靠近公路的废弃工厂内。场地主要用于堆料和抄纸，其间邓那也曾经尝试使用传统的石碾碾料。

现在制造的纸张为毛头纸，主要原料是纸边和纸浆，约 1.6 元/斤，其中还要加用旧的安全网（图 2-12）。安全网用于建筑施工以及防山体滑坡等，由化纤制成，加入纸浆中抄纸，是为了增加强度（称为"保劲"）。以前主要的保劲材料是在纸中加入麻。安全网的处理，类似麻绳，可以切成接近 1 米长的段以后，再展开理顺，细细切成 1 厘米以下的小段。由于使用人工切料很费劳力，邓那之父邓旭亚发明了切料机（图 2-13），在其中放入理好的安全网线，可以自动走刀，切成 2—3 毫米长的小段。由于使用纸边和安全网，并不需要进行蒸解，只需要将上述原料泡软以后，投入打浆机打碎即可。经过打浆机处理的纸料，抄出的纸，比一般北方的毛头纸白而均匀，略有塑料感，除了原料因素以外，在打浆机打浆的同时，还仿照机械造纸设备，设置了洗浆的纱笼，洗去污水和杂质，提高了纸浆的质量（图 2-14）。处理好的纸浆，通过捞纸房墙上设置的加料口，送入室内的料池，便于随时取用。现在新造的纸槽位于地面以上，在秋冬季，需要取暖。放置湿纸的抄案和暖手炉的设置，均和原先地坑式纸槽相似。纸浆池内不加纸药，隔一段时间需要用电动搅拌机搅拌。一天一般捞 500 张纸，夏季时最多可以捞 1000 张。纸帘为单人的手端帘。捞纸时从外向内近乎垂直插入水中，平放捞出纸浆，纸帘在水面上，前后晃动，调节纸浆在帘面分布均匀。然后提出，重复一遍以上动作即成（图 2-15）。纸张的尺寸为 60 厘米×

---

① 河北省实业厅视察处：《河北省工商统计》，天津：德泰中外印字馆，1931 年，第 198 页。

② 张家肥：《冀中导报社的造纸厂》，见：杜敬、肖特、展青雷：《冀中导报史料集》，石家庄：河北人民出版社，1990 年版，第 407-410 页。

90 厘米。一天捞好的纸，盖上木板以后，上面压上梯杆，梯杆的一头插入抄案边的铁架内，另一头一点点挂上砖块，放置过夜，压榨、去除水分。榨好的纸块，运到桥城铺的村中，一张张刷到院墙上。虽然现在村里只有一户造纸，但还随处可见白灰刷平的院子外墙和晒纸的痕迹（图 2-16）。刷子原来使用猪鬃，现在只有人造纤维刷。纸晒干后取下，一刀为 100 张，批发价为 70 元左右，其中捞纸的工费就要占 17—18 元，晒纸工费为 10 元。纸张的主要用途是卖到张家口山区用作糊窗纸，以及包炮弹吸潮之用。山区每年八月十五和春节各要糊一遍窗，为防水糊窗的纸还要上桐油。现在的纸不如麻纸和皮纸寿命长，由于吃墨太厉害，也不能用于画画。

图 2-12 原料——安全网和纸边
注：肃宁桥城铺，2018 年 11 月

图 2-13 切料机
注：肃宁桥城铺，2018 年 11 月

图 2-14 打浆-洗浆机
注：肃宁桥城铺，2018 年 11 月

图 2-15 捞纸
注：肃宁桥城铺，2018 年 11 月

关于传统的毛头纸制造技术，根据邓旭亚的讲述，主要是使用蒿麻绳和废纸。首先，和处理安全网绳一样，将麻绳等废麻切成一段一段的，拆开清洗，泡软整理好以后，再用切麻斧在高约 40 厘米的切麻墩上切成 1 厘米以下的小段（图2-17），加水先在碾子上碾一遍，清洗后，用白灰（即石灰水）烧，再码在锅上蒸，一般需要 12 小时，等晾凉了，再放入笤筐清洗退灰。洗好的麻料，在大型的地碾上碾，一般需要碾 1 天，约 10 个小时，然后再在水池中清洗，即成可以捞纸的麻料。据说在麻料里面加废纸，是为了增加细腻度。图 2-18 为传统的捞纸坑，也就是地坑式纸槽。另外，以前村里还有做草纸的，主要原料是麦秸秆，草纸可以包吃食点心。制作草纸也需要加石灰蒸后碾料。邻村以前还有做冥纸的，主要用于糊纸车马，是用包装纸箱，再加蒲棒①打浆抄成，加蒲棒也是为了保劲。

图 2-16   晒纸院墙
注：肃宁桥城铺，2018 年 11 月

图 2-17   切麻斧和切麻墩
注：肃宁桥城铺，2018 年 11 月

图 2-18   传统捞纸坑
注：肃宁桥城铺，2018 年 11 月

---

① 北方造草纸常用的添加材料，是香蒲的果穗，取其絮状绒毛。具体将在后文介绍。

　　由于其他农户已经不再造纸，附近没有卖造毛头纸所需工具的。为了维持纸坊的正常运转，邓家除了需要考虑纸张的生产与销售，还要进行设备的制造与维修，特别是切料设备和捞纸工具。好在邓家从祖辈开始，就会纸帘的编制技术，因此可以自己编制纸帘，打造帘架，不必像其他很多地方的造纸户，需要从外地购入纸帘。而且纸帘的编制，基本还保持了北方的传统工艺。纸帘的编制，使用竹丝，原先邓旭亚自己制竹丝，现在，主要是从浙江购买，直径约0.6—0.7毫米。买来的竹丝，需要用香油炸，是在电磁炉加热的平底锅里小火慢炸，主要是为了防蛀。一次需香油十余斤。刚炸好的竹丝呈枣红色，泡水以后就会发黑。编制纸帘，需要有一个 π 形的架子，上面的横木用菲律宾的硬木，取其硬度大，耐磨。编帘使用渔线，以前使用马尾，使用寿命较短。线的一头绑上胶泥做的坠子，编制方法一般是在每一个编线位置放两根线，连接的坠子分别垂在横木的两边。将竹丝放在横木上，每放一根竹丝，坠子带着线在竹丝前后绕行一次。逐次放上竹丝，用线编紧。胶泥做的坠子需要轻重一致，否则由于拉力不同会影响帘子的松紧和平整度。现在是在胶泥干燥前使用 0.1 毫克精度的分析天平称重，以前使用称药的小秤（应该是戥子）。帘子编好以后，一头绑上帘杆，帘杆要使用放置 20 年以上的黄花松边材，取其直而不易变形。编制一张帘子，需要 6 天。帘架（又叫纸框）的材料使用红松或白松，也要放置 20 年以上，做一个帘架需要大约 2 天时间。邓家现在还在用 40 多年前的刨子等木工工具制造需要的帘架。

　　目前，邓家的纸由于成本控制得好，销路尚可，几年内不会有生存问题，不过，作为非遗传承人，邓家也在考虑恢复做一些传统的毛头纸，开辟书画等市场。比如在废纸中，加入山东的亚麻下脚料等。使用麻料做的纸不是很吃墨，放在水里不容易烂。2019 年，邓家准备做一批麻纸。同时，河北省内的画家，也还想请他们做一批构皮纸用于书画创作。

　　桥城铺邓家的毛头纸制作，虽然在北方地区并非唯一一家，但在河北传统麻纸的产区，是硕果仅存的一家。从现在纸张的原料和工艺上来看，已经和传统的毛头纸相去甚远，只是在捞纸、晒纸等方式上还保留有传统工艺的一些影子。和北方很多麻纸制造产区一样，这里的麻纸制造，也经历了一个逐渐变化的过程，从使用纯麻，到在麻中加废纸，再到使用化纤代替麻。而麻纸的制造工序，邓旭亚（1957 年生）也只在小时候见过。在麻中加废纸边造生活用纸，实际上在民国时期北方地区已经比较常见了。现在使用化纤作为原料，也是在这一发展线上适应形势变化的延伸，能够坚持下来，实属不易。比较可贵的是，邓家在保持了手工毛头纸制造工艺的同时，还保留了几乎整套的传统造纸工具设备的制造工艺，依靠自力，即可满足造纸的一些特殊需求。同时，还注重自身的改良和发展，发明了切料机，提高了纤维处理的效率和质量；制造了洗浆、打浆一体的设备，提高了纸张纤维的纯净度和分散度，造出的纸比较洁白、均匀。这也是其生存能力比较强的原因。北方的麻纸制造，比之于皮纸制造，衰退更为严重。如果能够在现在生产毛边纸的同时，逐步恢复麻纸的制造，用于书画等领域，不仅有助于提高作坊的生存能力，对于保护具有悠久历史的北方麻纸制造工艺也具有重要的意义。

第三章 山西地区的手工造纸工艺

山西是北方手工造纸的重镇，造纸的历史非常悠久，早期主要集中在晋南地区。有学者考证，蔡伦曾经在当时属河东郡的晋南地区的运城造纸，据乾隆年刊《解州全志》卷十五《安邑县·杂志》（安邑县，今运城市盐湖区）载："汉蔡伦，莱阳人，为汉黄门，有才学，以古书契用竹简，中古用练帛，伦用树肤麻头敝布鱼网为纸，后寓居本县，卒葬于张董里。"在当地还有蔡伦墓。[①]虽然蔡伦在山西造纸还需要进一步考证，但从地域来看，运城与当时的都城洛阳相去不远，东汉时期很可能即有造纸。而同在晋南的蒲州一直是重要的产纸区，《唐六典》载："蒲州之百日油细薄白纸"。[②]《唐国史补》卷下"叙诸州精纸"条载："纸则有……蒲之白薄、重抄"[③]。宋金时期，晋南地区经济较为繁荣，地处要冲，交通便利。当时平阳府（今临汾）的白麻纸即很有名，平阳在金代还是北方雕版印刷的中心，朝廷在平阳设立了专管雕版印书的机构——经籍所，管理协调官私和民营书坊的刻书经营活动。[④]平阳麻纸对当地印刷业的发展起了重要的作用。明清时期，山西的造纸业，特别是麻纸的产地又向北部扩展。清代，山西年解京都的毛头纸、呈文纸等以百万张计[⑤]，清末民初在北京有

---

① 陈振华：《平阳麻笺历史研究》，临汾：临汾市三晋文化研究会，2015 年版，第 21-24 页。在蔡伦的封地陕西洋县和故乡湖南耒阳也有蔡伦墓。

吕瀶、郑必阳：《解州全志》卷十六，言如泗修，乾隆二十九年（1764 年）刊。莱阳应为耒阳。

② 李林甫等：《唐六典》卷二十，北京：中华书局，1992 年版，第 546 页。

③ 李肇：《唐国史补》卷下，见：李肇、赵璘：《唐国史补 因话录》，上海：上海古籍出版社，1979 年版，第 60 页。

④ 黄镇伟：《中国编辑出版史》（第二版），苏州：苏州大学出版社，2014 年版，第 208-209 页。

⑤ 衡翼汤：《山西轻工业志》（上册），太原：山西省地方志编纂委员会办公室，1984 年版，第 108 页。

不少晋商，特别是临汾商人经营的纸行，在一定程度上控制着北京的纸张供应。据《中国实业志·山西省》记载①，20 世纪 30 年代，山西产纸区遍布全省，其中介休、临汾、襄陵、临晋、襄垣、辽县、盂县、定襄、代县、繁峙、浑源、怀仁、左云、右玉、朔县、崞县、河曲、保德、临县产麻纸；阳城、陵川、晋城、高平产桑皮纸；阳曲、太原、临汾、赵城、曲沃、翼城、浑源、河曲等地产草纸。产值最多的是晋南的临汾，达 128 000 元，其次为襄陵。晋东则为定襄、盂县，晋北为浑源。

时至今日，山西仍是北方手工造纸最重要的省份，如襄汾的邓庄、沁源的渣滩村、高平的永录村、定襄的蒋村、临县的刘王沟村均有手工造纸作坊。特别是麻纸的制造，在其他传统地区均已经停产，只有襄汾、沁源、定襄等少数地方仍有保存。麻纸的制造，历史最为悠久，宋代以后，随着竹纸的发展普及，逐步受到排挤而衰退，现在已经很少见。对山西麻纸制作技艺的考察，不仅有助于我们了解麻纸的传统技艺，而且对于造纸技术发展史的研究也大有帮助。

第一节　定襄县蒋村的麻纸制作工艺

蒋村乡的麻纸生产历史，据当地称可以追溯到明代。据《中国实业志·山西省》载，清代中叶以前，定襄已经成为手工纸的盛产区域。1934 年，蒋村有造纸户 110 户，从业人员 350 人，年产麻纸 15 万刀，产值 6 万元（银元）；其产值占山西全省 28 个产纸市、县全部手工纸（包括麻纸、桑皮纸、毛头纸、草纸、烧纸等）产值的 1/9，其产品销往河北、绥远和邻县各地。②1985 年，全村有造纸涵池 230 个，年产麻纸 55 万公斤，产值 141.4 万元。③现在，蒋村麻纸制作技艺已被评为省级非遗。这里根据对定襄蒋村进行田野调查时所获得的实物资料，以及对造纸工人刘隆谦、尹二买等人的采访④，结合前人的调查成果⑤，对传统手工麻纸的制作工艺进行梳理。

---

① 实业部国际贸易局：《中国实业志·山西省》，1937 年版，第 374-389（己）页。

② 实业部国际贸易局：《中国实业志·山西省》，1937 年版，第 376-381（己）页。

③ 定襄县志编纂委员会：《定襄县志》，北京：中国青年出版社，1993 年版，第 169 页。

④ 2010 年 7 月调查。

⑤ 张年如：《蒋村麻纸》，见：定襄县政协文史资料研究委员会：《定襄文史资料·第 7 辑·定襄民间百业》，1996 年版，第 28-41 页；樊嘉禄：《山西忻州麻纸传统制作技艺调查》，见：中国造纸学会、浙江科技学院《首届中日韩造纸史学术研讨会论文集》，杭州：中国造纸学会，2009 年版，第 103-108 页。

　　传统麻纸生产主要采用麻绳、麻布等废旧的麻制品，是对麻料的再利用，很少直接使用生麻，因此前期的原料处理步骤较为简便。除麻绳等麻制品之外，还会加入废纸等原料。相比于麻料，废纸的处理更加简便。一般废纸与麻绳的比例为 2：1。

　　（1）切麻。购买来的废旧麻绳往往杂乱不堪且混有许多杂质，因此首先需要将麻绳中的杂质拣去，如果麻绳打结则需将打结处解开。然后将麻绳放入水中浸泡 10—20 分钟，使麻绳彻底浸润，并将麻绳理顺，然后用专门的切麻斧将其剁碎成 1 厘米左右的小段。

　　（2）洗料。切好的麻料需用清水加以清洗。洗料用的池子由石板或水泥板围成，称为"罗柜"，罗柜一端下部有一个小的出水孔。洗料之前，先在罗柜内放入一个由芦苇编成的"席底"。席底形状与罗柜相同，但大小比罗柜稍小，正好衬在罗柜内部。再在席底里面铺一块长方形布料，即"卧单"。

　　洗料时将麻料放在卧单上，加入清水，一人手持洗麻工具（俗称"洗麻疙瘩"）来回推搓麻料。洗麻疙瘩为一个长木杆，一端装有一个近似长方形的木板。洗麻时工人手持木柄，用带有木板的一端不断将麻料推成一堆，再摊开，反复操作，以去除麻料中的污渍。洗麻时污水会沿着出水孔排出，直至出水孔内流出清水，洗麻工作才告完成。

　　废纸料也采用同样的方法放入罗柜中进行清洗。

　　（3）灰沤。将碾好的麻料放入长方形的沤料池（图 3-1）中，加入石灰沤制。麻料与石灰的比例大约为 5：1。沤麻池为水泥砌成，长 152 厘米，宽 93 厘米，深 64厘米。麻料大约需沤制 10—20 分钟。如果废纸料带有颜色或字迹，需沤泡 1—2 天。

图 3-1　沤料池
注：定襄蒋村，2010 年 7 月

　　（4）蒸料。蒸锅（图 3-2）的结构分两部分，下部是普通家用的锅灶，使用的铁锅多产自阳泉。上部是由砖砌成的"囤子"，外部涂抹白灰。囤子上下口部直径与铁锅相同，但是中部较为粗大。蒸料（图 3-3）时，在铁锅内注满清水，然后上面搭放箅子。将麻料放在箅子之上，隔水蒸料。蒸料时需将囤子口部加以密封，以免跑气致使麻料不易蒸熟。一般蒸三四个小时左右，即可停止加热，静置一夜，方可使用。

图 3-2 废弃的蒸锅

注：定襄蒋村，2010 年 7 月

图 3-3 蒸料

注：定襄蒋村，1942 年 6 月，出自《华北交通档案》（華北交通アーカイブ）

　　传统废纸料也需要蒸料处理，但现在一般仅进行灰沤处理，省略了蒸料过程。

　　（5）清洗。蒸好的麻料需再次放入罗柜中洗净，以去除残余的石灰等杂质。清洗方法与之前洗料步骤相同。经过清洗的麻料已变得较为洁白。

　　（6）碾料。碾料使用的工具是碓碾，碓碾是由一个竖立的碾盘和环形碾槽组成的。碾盘为圆盘形、石质，重 700 斤左右。中间有一个方孔，碾杆从孔中穿过。碾杆一端固定在位于碾槽圆心位置的竖轴上，另一端伸出碾槽外，用来拴套牲口。

　　碾料时将按比例混合好的原料放入碓碾中，并加入少量清水，用驴等牲畜拉动碾盘，使碾盘在碾槽中滚动，通过碾压起到将原料碎解的作用，使纤维充分分散。

　　（7）洗料。将碾过的纸料再次放入罗柜中清洗，洗净即可。

　　（8）打槽。当地抄纸用的纸槽俗称"汗钵"，因此打槽环节也称为"搅汗"。将洗净的纸浆放入抄纸槽内，由两个工人手持搅汗工具在纸槽内搅拌，搅汗工具俗称打扣疙瘩，与洗麻疙瘩结构相同。搅汗时将安有方形木盘的一端插入纸浆中来回搅拌，使纸浆均匀。一槽纸浆一般需搅拌数千下，为了便于计数，工人在搅汗时会唱搅汗歌。

　　纸浆搅拌均匀之后，需在纸槽中放入"闷楞架"。闷楞架的形制类似栅栏，用木材制成，其宽度与纸槽内沿相同。抄纸前，将闷楞架从靠近抄纸工人的一侧垂直插入纸槽中，并推往中间，将纸浆推到远离人的一侧，之后即可抄纸。

（9）抄纸。抄纸工人技术的好坏直接影响纸张质量。定襄蒋村传统的纸槽位于地面以下，纸槽旁设有抄纸坑，是北方典型的地坑式抄纸槽。①目前蒋村所用的抄纸槽高于地面，由砖砌成，并在外表涂抹水泥（图3-4），是改革的结果，这种改革，在1942年拍摄的照片中可以看到（图3-5）。所使用的纸帘是床架式纸帘，由帘床和竹帘两部分组成。形制为单人手端帘，并在纸帘中部加分隔布条，以便能一次抄两张小纸。这种纸帘是北方最常见的形制。

图3-4　抄纸
注：定襄蒋村，2010年7月

图3-5　传统抄纸
注：定襄蒋村，1942年6月，出自
《华北交通档案》

抄纸时用帘床托住竹帘，两侧各用一根木条压住。再将纸帘向斜后方插入纸浆中，然后水平抬起，在水面处轻轻前后晃动数次，之后再次斜插入水中，重复上述动作。经过两次入水，纤维的分布比较均匀。

抄好一张纸之后，将纸帘搭放在纸槽内的木杆上，取下两侧的木条放在帘床上。右手持竹帘的一端将其提起，并将其倒扣在纸槽旁边的抄案上。从竹帘的另一端慢慢将竹帘揭起，使湿纸和竹帘分离。之后再将竹帘放回帘床，继续抄下一张纸。由于传统麻纸工艺不加纸药，因此纤维容易沉淀，一般抄10张纸就需要用打扣疙瘩搅动一下纸浆。一名抄纸工人每天可抄纸600次，即抄1200张小纸。

---

① 张年如：《蒋村麻纸》，见：定襄县政协文史资料研究委员会《定襄文史资料·第7辑·定襄民间百业》，1996年版，第28-41页。

在抄案的旁边有两排刻度，内侧表示十位，外侧表示个位。两排刻度之上分别放置一个小石块，每抄好一张纸就将外侧的石块移动一格，以此计数。

（10）压纸。为便于湿纸的分离，每抄 250 张纸就需要在湿纸垛上放一张废弃的纸帘。一天的抄纸工作完成后，需先在湿纸垛上放纸帘和木板，再进行压纸。抄案上安有一个特制的铁环，压纸时将一根较粗的丫字形木杆的一端插入铁环内，另一端上压石块，使湿纸内的水分流出。河北迁安地区使用的梯杆类似普通的梯子，需要打制，目的是能够稳妥地搭放石板，丫字形木杆只需寻找合适的木材即可，形制更为简单，利用木桩的自然分叉，将石板放于其上，亦能达到目的。如果抄纸过程被打断，如中午休息，也需进行压纸，但比较简便。直接将竹帘倒扣在湿纸垛上，再放帘床，之后放一块木板，在木板上压上石块（图 3-6）。再开始工作时，直接将木板和石块取下即可。

（11）晒纸。将压去水分的湿纸放于晒纸凳上，由妇女手持鬃刷将湿纸一张张揭开，并分别贴在涂有石灰的院墙上，纸张之间彼此不相叠压（图 3-7）。天气好的时候，一般只需半天的时间即可。

（12）整纸。纸张干燥后，将纸一张张揭下进行整理，每 100 张纸为一刀，无须裁边处理。

图 3-6 压纸
注：定襄蒋村，2010 年 7 月

图 3-7 晒纸
注：定襄蒋村，2010 年 7 月

至此，手工麻纸即制作完成。传统手工麻纸主要用作写仿、糊窗、糊顶棚等用途，由于书写习惯和居住环境的改变，手工麻纸的销量越来越低。而麻绳的来源不足，致使原料价格上升。为降低成本，近年来当地在制作过程中往往会加入玻璃纤维等原料，并使用打浆机等现代机械，出现了工艺退化的现象。

第二节　襄汾县邓庄的麻笺制作工艺

山西省优质麻纸的主要产地之一是晋南的平阳府，即如今属临汾的贾得、邓庄等地。宋元以降，平阳麻纸曾作为"贡纸"进贡朝廷，可见其质量之优。改革开放以后，平阳麻纸又被冠以"平阳麻笺"之名，成为优质书画用纸，可以说是国内硕果仅存的书画用麻纸。20世纪80年代末期，襄汾县邓庄镇党委、政府扶植恢复麻纸生产，当时的平阳麻笺社生产出了质量上乘的麻纸。著名国画家董寿平给新产出的邓庄麻纸题名"平阳麻笺"。其后，邓庄麻笺曾沉寂了一段时间，2011年，丁陶麻笺社成立，重点恢复了"平阳麻笺"的制作。2015年，丁陶麻笺社被公布为国家级非物质文化遗产代表性项目"皮纸制作技艺（平阳麻笺制作技艺）"的保护单位。此外，在邓庄制造麻笺的还有帝尧麻笺、好古麻笺等品牌。

一、传统麻纸的制作工艺

根据文献记载[①]和笔者的调查[②]，传统的麻纸生产工艺如下。

（1）铡货。用斧或刀将废绳头的绳结剁开，长的剁成不过二尺的小节。

（2）拆货。把绳子的绳股拆散、松开。

（3）泡货。把拆好的废绳放在水中浸泡1—2日，泡透并初步发酵，松开绳股并洗去绳上的污物。

（4）整货。捞出泡好的绳子，去除死结疙瘩，再整理成一手能握住的把捆，以便铡麻。

（5）铡麻。将整理好的麻料放在一个榆木墩子上。铡麻工右手握特制麻斧、左手握一只形如筒瓦的木桶瓦，压住铡麻墩上的麻束，每露出1—2厘米铡一斧，一般为一寸（1寸≈3.3厘米）铡三节，使用木桶瓦比用手直接抓住麻束更安全（图3-8）。

---

① 刘登云、马玉胜：《邓庄麻纸》，见：政协襄汾县文史资料委员会、襄汾县中小企业局：《襄汾文史资料·第12辑·晋商专辑》，2005年版，第121-127页；乔泉发、郭占荣：《邓庄地区麻纸生产工艺及品种演变》，见：政协襄汾县委员会文史资料研究委员会：《襄汾文史资料》（第8辑），1995年版，第187-190页；陈振华：《平阳麻笺历史研究》，临汾：临汾市三晋文化研究会，2015年版，第53-63页。
② 2015年7月调查。

（6）燥麻。把石灰加入碾内加水碾碎，再将剁好的麻倒入碾槽中加水碾碎。碾砣使用大牲畜如牛等拉动，还要在槽中加入适量清水以洗出污物。碾好的麻浆捞出以后压干水分。邓庄西侯村是把淘洗好的糙麻麻料，放入石灰池中加入生石灰，麻料和生石灰一般按照 1∶3 的比例，即一斤麻料中要加入三斤生石灰进行搅拌，使麻料均匀分散到生石灰浆中，充分混合均匀。经过几天的沤制后将麻料送蒸锅蒸。

（7）淘麻。第一次是淘糙麻。将半成品的糙麻倒入石灰坑旁的糙麻池内，一人站在水坑边用柳罐舀灰水在池中冲洗，另一人用木托搅动，经反复淘洗，初步去污物杂质，控干水分，准备上锅蒸麻。第二次淘麻是在水井旁的淘麻池中进行，池底铺芦苇皮编成的垫，垫子的密度要求既不能在冲淘时漏走麻纤维，又要较快淋水，一人用辘轳在井中打清水倒往池中洗浆麻，另一人挽起裤腿，赤足在池中反复搅、翻、踩，直到将杂质全部冲净方可。

（8）蒸麻。将燥好的麻装入蒸麻锅（图 3-9），锅上放置木板，板上钻数十个汽棍眼，将棍插入眼内，棍长约 4 尺，锅周围以砖砌壁约 4 尺许，将燥好的麻放入锅中以后，烧水蒸麻。随着气温升高，将汽棍逐渐拔高，需约 12 小时，待汽棍拔完，用土加封，这套工序即完成。停止加火，并焖上一晚，到第二天早上把锅打开。蒸不好，谓之生麻，产品不仅质量低，且成品率也低。

图 3-8 剁麻
注：襄汾邓庄，2015 年 7 月

图 3-9 蒸麻锅
注：襄汾邓庄，2015 年 7 月

（9）冲麻。将蒸好的麻放入竹制粗筛中，将石灰冲去，成为燥麻。

（10）碾麻、淘麻。再将燥麻放入碾中加水碾压，将废绳内污垢压出，再放入竹细筛中，用井水冲淘，人赤脚在筛中冲淘，一日三次，在碾中和竹筛中循环冲淘，淘净为止，称为水麻。

（11）细碾。将洗好的麻料放入碾槽内，从水池中引入清水。然后让石碾开始转动。引入碾槽的水要少，但要不断地让水再循环流入和排出。细碾的时间一般要 4—5 小时。细碾的过程中要不停地搅拌水和麻浆使淘洗后没有清理干净的石灰浆充分排出。细碾后的麻纤维就会完全散开，并帚化呈现白色糊状。

（12）搅海。或称搅涵、搅汗，海、涵均为抄纸槽的意思。纸槽以石板制成，长宽各为 3 米，深 1 米。先用清水把池子里面洗刷干净后，然后加入清水。再把淘净的麻，倒入纸槽中，在两端各站一人用长约 2 米的木棍交替相搅，一次要搅 1000—2000 次，使麻纤维在水中充分分散开。纸槽中的浆液不能够太满，距离顶沿约 20 厘米。

（13）抄纸。将搅好的麻浆用木框竹篱推至纸槽的前半部，以留出抄纸的空间，其中的麻浆较稀。抄纸帘由细竹丝以马尾编成，帘子的两头都用布包边。在抄纸前要对池中的纸浆进行一次搅拌。然后，用左右手分别握住左右两边的边尺和帘床的外边框。从远到近把抄纸帘倾斜地放入槽中纸浆液里，慢慢地放平，同时向上提起来。手持抄纸帘停顿一下，把抄纸帘向下倾斜放入纸浆中，再慢慢把抄纸帘放平。再平行向后移动，向前倾斜把抄纸帘提起，让纸帘上面的纸浆液向下流出。最后，再向后方倾斜，使抄纸帘上面没有流完的纸浆再向反方向流出。这样抄纸帘上面留下的麻纤维就形成了一张湿纸。每天可抄呈文纸 300—400 张（一抄一张），方曰尺 600—800 张（一抄两张），小尺八 900—1200 张（一抄三张）。

（14）压纸。把叠放好的湿纸放在一个靠墙的平台上，在平台内侧的墙上有一个孔，在湿纸页的上面压一块比纸张稍大的平整木板，在木板上再放一小块方形的木块。然后，用一根稍长的木棍一头插在墙上的洞里，以木板上的方形木块为支点，在木棍的另一头加压，通过在上面增加石块，加大压力，增加到三四十斤的时候即可。大约十几个小时，将坯中多余水分挤压掉后，第二天才能逐张揭起贴在墙上晒干。

（15）晒纸、收纸。晒纸工每天领一块纸坯，将压了水分后的湿纸坯放在一个倾斜的木头架子上，用晒纸车推到白灰墙处，逐张小心揭起。用大鬃板刷将湿纸平整地贴在石灰墙上晒干。

（16）整纸、打捆。将逐日晒好交回的纸积存到一定数量，由业主亲手把晒好的纸拔毛（去掉四边不齐部分）整齐，进行数纸，100 张为一刀，190 张为一去（或写作"曲""区"），呈文纸 20 去一捆，方曰尺 40 去一捆，小尺八 50 去一捆。

二、平阳麻笺的制作工艺

新中国成立后一段时间，由于麻绳原料的短缺，以及机制纸的排挤，麻纸被边缘化，逐步退出书写纸市场，生产的质量要求下降，因此除了使用少量麻料以外，常常添加印刷厂的废纸边，甚至玻璃纤维。

20 世纪 80 年代末，平阳麻笺的创制，使传统优质麻笺获得了新生，近年来，丁陶麻笺社制作的"平阳麻笺"也继承了这一优良传统。现在我们所见的麻笺的制作工艺与上述传统工艺虽然有一些变化，但关键环节，如蒸煮、碾料等变化不大。

（1）原料。由于原先造麻纸的麻绳、布鞋等来源短缺，因此现在使用的原料为白麻，是直接从成都采购来的生麻，价格约 1 万元/吨。这些生麻在制麻过程中也经过了几个月的发酵沤麻过程。

（2）剁麻。制料前，先要将麻在水里泡十几个小时，然后剁麻。剁麻的方法与原来相比变化不大。

（3）蒸麻。剁麻以后拌石灰水，用大铁锅蒸，堆放麻料的隔板上有孔洞，插入木棍，下有铁锅加水烧，蒸均匀，汽往上翻，蒸一会拔一拔木棍，一点点抽，抽完以后，蒸十几个小时。用布盖了闷住。蒸好的麻料并不需要专门的漂白工序。

（4）碾料。纸碾的形制虽然变化不大，但是用电动机带动碾砣（图 3-10）。碾料要十几个小时，把麻皮碾掉、碾细，由于是开放式的，时间长，纤维破坏小。碾麻时间和蒸麻有关，蒸得过了可以少碾一些时间。碾好以后还要再用打浆机（图 3-11）再打一下，但与一般打浆机不同，并不使用刀刃打碎麻料，而是用铁棍打浆，主要起到搅拌作用。

（5）抄纸。纸槽的设置与以前相比变化较大，由原先地坑式纸槽改为地面式，这样抄纸工的活动空间增大，便于抄造大纸。但由于气候关系，天气太冷时就停工。现在抄造的主要是斗方纸和四尺麻纸，四尺麻纸略多一些，与宣纸的尺寸一致。纸帘以前有用来自河南的，现在主要购自四川。帘框则是松木制，不容易变形。原料以前用再生纤维，如绳头、布鞋等，脱水不好脱，因此帘纹较粗。现在纤维质量好，帘纹可以细一点。由于纸浆中不放纸药，因此，抄 6—7 张纸就要用棍子搅拌一下。斗方纸的抄纸方式（图 3-12）与下文沁源麻纸大致相同，也是入水两下半，前两次方向从前往后几乎垂直全部入水，水平端出，在端出时还要在水面前后左右略作晃动，以对帘面纸浆进行调整。第三次从后往前斜插，入水很浅。四尺纸的抄法（图 3-13）比较特别，是采用吊帘抄纸，上面有一根弯成"几"字形的钢筋盖住帘面，第一次入水时，一手抬起钢筋，另一手拉动吊帘从外向里较多地舀取纸浆散于帘面。第二次入水时放下钢筋，向外轻轻斜插入水，舀取部分纸浆以作补充。一天可抄纸 300 张左右。抄好以后的压纸环节，现在使用千斤顶增压压榨的方法。

图 3-10 碾麻
注：襄汾邓庄，2015 年 7 月

图 3-11 打浆机
注：襄汾邓庄，2015 年 7 月

图 3-12 斗方纸的抄造
注：襄汾邓庄，2015 年 7 月

图 3-13 四尺纸的抄造
注：襄汾邓庄，2015 年 7 月

（6）晒纸。晒纸的方法现在有两种，一种是在室内的晒纸墙上阴干，不像原先在建筑物的外墙上或院墙上晒干。墙以砖砌成，裹上泥以后表面涂石灰。这种方法主要是晒尺寸较小的斗方纸（图 3-14）。另一种是在室内用蒸气加热铁板的方法，与其他地区烘干书画纸的方法类似，主要是用于烘干尺寸较大的四尺麻笺（图 3-15）。

图 3-14　斗方纸的晒纸

注：襄汾邓庄，2015 年 7 月

图 3-15　四尺纸的晒纸

注：襄汾邓庄，2015 年 7 月

附　临汾市贾得村的麻纸制作工艺 [①]

　　贾得村在临汾市区南部，与地处襄汾县北部的邓庄村相距不过 10 公里。两地麻纸的传统制法也相差不大。贾得当地水是咸水，碱性比较大，适于造纸。同邓庄一样，贾得村也主要生产麻纸。原来贾得村家家做麻纸，至 20 世纪 80 年代末 90 年代初，当地纸坊纷纷停产，只剩下少数纸坊，做纸原料也不再采用麻料，改为玻璃纤维和废纸，维持数年之后目前已全部停产。

　　贾得麻纸于 2011 年被评为临汾市市级非物质文化遗产。当时村里还保留了碾子、纸槽等造纸的相关工具，但近两年随着村庄建设，许多工具、设施已消失不见。被认定为非遗传承人的村民吕希娃，其纸坊也已停产，纸帘等工具已破旧不堪且堆在废物堆里，两个纸槽上也堆满了杂物。

　　鉴于此，仅能根据当地年长村民 [②] 的回忆，概括描述贾得传统麻纸生产工艺。

　　贾得地区的麻纸生产不分季节，全年都做，只是在农忙时村民务农，其他时间做纸。当地有句俗语：不怕天旱，就怕停碾。停碾就是指不碾麻料，停止抄纸。可见曾经手工纸生产在当地经济生活中占有重要地位。

　　（1）原料。与许多麻纸产地一样，贾得地区所采用的造纸原来也是废旧的麻绳，当地称为麻绳头。麻绳头是从各地收购来的，当时价格为 0.2—0.3

元/斤。

（2）浸泡。将购买来的麻绳头浸泡在水中，使之完全湿润，并将麻绳的结打开，将麻绳理顺。

（3）剁麻。理顺后的麻绳，用专门的斧子剁成1—2厘米的小段备用。

（4）灰沤。将切成小段的麻继续浸泡在水中，为使麻更快腐烂，往水中加入石灰进行沤麻处理。

（5）蒸煮。将沤好的麻料放入锅中进行蒸麻。一锅一次蒸麻大约四五百斤，同时需要加入石灰一百斤，蒸四五个小时。蒸麻的时候锅要密封，不能跑气，以免影响蒸麻效果。通常使用煤炭作为燃料。

（6）碾料。麻料蒸好之后进行碾料处理，一般用多少料碾多少料，而不是一次性全部碾完。碾麻使用立碾，当地村民碾米也采用立碾。碾料时用马拉着碾子转动，一般一天碾料四十斤，足够两个纸槽抄两天。

（7）淘洗。将碾好的麻料放入圆形的筛子中，然后加水，工人用脚踩料进行淘洗，一次需一个小时，一般麻料需要淘洗三次。

（8）搅涵。将淘洗干净的麻料放入纸槽中，经过搅涵之后即可抄纸。搅涵的目的是使麻料被彻底打散，并在纸槽中均匀分散。搅涵时使用一个一头带圆盘的木杆，两人搅涵，需要四千下。为了计数，搅涵时会唱搅涵歌，有《十句》《四句》《两句》《莲花开》等不同的曲目。有时唱一句搅一下，有时搅两下。一般是从一唱到一百，再从一百唱回来。

目前当地会唱搅涵歌的仅有侯平亮老人一人。通过对其演唱的记录，将唱词记录如下。

《莲花开》：手（数）一个，手两个，手三儿来四个；手五手六莲花开，又手一门来；哎哟，又手一门来（10下）。十一个，十两个，十三儿十四个；十五十六莲花开，又手两门来；哎哟，又手两门来（20下）……（以此类推，唱到一百，再往回唱。）

《四句》：手（数）一儿两个手三四（4下）；手五儿六个手七儿八（8下）；手九的一二个十到一儿两（12下）；十三儿四个，十到五儿六（16下）；十七儿沓（八）儿个，手到二十（20下）……九九个回来了，九十七儿陆（六）（96）；九五儿四个，九三俩；一九个，下九个，八十九儿沓；九七个九六个，九儿五儿四；九三个，沓二个，下到九儿沓（88）……

（9）抄纸。贾得当地使用北方常见的地坑式抄纸槽，由于冬天抄纸时水太冷，纸槽边有火炉，冬天时会生火烧水，抄纸工人时不时将手放入热水中取暖。

抄纸由一名工人操作，抄呈文纸一次抄一张，抄三五纸（尺八纸）一次抄两张。

纸帘采用单人手端帘，买自当地或者河南。纸帘所用的细竹丝均先用油炸过之后再用马尾将其编连起来。一般一张纸帘可用一年。帘床则是由当地木匠制作的，采用松木，使用寿命较长，可以使用好多年，镊尺则用柏木。

（10）压纸。抄纸工人抄好三五纸 600 张或呈文纸 400 张之后，即可压纸。压纸时先在湿纸块上放木板，木板上压一根木杆，木杆的另一头上面压石块，利用杠杆原理，以去除湿纸块里面的水分，需要压一个晚上。

（11）晒纸。晒纸时使用猪鬃刷将湿纸一张张揭起，贴在白石灰墙上，利用日光自然晒干。

图 3-16　纸名印牌
注：临汾贾得村，2012 年 9 月

（12）整理。每 190 张纸为一去，后来改为 100 张为一刀。在整理好的纸张上面加盖纸名，即可出售，图 3-16 为纸名印牌。

历史上贾得麻纸有"三宝"：贡纸、文约纸、糊窗纸。贡纸顾名思义是向朝廷进贡的纸张，质量精良；文约纸是官府及民间书写文件、契约时所用的纸张，千年不蛀；糊窗纸农家用来糊窗，韧性很强，雨打不透。由此可见，贾得传统生产的麻纸包括高级用纸（贡纸）、书写用纸（文约纸）、生活用纸（糊窗纸）三种不同的等级，均具有很高的质量。具体而言，纸张又按照用途分为呈文纸、京纸、顶纸、条廉纸、三五纸、曰尺纸等。

呈文纸一般尺寸为一尺四乘三尺，主要售往上海、平阳等地。京纸一般尺寸是一尺五乘一尺七，主要售往北京，因此得名，京纸具有不易变色、不易招虫的优点。条廉纸是用来制作纸币的纸张，韧性较强。三五纸又叫尺八纸，属于小纸，一般尺寸为一尺乘八寸。

在《临汾麻纸趣闻》一文中[1]，作者也介绍了临汾贾得等地的麻纸，其制作工艺与上面大致相同，灰沤是与爆麻工序结合进行的，即将石灰倾于碾槽，加水适量，用石磙将其压碾，与水混匀，再将麻倒入碾槽，使石灰水与麻充分混

---

[1] 梁正岗：《临汾麻纸趣闻》，见：中国人民政治协商会议山西省临汾市委员会文史资料研究委员会：《临汾文史资料》（第 8 辑），1994 年版，第 17-20 页。

合。而碾料与淘洗工艺是交替进行的，先是洗去蒸好的麻内所混的石灰；然后碾一次麻淘洗一次，一共三次，主要是洗去麻内所混的泥土；至于晒纸，冬天也可以采用火墙。

第三节　沁源县渣滩村的麻纸制作工艺

一、当地情况 [①]

沁源麻纸的产地在山西省长治市沁源县中峪乡渣滩村，该村不是传统的造纸村，造纸户郑变和的曾祖父从外地学来造纸工艺，家中开始做纸，直到郑变和已四代，据称有 180 多年（图 3-17）。该村其他人家并不会做纸。郑变和家的麻纸在沁源县当地很有名，销往全县，主要做迷信纸（冥纸等）、佛纸、书写纸（曾经当地的学校学生写毛笔字都用他家的麻纸）、吊顶棚纸、糊窗纸。

二、郑变和纸坊

郑变和于 1955 年生，从 1978 年开始做纸。纸坊最兴盛时在 20 世纪八九十年代，当时两个纸槽生产，雇佣四名工人，分两班全天生产，郑变和负责纸张销售等。当时产量为 4000 张/天，年利润为 1 万元左右，工人抄纸 1000 张工资为 15 元（现在至少 100 元）。

图 3-17　郑变和的纸坊
注：沁源渣滩村，2015 年 7 月

后来销路不畅，郑变和自己做纸，每天从早上 5 点到中午 12 点抄纸，可抄 1000 张 [②]，年利润为 5000 元左右。

1995 年时停产，2009 年左右恢复生产（但用玻璃纤维和废纸做纸，使用玻璃纤维易碎、分散性好、便宜，但做出来的纸扎手），时间不长，三四年左右。

---

① 2012 年 9 月、2015 年 7 月调查。

② 2015 年调查时郑变和每天从早 5 点到中午 12 点，做 300 张纸，下午还要剁麻。

三、非遗普查保护历程

2009 年：沁源县文化馆对郑变和的麻纸制作工艺进行非遗调查，住在他家 3 天，记录了造纸工艺的全部过程，记录比较详细。沁源手工麻纸制作技艺被列为第二批市级非物质文化遗产。2009 年在县里进行普查的前三天，郑变和刚刚把家里的造纸作坊拆除，纸槽也填埋了。文化馆的人觉得十分可惜，希望其重建。于是郑变和花费 5000 元重建抄纸间，后来市里替其向乡里申请到 1000 元补贴。

2010 年：省里对其工艺进行调查。

2011 年：长治市文化局对其工艺进行调查，并提供原料，促其恢复生产（以判断他是否真会做纸），因此郑变和做了一批麻纸，市文化局以 2 元/张的价格全部买走；普查工作之后，县里曾叫郑变和前去填表和复印资料、刻印光盘等。

2014 年：成功申报列入省级非物质文化遗产名录。

郑变和个人对麻纸的未来不乐观，认为现在手工麻纸没有销路，无法经营。自己现在只是种地，不再生产，也不希望孩子从事造纸工作。他大儿子学过造纸，但不从事，小儿子根本没学过。目前孩子在煤矿经营饭店，收入较高。当地有煤矿，年轻人多外出打工，或在煤矿下井，下井收入较高。

四、麻纸生产工艺

（1）原料。麻绳，从当地购买或从外地收购，先要用清水洗，一天可处理 300 多斤麻绳，可做 1000 张纸左右。2015 年的麻是从高平、平遥购买的。2014 年用麻 600 多斤，做纸 3 万多张，主要是山西民俗博物馆订购。高平送来的纯麻（夏麻）最好，出纸率高，纸白；秋麻、废麻便宜些，加工费劲。以麻绳的出纸率最高。

（2）剁麻。用专用的斧子将麻绳切成 2 厘米的小段（图 3-18）。

（3）浸泡。将切碎的麻绳头浸泡在水中 1 小时左右。

（4）沤灰。25 斤麻需石灰 1 斤，需沤 1 个多小时；也可以上白灰以后在碾子里碾，就在槽里加石灰，碾 2—3 小时后去污。

（5）蒸麻。一锅可蒸 360 斤麻，可以做 2 万多张纸，需一天一夜。蒸的时候用麻袋等将锅密封，以免跑气，以煤为燃料。现在使用的小蒸锅可以蒸百十来斤（图 3-19）。

图 3-18　切麻斧和护手板
注：沁源渣滩村，2015 年 7 月

图 3-19　小型蒸麻锅
注：沁源渣滩村，2015 年 7 月

（6）洗麻。将蒸好的麻放入洗麻池中清洗，无须太久，洗三次，洗净即可。现在使用的洗麻池中有铁框，下有漏孔，洗麻时将麻放在铁框中，晃动铁框，边洗边搅。

（7）碾麻。将麻料放入石碾（图 3-20）中碾，每次可碾 160 斤左右。一锅麻（360 斤）分两次碾，共需一天时间，用驴拉碾。该碾子还可以碾玉米面。当地也有辊碾，但不用于造纸。

碾好的料挤干水分后可以保存很久。2015 年还曾用手扶拖拉机拉碾。碾两天可以抄一个月。分两批，一批 50 多斤，两批 100 多斤。

（8）洗麻。将碾好的麻料放入洗麻池（图 3-21）中清洗，大约十几分钟。

（9）搅涵。将洗好的麻放入纸槽。纸槽为地坑式，底部抹石灰，四周各一块大石板。形制与一般地坑式纸槽有所不同，在纸槽两边各有一个可站人的小坑，两个人手持木杆搅拌翻麻，需 1000 下，有搅涵歌。打浆完成以后，用推麻轮下池将浆料推到一边，留少量浆开始抄纸。

（10）抄纸。当地将抄纸称为"淹纸"，纸浆中不加纸药，抄纸时为一人抄纸，一抄一张或一抄两张。纸帘买自襄汾或河南沁阳，是马尾帘，需经油炸处理，一般可用 2 年。帘床由自己制作，以竹子为材料（建筑废料），可以用很多年（图 3-22）。

图 3-20　碾麻
注：沁源渣滩村，郑变和提供

图 3-21　洗麻池
注：沁源渣滩村，2015 年 7 月

抄纸时入水两下半，前两次方向从前往后几乎垂直全部入水，水平端出，第三次从后往前斜插。

纸张尺寸：佛纸为一尺八见方（一抄两张）；大纸为二尺六×一尺六（一抄一张）。

（11）压纸。一天的纸抄好后（1000 张），上放木板，再压丫字形木杆，在木杆尾端上放木板，木板上压石块。抄 1000 张压 3 块大石，500 张压 2 块。需压一夜。

（12）晒纸。压好的麻纸从纸台上取起，放到独轮小车上，将麻纸块的四边折高 3 厘米以便上墙贴纸。晒纸使用猪鬃刷（当时 12 元/把）。夏季晒纸在院墙上（图 3-23），几个小时即可。冬季晒纸使用晒纸墙，砖墙上抹石灰，烧炭。从祖辈一直用火墙晒纸。晒纸前须将煎熟的米汤刷到墙上，起到去灰、粘贴的作用。

图 3-22　抄纸
注：沁源渣滩村，2015 年 7 月

图 3-23　晒纸墙
注：沁源渣滩村，2015 年 7 月

（13）整理。将纸张取下，四边都用刀裁齐。100 张/刀。

（14）用途和销路。用途：写字、糊窗、吊顶棚、迷信纸、佛纸。价格：

0.15 元/张（20 世纪八九十年代）。销路：销往沁源县，有人收购。

郑变和的沁源麻纸虽然已经有一定名气，而且其基本工序还是保持了传统工艺，但是从书画用纸的要求来看，纸张质量还有不如人意之处，主要是颜色偏灰，质地不够均匀，疙瘩较多。要加以改善，就需要在蒸煮、碾料、洗料等环节更加精细，而这势必需要增加人手。从提高效率的角度而言，则应对造纸设备加以机械化、电气化。这不光需要一定的投资，也可能丧失这一工艺原有的一些价值。作为精力有限的个人作坊，在需求并不十分旺盛的情况下，维持现状也许是一种无奈的选择。

第四节　临县刘王沟村的麻纸制作工艺 ①

根据县志记载，临县手工造纸业，是从明朝开始的。清光绪年间，榆林村有 60 多个纸槽。②《中国实业志·山西省》记载："临县地居山僻，山多小溪，制纸极宜，现榆林及龙王沟二村，为纸槽集中地云。"该县有纸坊 30 家，工人 130 人，年产麻纸 1.1 万刀，价值 0.44 万元。③

临县的刘王沟村是传统造纸产地，曾经家家户户做纸。每年的农历三月十六，当地造纸户会请戏班唱晋剧，祭祀蔡伦。像许多地方一样，当地也面临手工造纸生产衰落的局面，现在村中只剩下二十四五户人家仍在做纸。除此以外，当地也有小型机械纸厂，生产卫生纸。虽然有悠久的造纸传统，但是当地的麻纸生产工艺并没有被列为非物质文化遗产项目，没有开展相应保护。主要是因为当地相关部门将造纸看作是污染产业，未予以支持。

随着手工造纸行业的萎缩，不仅纸坊数量有所减少，造纸时间也在缩短，过去当地一年四季都造纸，全年无休，而现在入秋之后，随着天气转凉，许多纸坊便纷纷停工。另外，最大的变化就是原料的变化，掺入了大比例的废纸作为造纸原料，这也使得工艺发生了改变。在调查过程中，笔者根据造纸工人的描述，对当地传统麻纸生产工艺进行了梳理和记录。

---

① 2012 年 9 月调查。

②《临县志》编纂委员会：《临县志》，北京：海潮出版社，1994 年版，第 248 页。

③ 实业部国际贸易局：《中国实业志·山西省》，1937 年版，第 376（己）页。

一、传统麻纸工艺

（1）原料。传统麻纸生产以麻绳和废麻为原料，主要购买自当地。

（2）浸泡。购买到麻料之后，要用水将麻绳等原料浸湿，洗去表面的灰尘。

（3）切麻。将浸湿后的麻料用切麻斧将之剁成小段，便于进一步处理。

（4）蒸麻。将切成小段的麻料放入石灰水中过一下，不必浸泡，便直接放入锅内蒸麻。一般一锅可蒸麻料二百斤左右。蒸麻的时候需将锅盖严，以保证蒸麻效果。直到蒸锅开始冒气，便可以撤火，然后静置一两天，蒸麻环节即告结束。当地蒸麻时用的燃料并无特别规定，木柴、煤料均可。

（5）碾料。静置之后，将麻料从蒸锅中取出，放入立碾碾槽中进行碾料。每次放麻料数十斤，同时还需加入适量的水。碾料时使用马、驴等牲口拉动碾盘，反复碾压，直到将麻料彻底碾烂，通常需五六个小时。

（6）搅涵。经过碾压之后的麻料已经非常分散，清洗干净之后便可放入纸槽中。在抄纸之前，需要经过搅涵处理，即用一头带圆盘的木杆，在纸槽中反复搅拌，使麻料彻底被打散，至少需要搅动十几分钟。经过搅涵之后，纸浆均匀分散在纸槽内，便可开始抄纸。

图 3-24　抄纸
注：临县刘王沟村，2012 年 9 月

（7）抄纸。刘王沟村采用的也是北方常见的地坑式抄纸槽。纸槽靠近抄纸工人的一侧采用一整块石板。其他几面由砖块垒成，表面涂抹石灰、水泥，使之平整。纸槽的边沿并非与地面齐平，而是高出地面 20—30 厘米。抄纸时由一名抄纸工人站在纸槽一侧的抄纸坑内，一次抄一张，每天抄四百张纸左右（图 3-24）。

当地所使用的纸帘买自河南，当时售价三四十元/张，一般可用一年。帘床则是当地制作的，通常使用椿木，可以用一两年。

（8）压纸。纸张抄好之后，在湿纸块上放木板，然后利用杠杆原理压纸，在木杆的另一端吊数块石块。

（9）晒纸。传统晒纸有两种方法，夏天时将湿纸直接贴到房屋的院墙上，利用日光晒干；冬天时由于气温低，会结冰，便使用火墙晒纸。一般火墙几分钟即可晒干，日晒则需一个多小时到半天的时间。

（10）整理。纸张晒干之后，一张张揭下，并叠放在一起，然后将麻纸的两个长边用剪刀裁剪整齐。每一百张纸为一刀。

（11）产品用途。刘王沟村所生产的麻纸传统上主要用于写字、糊窗、吊顶棚等方面。一般销往当地或者陕西等外省。当时价格仅几分钱一张。

二、现在工艺

调查时发现，刘王沟村的麻纸生产在原料、工艺方面都已经发生了较大的变化，目前的造纸工艺记录如下。

（1）原料。现在刘王沟村已不再使用百分之百的麻料作原料，而是掺入了大量的废纸。麻料与废纸的比例为 1:4。这种变化主要是出于降低成本的考虑，目前麻料的收购价为 1.5—1.6 元/斤，而废纸的收购价仅为 1 元/斤。麻料主要购自当地，废纸等原料则购自离石、太原等地。

（2）浸泡。与传统做法相同，需先将买来的麻料放在水中浸泡润湿。

（3）切麻。用斧子将麻料切成 3 厘米的小段。

（4）灰沤。将切碎的麻料放入石灰水中进行沤灰，一般一百斤麻料加石灰十斤，需要沤一天的时间。

（5）蒸麻。将沤好的麻料放入蒸锅中进行蒸麻，需蒸一天一夜。

（6）碾料。现在当地已经不再使用传统的立碾，而是改用电动碾，提高了效率。一次碾麻九十斤，碾压一个小时。随后，将废纸浸湿后放入电动碾内，与麻料一起碾压，再继续碾压一小时即可。在碾料的过程中，电动碾中不断有水注入（图 3-25）。

图 3-25 电动碾

注：临县刘王沟村，2012 年 9 月

（7）洗料。将碾好的麻料和废纸料的混合物放在洗麻池里清洗，并加入漂白粉漂白。洗麻池也是电力驱动，减轻了工人的劳动强度，用时几分钟至半个小时。

（8）抄纸。洗料之后便可将纸料放入抄纸槽内抄纸。抄纸环节与传统工艺相同，仍然是采用地坑式纸槽，一人抄纸，一次抄一张。但抄纸时必须使用的纸帘目前已经很少有人制作，价格虽然由原来的 30—40 元/张涨到 120 元/张，但依然难以购得。这也是制约传统手工纸发展的重要因素。

（9）压纸。目前依然采用传统的压纸方法，采用木杆和石块，利用杠杆原理将湿纸内的水分排出。

（10）晒纸。由于当地现在冬天已经不再进行造纸生产，因此晒纸环节仅采用自然晒干的方法，不再使用火墙。当地也再难寻觅火墙的踪影（图3-26）。

（11）整理。纸张晒干之后揭下叠好，然后进行裁边处理，每一百张纸为一刀进行打捆。目前当地麻纸的价格是0.8元/张，80元/刀。

（12）产品用途。现在麻纸已不再作为书写用纸，但依然用于糊窗（图3-27）、打吊棚以及祭祀等方面。

图 3-26　晒纸
注：临县刘王沟村，2012年9月

图 3-27　糊窗
注：临县刘王沟村，2012年9月

第五节　盂县温池村的麻纸制作工艺 ①

温池村位于山西省阳泉市盂县，是传统的手工麻纸产地，因当地有天然温泉而得名。过去当地村民曾利用温泉水进行洗麻等工序，得益于这一优越的自然条件，即使冬天也能进行造纸生产。但随着当地政府对温泉进行开发，造纸等污染性产业被禁止，直接导致了手工纸的衰落。可以说，盂县手工造纸业成也温池败也温池。

根据调查得知，当地原有两三百户人家从事造纸生产，后来缩减为三四十户，最终彻底停产，目前温池村手工麻纸生产已停产四十余年。再加上近年来

---

① 2010年7月调查。

开展新农村建设，政府对全村房屋进行全面规划重建，因此原有的蒸麻锅、洗麻池、抄纸槽等造纸设备以及工具已经全部被拆除，无从查询。仅能通过对村民的采访，还原当地传统麻纸生产工艺。

传统麻纸工艺具体如下。

温池村所生产的白麻纸称为"温池纸"，韧性强，用于糊窗、写仿（描红）等，主要销往盂县、平顶等地。每刀（一百张）售价三十元左右，均为小纸（一尺乘一尺），当地不生产大纸。

温池纸生产流程如下。

（1）砍麻。传统温池纸以新麻、麻绳为原料，后来也加入部分废纸。新麻主要是自己种植，麻绳则属于废旧生活用品。相比于其他麻纸产地，温池村使用新麻为原料，新麻相比于废麻绳，韧性更强，提高了纸张的质量。首先要将新麻、麻绳等原料用砍麻刀（斧子）砍碎，将麻绳节松开。一次砍麻的麻料可使用十天，一般一个月需进行三次砍麻处理。

（2）洗麻。将切碎的麻料放入水池中清洗，以便去除里面夹杂的泥沙和杂质。

（3）蒸麻。往洗好的麻料中加入清水，并放在蒸麻锅内蒸一个晚上。一般一锅可蒸麻一百多斤。与其他地方不同，温池村在蒸麻时不对蒸麻锅进行密封，采用常温蒸煮，燃料使用火炭。

（4）碾麻。将蒸好的麻料从锅中取出，放入地碾内加以碾压，将麻料碾碎。

（5）灰蒸。为了使麻纤维能够彻底分散，将碾过的麻料再次放入蒸锅中蒸煮，同时加入石灰，再次蒸一个晚上。

（6）洗麻。将经过两次蒸煮的麻料进行彻底清洗，随后便可放入纸槽中。

（7）搅涵。为了使纸槽内的纸浆分散均匀，还需进行搅涵处理。抄纸工人手持一根一头弯曲的木棍，左右不断划打纸浆，直至纸浆分散均匀。之后放置一晚，第二天开始抄纸。

（8）抄纸。温池村采用地坑式抄纸槽，纸槽两米见方。纸槽一侧有抄纸坑，一名抄纸工人站在其中抄纸。每次抄纸纸帘需入水四次，一次抄两张小纸。一天能够抄十刀纸，即一千张。

当地原来也生产纸帘，后多从平顶的大纸厂购买纸帘。使用的纸帘为马尾帘，但比较独特的是纸帘在生产过程中不经过油炸也未涂漆。

（9）压纸。湿纸抄好之后，造纸工人使用千斤桩和梯杆进行压纸，需一晚时间。

（10）晒纸。第二天湿纸中的水分已经被压出，可以晒纸。晒纸工艺使用鬃刷，将湿纸一张张揭起，贴在火墙上，利用火力烘干。火墙每面贴纸50张，一面贴好后另一面的纸即可取下，干燥速度快。

综观山西各地的传统麻纸制造工艺，其工序大同小异，一般包括剁麻、灰沤、蒸麻、碾料、抄纸、晒纸等工序。使用的工具、设备也大体相似，具有北方麻纸制造的典型特点，也是我国传统麻纸制造工艺的代表，具有较高的研究与保护价值。其中，又以邓庄、温池村的麻纸制造较有特色。邓庄、贾得等原属平阳府区域的麻纸制造，历史悠久、工艺精细。选料、蒸煮前后的碾麻、淘麻工艺等，需要反复多次进行，以去除杂质、充分分散纤维，是制造高级书写麻纸的工艺。温池村的手工麻纸，虽然已经停产，但其二次蒸煮工艺也比较少见，可能和使用新麻有关。遗憾的是，山西仅存的几处麻纸制造地点情况都不容乐观，大多在麻料中掺用纸边、废纸、玻璃纤维等以降低成本，有的很少甚至不含麻料，只是保留了部分麻纸的工艺和设备，可以说是名存实亡。这种工艺和纸质的退化，与麻纸已经退出书写用纸领域有关。当然，我们也欣喜地看到，襄汾邓庄、沁源渣滩村等地，也有一些企业或个人在努力恢复优质麻纸的制造，开拓书画用纸市场，虽然还有不少值得改进的地方，但这样的努力，值得肯定。作为北方麻纸之乡，山西保护麻纸传统工艺，发展手工麻纸制造，使这一古老纸种发扬光大，应该说是责无旁贷。

第六节　高平市永录村的桑皮纸制作工艺

山西省是我国主要的麻纸产地，分布比较分散，而桑皮纸主要产于南部的陵川、阳城、高平、沁水、晋城等地，这可能与当地出产丝绸有关。清代，高平即以产纸著称。清雍正十三年（1735年）《泽州府志》载："高平县原解呈文纸一千一百七十张，添解纸二千三百四十张。"[①]清乾隆三十九年（1774年）《高平县志》载："高平县原办呈文纸一千一百七十张……雍正十二年，奉文添解呈文纸二千三百四十张，乾隆三年将添解停止，仍照原额办解。乾隆三十四年，奉文添解呈文纸三千五百一十张。"[②]高平造纸，主要集中于今永录乡的永录、扶市、东庄、上扶、庙儿沟、圈门、堡头等村。在永录村，还有一块立于清嘉庆二十二年（1817年）的石碑（图3-28），其上写道："永禄村（今永录村）自

---

① 朱樟：《泽州府志》卷二十三，雍正十三年（1735年）刻本。
② 戴纯：《高平县志》卷九，傅德宜修，清乾隆三十九年（1774年）刻本。

古以造纸为生，兹因村有无赖之徒，白日纵子在河窃取皮穰，黰夜贼人乘隙偷盗，殊属不成乡规。再者买纸客商不得勾通抄户，私立陷口。如有拿获，重究不贷。二条一并演戏永禁，勒石不朽。"清末至民国年间，永录一带造纸都很兴盛，"日产纸 2500 多张……仅永录村就有造纸池 120 个，从业人员 350 多名"[①]。1946 年，晋冀鲁豫边区在永录村南岱王庙创办造纸厂，有工人 130 多名，造纸池 24 个。产品主要供《新华日报》华北版、长治新华书店、冀南钞票的印制使用。1956 年公私合营后，私人造纸停止。1981 年以后，永录一带私人造纸又重新兴起，先后有 250 多人从事个体造纸生产，共有造纸池 50 多个。1990 年以后，随着糊窗纸的用量减少，个体造纸的逐渐减少。到 2000 年，只剩 1—2 户，现已无人再做。[②]

图 3-28　永禁碑拓本
注：高平永录村，2015 年 7 月

一、传统桑皮纸的制造工艺

永录村所产的桑皮纸，也称永录纸、棉纸，主要品种分毛笔书写纸、糊窗纸、包装纸（也作烧纸用）。

永录纸的原料，主要是桑皮，还有绳头、废纸、橡子皮、枸树皮等。上好的纸都是纯桑皮。

永录纸的生产工艺主要有：河水浸泡、拣杂物、石灰浸燥（100 斤桑皮 30 斤干石灰）、蒸馏[用放了 20 余担（1 担=50 公斤）水的大铁锅蒸 7—8 天]、晾干、碾碎（去桑皮外面粗皮）、再浸泡（河中泡 7—8 天）、再干、再碾（石碾上碾）、碱水再浸（100 斤桑皮加土碱 20 斤）、再蒸（3—4 天）、再水洗（只剩内瓤）、捣片、刀切（切成 0.5 厘米）、水中捣成绒、放入大布包里洗料、放入漂纸池中、加辅料莞（一种植物，有的专门种植）汁或柏叶汁、捞纸、压水、烘烤干（俗称上墙）、过数、成品。一次一锅蒸 1 万斤桑皮，常常几户合蒸一锅，一般农户一年可做 5000 斤纸。100 斤粗桑皮可出 70—80 斤瓤。[③]

① 《高平县志》编委会：《高平县志》，北京：中国地图出版社，1992 年版，第 168 页。
② 2015 年 7 月调查。
③ 山西省政协《晋商史料全览》编辑委员会、晋城市政协《晋商史料全览·晋城卷》编辑委员会：《晋商史料全览·晋城卷》，太原：山西人民出版社，2006 年版，第 8-9 页。

　　纸的规格：腊月糊窗纸，宽 1.6 尺，长 1.8 尺；平常的纸，宽 1.5 尺，长 1.7 尺；写字的仿纸，长 1.2 尺，宽 0.8—0.9 尺；订账的纸，对方；妇女做鞋的打背纸，一般都是两三张合成，比较厚。一般 100 张为一刀，一刀有 2 斤多重。另外，永录纸还是附近做戏剧头盔时的必备材料（图 3-29）。

　　笔者在附近的上扶村，找到了曾经做过糊顶棚用桑皮纸的崔积财，他于 1962 年生，在 1981—1993 年做桑皮纸。据他描述，桑皮原料一年砍两次，主要在 6 月 25 日到 7 月 5 日砍，砍下以后剥皮晒干，造纸时要将桑皮下河泡，然后用石灰水浸一下，上锅蒸一星期后晒干碾料。其法是将桑皮放在地上，用骡马拉动碌碡碾料，小户料少时也可以放在碾子上碾。碾完以后在河水里洗，上锅再加火碱或纯碱，一斤料加三两碱，蒸 3—5 天，洗净后用脚碓打成饼，再切。切料时将料放在大板凳上，用切料刀切。切料刀的一头套在板凳的一端设置的环上，手持另一头切皮，切成 2 厘米左右宽，再用打浆机打浆。打好以后就可以入槽抄纸了。当时是将从印刷厂进的废纸边兑进桑皮中，比例大致是 1 斤纸条加半斤桑皮。废纸是直接拿打浆机打浆。做好的纸主要是卖到晋城、长治等地，最贵时卖到 0.1 元/张。所造的纸除了糊顶棚以外，还可以糊窗、练大楷。所见的 1981 年造的纸陷（纸槽）为地坑式（图 3-30），1.3 米见方，深 91 厘米，水泥制。站人的坑为 0.7 米见方。

图 3-29　戏剧头盔
注：高平永录村，2015 年 7 月

图 3-30　地坑式纸槽
注：高平上扶村，2015 年 7 月

　　在北方的皮纸制作工艺中，以永录纸为代表的高平桑皮纸制作工艺值得关注。首先其采用加石灰、加土碱的二次蒸煮工艺，而且蒸煮时间比较长，在北方地区比较少见。特别是第二次再加土碱蒸煮。这是一种比较精细的皮料处理工艺，与现存云南、贵州等地的皮纸制造工艺有相似之处。

其次，在抄纸时，纸浆中还要加入纸药"莞"汁或柏叶汁，这在北方造纸工艺中极为少见，有利于改善纸张性能。

另外，在永录纸的制造中，除了使用房屋的外墙晒纸（图 3-31），还使用火墙烘纸。据文献记载，1931 年，永录纸场用火墙焙纸的方法，还传入邻近的陵川县，改变了过去单纯依靠日光晒纸的方法。[①]在北方地区，过去使用火墙比较少见，特

图 3-31　废弃的晒纸墙
注：高平上扶村，2015 年 7 月

别是制造毛头纸等中低档纸时。现在为了提高纸张质量和晒纸效率，使用火墙的情况也在逐渐增多。

由以上各点可知，永录纸的制造工艺，除了在碾料方法、纸槽形制等方面具有北方特色以外，在造纸的制浆、抄纸、干纸等核心工艺上，具有不少与南方工艺相似的特点，就我们所见的当地清代民国的契约文书，甚至是 20 世纪 90 年代掺入纸边的糊顶棚纸的质量来说，也比现在大部分北方地区所生产的日用手工纸明显要高，可见当地手工桑皮纸，是北方手工纸中的优质产品。不过，与其探讨其工艺与南方皮纸工艺的渊源关系，不如说是为了提高纸张质量而在不断的借鉴中走上了一条必由之路。

二、汉皮纸（即桑皮书画纸）的制作工艺

山西晋桑文化发展有限公司成立于 2011 年，主要从事桑皮纸制造，与传统的永录纸有所不同，该桑皮纸主要是作为书画纸，因此对纸张质地的要求也不同。从 2011 年开始，经 2012 年试制，至 2013 年才研制成功。现在造桑皮纸几乎所有工序均在厂区中进行，其中还有桑皮纸的展厅。厂区还挂着"山西省桑皮纸技艺传习基地"的牌子。

现在该厂制造桑皮纸的主要工艺如下。

（1）剪枝取皮。一般是惊蛰以后砍长了一年的桑枝，砍好以后剥皮，晒干打捆。附近桑皮资源较多，干的桑皮 1 斤 3 元，湿的 1 斤 1 元。

（2）浸泡蒸皮。造纸时将桑皮在水中浸泡 7 天，然后拿钩子勾起皮料蘸上

① 山西省政协《晋商史料全览》编辑委员会、晋城市政协《晋商史料全览·晋城卷》编辑委员会：《晋商史料全览·晋城卷》，太原：山西人民出版社，2006 年版，第 10 页。

石灰水，堆起来，再蘸再堆共三次，料与灰的比例约为 5：1。然后使用煤炭蒸 4—5 天。火力不好时需要 7—8 天。用石灰蒸使用的是大锅（图 3-32），每次可以蒸 2 万斤，是将皮料放在锅内的木棍上，下面加水。皮料堆起高出地面 2 米左右。蒸好以后不洗，直接晒干。晒干以后，有些没有蒸熟的还要补蒸，时间为 6—7 天。6 万斤原料经蒸煮以后会少去 1 万多斤。

（3）碾压拣皮。将晒干的皮放在场地上用碌碡（图 3-33）碾压，用棍子挑起抖动，去除石灰和外皮。

图 3-32　大型蒸锅
注：高平永录村，2015 年 7 月

图 3-33　碌碡
注：高平永录村，2015 年 7 月

（4）洗皮蒸皮。将碾好的皮料放在水中清洗，挑去杂质，要洗拣三次。然后洒上纯碱，用碱量约为清洗好皮料质量的 1%。惊蛰以后收好桑皮，两个月不做纸，主要是做原材料。到第三次蒸煮前，开始准备做纸。第三次蒸煮是根据需要少量蒸。二人操作即可。

（5）细拣榨丝。将煮好洗净的皮料细细挑拣出杂质和硬节（图 3-34）。榨丝即打碓（图 3-35），现在使用电动碓打料，一般要打 15 分钟。

图 3-34　拣料
注：高平永录村，2015 年 7 月

图 3-35　榨丝
注：高平永录村，2015 年 7 月

（6）切皮。原先是使用切皮刀切皮（图 3-36），现在是将皮料放入切面机中搅碎（碎皮）（图 3-37）。

图 3-36　切皮

注：高平永录村（晋桑公司提供）

图 3-37　碎皮

注：高平永录村，2015 年 7 月

（7）踏浆洗浆。将切好的皮放在缸中用脚踩踏分散，然后用布袋在缸里洗净。现在是使用打浆机打散以后洗净。还有用锥形除砂器去除杂质。

（8）抄纸。将制好的纸料放到纸槽中，纸槽在地面上，由二人操作，一人抄纸，一人在对面搅动纸浆。传统造纸时，需要在纸槽中放入一种叫"莞"的纸药。这种植物如玉米，用其梗，稍稍打烂以后放在水里浸泡，用其汁液。抄纸时，需要用带有夹子的镊尺夹住纸帘，在帘框左右

图 3-38　抄纸

注：高平永录村，2015 年 7 月

各四分之一处各插上一根棒以作把手，然后将纸帘向里几乎垂直插入水，水平端出，同时前后晃动，第二次则是向外稍斜插入水稍稍舀取纸浆以作补充。每抄一张，对面站立之人就要用棍子小搅一下。一天工作 6 小时，只能抄纸 120 张（图 3-38）。

（9）压纸晒纸。将抄好的湿纸使用千斤顶将水榨干以后（图 3-39），一张张贴在火墙上烘干（图 3-40）。火墙以砖砌成，外刷石灰，不用水泥。以前不用火墙，是在屋背后的院墙上晒。

公司员工不到 20 人，固定的是 9 人：其中晒抄 3 人，拣料 3 人，打碓 2 人，打杂 1 人。产品每刀卖 5800 元，销往国家画院、山东工艺美术学院等，但销量不多。生产区已经投资 600 多万元，还计划做万亩桑园基地，建成后带动

当地农民养殖桑蚕，成立桑蚕合作社，举办桑果采摘节。围绕桑皮造纸开发桑茶、桑酒、食用菌等打通桑产品循环链。

图 3-39　榨纸

注：高平永录村，2015 年 7 月

图 3-40　晒纸

注：高平永录村，2015 年 7 月

现在硕果仅存的永录桑皮书画纸制作工艺，继承了永录纸传统工艺原料处理精细的优点，在笔者所见的北方桑皮纸制作工艺中，是最为复杂的。而这种工艺的复杂性，也成为其成本居高不下、销售困难的一个重要因素。如何继承传统工艺，将其在纸质上的优势充分发挥出来，在此基础上，对传统工艺进行合理改良，又不至于走上不少现代手工皮纸依靠烧碱、漂白剂来降低成本的道路，是一个亟待解决的难题。

第七节　柳林县前冯家沟村的桑皮纸制作工艺 ①

孟门镇前冯家沟村隶属于吕梁市柳林县，位于黄河岸边，是传统的手工桑皮纸产地。当地有三百多户人家，至 2009 年仍有二十多户从事造纸生产。但遗憾的是，由于要修建铁路，全村面临拆迁，再加上气候干旱少水，至 2010 年，当地已无人生产。不过依然保留了纸槽、纸帘、水池、蒸锅等许多造纸生产工具，通过对村民的采访，能够对当地桑皮纸生产工艺有较为全面的了解。

孟门生产的桑皮纸，纸张尺寸较小，主要作为祭祀用纸，因此多为冬天时进行造纸生产，以便在来年清明时使用。生产时间为 9 月至来年 2—3 月。

（1）砍条。以桑皮为造纸原料，桑皮产自当地。虽然造纸生产多在秋冬季节，但是砍条则要在春天进行。每年谷雨节气前后，将桑条砍下。砍下的桑条趁着潮湿直接进行剥皮处理，并将剥下的桑皮放在阳光下自然晒干。晒干后的

---

① 2010 年 7 月调查。图片由刘岗、杨虎虎提供。

桑皮便于储存，不易变质。待到秋冬季节开始造纸生产时，将之取出即可。

（2）泡皮。将晒干的桑皮取出，放入水池中浸泡一天，使桑皮彻底浸透变软。

（3）沤皮。在泡好的桑皮中直接加入石灰，灰沤数小时，第二天取出。通常桑皮与石灰的比例为2：1。

（4）蒸皮。桑皮经过沤皮处理后，即可放入锅内蒸皮。蒸皮时须将蒸锅的口沿处用泥封住，避免漏气。一般需两三天时间，具体视火候而定。直至将桑皮蒸成茄子色为止。一般一口蒸锅一次可蒸皮两千斤（图3-41）。

（5）踩踏。将蒸好的桑皮做成大小差不多的桑皮块，然后人踩在桑皮块上，用脚前后揉搓踩踏，以达到去除黑皮的目的。每块桑皮块需踩踏十分钟左右。经过这一步骤的处理，70%的黑皮可以被去除。

（6）洗皮。将踩踏后的桑皮块放到筛子中，然后放入水中清洗，利用水流去掉黑皮。至此，80%的黑皮已被去掉（图3-42）。

图3-41　蒸皮
注：柳林前冯家沟村，2006年12月

图3-42　洗皮
注：柳林前冯家沟村，2007年1月

（7）泡皮。将清洗之后的皮料再次放入水池内浸泡，进一步去除黑皮，至此90%的黑皮可被去除。

（8）醒皮。将泡好的桑皮从水池中捞出，放在地上将水控干，之后用力抖动桑皮，去除最后残留的黑皮。经过以上几个步骤的处理，桑皮中的黑皮部分已经基本被全部去除，此时的桑皮称为熟料。

（9）捶捣。为了使桑皮纤维更加分散，需将皮料摊放在一个方形的石台子上，然后使用木槌反复捶打，直至将桑皮捶松。经过捶捣处理，原来的桑皮块已经变成一张圆饼（图3-43）。

（10）切皮。将桑皮圆饼加以折叠，形成长条形。然后将十块左右的桑皮长块叠放在一起，放在切皮专用的长凳上，利用切皮刀，将桑皮切成 2 厘米宽的小块（图 3-44）。

图 3-43 捶捣
注：柳林前冯家沟村，2007 年 1 月

图 3-44 切皮
注：柳林前冯家沟村，2007 年 1 月

（11）踩料。将切碎的皮料放入盆中，工人站在其中用脚反复踩踏，大约用时十分钟，将皮料彻底踩烂。

（12）洗料。将踩烂后的皮料放入纱布中用水彻底冲洗，去除掺杂在内的砂石、皮屑等杂质（图 3-45）。

（13）打槽。经过洗料后的皮料，便可放入抄纸槽内准备抄纸。抄纸之前，需用一根一面带一块木板的木棍在纸槽内左右搅动，称为打槽（图 3-46）。将纸槽内的纸浆彻底打散、搅匀，随后即可进行抄纸生产。

图 3-45 洗料
注：柳林前冯家沟村，2007 年 1 月

图 3-46 打槽
注：柳林前冯家沟村，2007 年 1 月

（14）抄纸。前冯家沟村所使用的纸槽是地坑式的抄纸槽，一人站在纸槽一侧的抄纸坑内进行抄纸。每抄一次纸，纸帘需进入水两次，抄纸过程中不加入纸药。当地生产的是小纸一抄两张、三张或四张不等。由于冬天天气寒冷，抄

纸时要先将水烧开，之后再倒入纸槽中抄纸。每张纸槽旁边均有一个火炉，以供烧水（图 3-47）。

（15）压纸。纸张抄好之后，在湿纸上压重物，以去除其中的水分。

（16）晒纸。过去当地也是将湿纸一张张揭开然后将纸刷贴上墙，利用阳光晾晒（图 3-48）。后来为方便起见，仅将纸叠在一起放在地上晒干。

图 3-47　抄纸
注：柳林前冯家沟村，2007 年 1 月

图 3-48　晒纸
注：柳林前冯家沟村，2007 年 1 月

（17）整理。将晒干的桑皮纸，一张张整理好，传统为每 90 张为一刀，每 100 刀为一捆。现在每刀仅 13—15 张。传统桑皮纸作为祭祀用纸，当地人造纸之后除自用之外，还拿到离石等地出售，价格较低，仅 0.02 元/张。现在由于当地人家也较少做纸，一般是自己一次生产出较多的纸张，以供以后数年之用。在调查时发现，虽然当时已经没有人家造纸，但是许多人家家中还留有之前自己抄造的纸张。

另外，当地桑皮纸的一个明显变化是纸张越来越小。20 世纪 70 年代时，当地多生产一抄两张的纸张，现在则有一抄三张、一抄四张等尺寸不等。造成这种现象的原因是多方面的。其一，纸帘在使用过程中会损坏，修补的过程会自然导致纸帘尺寸变小，进而导致纸张变小。其二，祭祀用纸的属性，决定了其不需要太大尺寸，为了减轻劳动量，便开始增加一次抄纸的张数，缩小纸张尺寸。其三，从经济角度考虑，由于桑皮纸开始作为当地的特产，带有纪念品性质，因此当地村民开始想办法降低成本、提高价格，一抄四张的小纸，每刀售价 5 元，每刀纸仅有 13 张，约 0.4 元/张。

第四章　山东地区的手工造纸工艺

山东是北方地区重要的造纸省份，造纸的历史可以远溯至东汉。著名的造纸专家左伯即为山东人。唐人张怀瓘《书断·能品》则云：

> 左伯字子邑，东莱人。特工八分，名与毛弘等列，小异于邯郸淳，亦擅名汉末，尤甚能做纸，汉兴用纸代简，至和帝时，蔡伦工为之，而子邑犹得其妙，故萧子良《答王僧虔书》云：左伯之纸，妍妙辉光。[①]

至于何为"妍妙辉光"，历来有不同的解释，应该是形容表面很光滑，可能是一种经打磨砑光或是加有填料的加工纸。

北魏时期，出生于山东益都县（今山东寿光）的农学家贾思勰，曾任高阳（山东淄博）太守。他在其著作《齐民要术》中记述了当时楮树的种植技术。[②]

《明会典》载洪武二十六年（1393 年）产纸地方分派造解额数，山东为五万五千张[③]，虽然山东的数额不是太大，但仍有一定地位。

山东以制造桑皮纸著称，在明清时期的一些地方志中，就明确记载有桑皮纸的生产。[④]

由民国二十三年（1934 年）的《中国实业志·山东省》可了解到，当时最主要的手工纸制造地点主要集中在 12 个县，12 个主要县共有造纸作坊 574 家，

---

① 张彦远：《法书要录》，北京：人民美术出版社，1984 年版，第 292 页。
② 贾思勰：《齐民要术校释》（第 2 版），北京：中国农业出版社，1998 年版，第 347-348 页。
③ 申时行：《大明会典》卷一百九十六工部十五，明万历内府刻本。
④ 见：祝文冕：《章丘县志》卷一，明嘉靖六年（1527 年）续修本；栗可仕、王命新《汶上县志》卷七，明万历三十六年（1608 年）修本，清康熙五十六年（1717 年）补刻本；黄怀祖：《平原县志》卷三，乾隆十三年（1748 年）修，民国二十五（1936 年）铅印本；王涌芬：《潍县志》卷一，乾隆二十五年（1760 年）刊本；钟廷英：《长山县志》卷一，清嘉庆六年（1801 年）刻本。

每家规模都不大，都是以家庭为单位生产的小作坊[①]，其中阳信、惠民、青城、临朐、泰安、莱芜、蒙阴、沂水等地都生产桑皮纸，此外，章丘、宁阳产麻纸，章丘、宁阳、商河、长山、沂水、泰安等地还有手工草纸生产。实际上手工纸生产遍布山东大部分地区。近年来，随着生活方式的转变，山东地区手工纸生产已急剧萎缩，目前仅剩曲阜、阳谷、临朐等地还保留有传统造纸生产作坊。在郯城等地还有一些手工草纸的生产作坊，但原料和工艺已与传统方法大相径庭。

第一节　曲阜市纸坊村的桑皮纸制作工艺

纸坊村位于曲阜市北部，原名新安里，全村共有七百多户人家，经济来源主要依靠农业生产。村里有一条河，为抄纸提供了水源，手工造纸是当地的一项重要副业，造纸生产多在农闲时进行，每年大约有八个月的时间进行生产。当地手工纸生产历史悠久，是山东的造纸重镇。直到 20 世纪 90 年代，当地还约有五百户人家从事造纸生产。纸坊村桑皮纸主要用于糊酒篓、簸箕、篮子等生活用器，属于普通生活用纸，纸质粗糙，价格低廉，因此导致造纸生产者难以获利，越来越多的生产者选择外出务工，放弃造纸生产，这也直接导致了当地造纸业的萧条。根据调查得知，2009 年，该村仅剩余十几户人家仍在进行造纸生产，前景不容乐观。[②]

曲阜纸坊村保留了传统的桑皮纸制作工艺，处理工序繁复，颇具工艺价值，是传统皮纸制作工艺的代表。桑皮纸生产直接采用未经处理的生皮为原料，主要包括备料、制浆、抄纸、晒纸四个大的环节。

1. 备料

备料阶段主要包括砍条、剥皮、晒皮、泡皮、沤皮、蒸皮、碾压、洗皮等步骤。这些处理是为了去除黑皮等杂质，提取桑皮的韧皮部分。韧皮纤维是造纸的原料，而黑皮部分如果不能有效去除，成纸后会使纸张表面残留黑色斑点，影响纸张外观，降低产品质量。因此在备料阶段要精心处理，尽可能去除杂质，保证纤维的纯度。

（1）砍条。每年阴历四月，进行砍条。如果砍条时间过早，桑皮纤维细、

---

① 实业部国际贸易局：《中国实业志·山东省》，上海：实业部国际贸易局，1934 年版，第 531（辛）页。

② 2009 年 8 月调查。

含量低，不仅所获取的纤维少，而且纸张柔韧性差；如果时间过晚，桑皮较老，所含杂质多，纸张粗糙。因此，每年谷雨前后，是砍条的最佳时机。当地所使用的桑皮多从泰安等地收购。

（2）剥皮。砍下桑条之后便直接进行剥皮，此时桑条含水分较多，剥皮工作较为容易，等桑条干燥之后则难以剥皮。因此，刚砍下的桑皮要及时进行剥皮处理。

（3）晒皮。将剥下的桑皮放在阳光下晒干，这样桑皮才能长期保存，否则容易腐烂变质。在晒皮过程中，将质量较差的桑皮捡出，留下较好的作原料。纸坊村的抄纸户购买的便是这种已经彻底晒干的桑皮。购买来的桑皮还要经过再次拣选，并将桑皮以十斤左右为一捆，进行捆扎，以便于之后的操作。

（4）泡皮。在进行造纸之前，需先将干燥的桑皮泡软。因此将成捆的干桑皮浸泡在村里的河水中，一般大约需要三天的时间。

（5）沤皮。泡软的桑皮还需放入石灰池中浸沤，使桑皮进一步软化。泡皮的石灰池呈长方形，不同人家的石灰池尺寸不尽相同，基本规格为长 230 厘米，宽 130 厘米，深 170 厘米。里面盛有石灰水，将成捆的桑皮放入其中浸泡。一般每 400 斤桑皮需要石灰 100 斤，大约需沤三天。经过灰沤的桑皮会软化，软化后的桑皮即可放入蒸锅内进行蒸皮处理。

（6）蒸皮。将沤好的桑皮用铁耙捞出，放到蒸锅内。蒸锅为砖和水泥砌成，上部盛放桑皮的部分为圆柱形，旁边有高大的烟囱，下面火膛部分位于地下，人站在旁边的低洼处填煤烧火。蒸皮时先往锅内注水，然后放入用来搭放桑皮的木棍，再将成捆的桑皮放入锅内，隔水蒸皮。桑皮的摆放不仅要将锅填满，还要高出锅沿许多，形成一个馒头形的包，再在桑皮上扣一个铁锅作为盖子。但当桑皮过多时，也不能做到密封，甚至需要人站在倒扣的铁锅上，不断用镐敲打露在外面的桑皮，使桑皮摆放得更加紧密。普通每锅可蒸桑皮 200 公斤，需蒸五小时左右。这样一整锅的皮料，可供两名抄纸工人使用一个月（图4-1）。

（7）碾压。将蒸好的桑皮从锅内取出，并直接放到石碾上碾压，以去除外表的黑皮。石碾为辊碾，由一个圆形的碾盘和一个圆柱形的碾碡组成。碾料时将蒸好的桑皮趁湿直接放到碾盘上，用驴子拉动碾碡。碾料时，一次放三捆桑皮，并需一名工人在一旁不断翻动，以使桑皮碾压得更为均匀、彻底（图4-2）。

（8）洗皮。将碾好的桑皮放入河水中浸泡十小时，以去除桑皮中残余的石灰和杂质，当地人称为"化皮"。经过"化皮"处理的桑皮，其中残留的石灰、混杂的黑皮等杂质都已被流水冲洗干净，仅剩下桑皮纤维。至此，整个备料阶段方告结束。

图 4-1　蒸皮

注：曲阜纸坊村，2009 年 8 月

图 4-2　碾压

注：曲阜纸坊村，2009 年 8 月

2. 制浆

制浆阶段包括砸碓、切皮、泡瓤、撞瓤等步骤，工艺复杂，劳动量大，其主要目的是将桑皮纤维加以分散，纤维的分散程度直接关系到纸张的细腻程度，因此，制浆阶段是手工造纸工艺中的重要一环。

（1）砸碓。砸碓过程中使用的工具是脚碓，碓头和碓杆为枣木，碓头下方平置一块光滑的石板。操作时需两人合作，一人站立于碓杆尾端，一脚站在地面之上，另一只脚踩住碓杆尾部，单脚用力不断踩踏碓杆，以带动碓头上下运动。为保持平衡，需双手扶在一张一米多高的凳子上。另一人蹲坐在碓头前端，需将适量的桑皮置于石板之上，并不断移动，使桑皮捶打均匀。操作时需十分谨慎，以免碓头砸伤手指。经过十分钟的时间，桑皮便被捶打成一个圆饼。一户抄纸人家一天需要做十个圆饼，以供抄纸（图 4-3）。

砸碓是一项繁重的体力劳动，一般在生产过程中是夫妻两人合作，丈夫负责踩碓，妻子负责放料。为降低劳动强度，当地曾经引进过电动碓进行造纸原料的处理，但由于电动碓速度较快，抄纸工人在不熟悉机器性能的情况下难以掌控。曾出现过几次电动碓砸伤手指的事故，故而未能推广。当地目前仍然保留了使用脚碓砸料这一传统操作形式。

（2）切皮。已经砸成圆饼的皮料还需进行切皮处理。先将圆饼对折几次，叠成长条形，然后将十个折好的圆饼叠放在一起，放在一个专门的切皮床上，切皮床形制类似长凳。然后在叠好的桑皮上套一圈绳索，切皮时工人脚踩绳索将皮料固定，双手持切皮刀，左右用力，将桑皮切成三角形的小块。切皮刀形状近似长方形，但刃部呈弧形向外凸，刀身左右两侧均有柄，以供工人把握（图 4-4）。

图 4-3 砸碓

注：曲阜纸坊村，2009 年 8 月

图 4-4 切皮

注：曲阜纸坊村，2009 年 8 月

（3）泡瓤。由于切好的桑皮不是马上使用，因此，需将其放在袋子中，扎紧口部，以免桑皮散失。然后将装满桑皮的袋子浸泡在流动的河水中，以免其干燥。

图 4-5 撞瓤

注：曲阜纸坊村，2009 年 8 月

（4）撞瓤。撞瓤的目的是使纤维更加分散，并去除其中的杂质。所使用的工具为特制的布袋和撞杆，撞杆的一端为一个横杆作为把手，另一端为一个木制的圆盘。操作时将撞杆带有圆盘的一端放入装有桑皮的布袋中，并把布袋扎好。将布袋连同撞瓤杆的一端一起放入河水中，并将撞杆搭放在河中的"丫"字形木架上。工人手握撞杆的另一端，并不断前后拉动，冲撞布袋里的桑皮，直至从袋里流出的水变清澈为止。一袋桑皮重 20—30 斤，整个撞瓤过程布袋都完全浸泡在水中，因此拉动起来十分费力。一袋桑皮需像这样操作大约 10 分钟，桑皮才能完全分散，成为纸浆（图 4-5）。

3. 抄纸

整个抄纸阶段，从打槽、抄纸到压纸环节，都是围绕着抄纸槽进行。曲阜地区的抄纸槽多设在简易的造纸作坊里。当地的造纸作坊并不是完整建造的房屋，更像是搭建的棚子，一般仅有左右和后方三堵墙，前面则是敞开式的。作坊内挖一个长约 175 厘米、宽约 150 厘米、深约 120 厘米的深坑，作为抄纸槽。纸槽四周和底部砌上砖石，并用石灰抹平，以免渗水。在抄纸槽里侧，靠近后墙的位置，还需紧挨抄纸槽挖一处长约 70 厘米、宽约 50 厘米、深约 80 厘米的小坑，称为抄纸坑，以供抄纸工人站立。在抄纸坑的右侧，还有一块长方形的平台，即抄案，用于摆放抄好的湿纸。

（1）打槽。抄纸之前，需先将抄纸槽内加入满池水，并把经过撞瓤处理的桑皮原料放入抄纸槽中。为了使原料能够均匀地分散在抄纸槽内，形成纸浆，抄纸工人需手持竹竿在抄纸槽内不断划打，即为打槽。打槽过程中需要工人巧妙用力，并按一定频率不断搅动池水，整个打槽过程，节奏感很强。经过数百次的划打，桑皮纤维得到充分分散，纸浆变得均匀，使抄纸工作能够进行。

（2）抄纸。如上文所述，曲阜使用的是地坑式的抄纸槽，纸槽位于地下，工人站在纸槽旁的抄纸坑中抄纸（图 4-6）。

纸帘由竹帘、帘床两部分组成。曲阜地区所使用的竹帘长约 79 厘米，宽约 43 厘米，为马尾帘，采用马尾将一根根细竹丝编连起来。竹帘中间缝有一款长布条，将竹帘分成左右两个部分，这样在抄纸时一次便可以抄出左右两张湿纸，这是手工造纸生产中常见的一种方式。这类竹帘是

图 4-6 抄纸
注：曲阜纸坊村，2009 年 8 月

从其他地区购买的，价格在 200 元左右，由于经常使用，往往每年都要更换新的竹帘。因此时常会有贩卖竹帘的商人到当地兜售竹帘。

相比之下，帘床则更为耐久，一个帘床往往能够连续使用数年。帘床为木质，尺寸比竹帘略大，边框大约长为 81 厘米，宽为 52 厘米。帘床中间纵向排列着几个木条，称为龙骨，用以支撑竹帘。不同于竹帘，当地抄纸工人所用的帘床并不是购买来的，而是自己用木料动手制作的。与帘床配套使用的还有两根长约 40 厘米的木条，即镊尺。抄纸时用这两根木条将竹帘和帘床压在一起。

抄纸时工人将竹帘放于帘床之上，将镊尺分别放在竹帘左右两端，双手握住，将竹帘和帘床压紧。然后先将纸帘向前斜插入水中，大约至纸帘的二分之一处，将纸帘提起。这个动作使得纸帘前端先堆积部分纸浆，这样抄出的纸张

靠近纸帘前端的那一条边会比较厚，便于以后的揭纸和晒纸。之后再将纸帘向后斜插入水中，待纸帘全部浸没后提起，工人手握纸帘，前后轻轻晃动，以使纤维能比较均匀地分布在纸帘上。在抄纸过程中，如果发现纸帘上有未打散的纤维束或其他杂质，需要随时拣出。

纸抄好之后需将湿纸转移到纸槽旁边的湿纸台上。湿纸台位于抄纸坑的右侧，即抄纸工人的右手边，并与纸槽相连，是一个长方形的方案，用水泥抹平，表面光滑。湿纸台靠近抄纸坑的一侧有一道凹槽，通向旁边的纸槽，为的是使湿纸中多余的水分能够流回到纸槽内。

湿纸抄好之后，工人先将纸帘搭放在纸槽上的木杆上，并取下纸帘两侧的两根木条，然后右手提起竹帘的下端，将整张竹帘倒扣在湿纸台上，再用手在竹帘背面轻轻抚平，这样湿纸就顺利地与竹帘分离。

（3）压纸。抄好一定数量的湿纸之后，需要进行压纸，以去除水分。在湿纸上放一张废弃的纸帘和一块木板，工人站在上面进行踩踏，使湿纸中的水分不断流出（图4-7）。踩压之后，再在木板上放一块 10 斤左右的石头继续进行压纸。一般来说，第一天抄好的湿纸，要等到第二天才去晒纸。

图 4-7 压纸
注：曲阜纸坊村，2015 年 1 月

4. 晒纸

晒纸阶段主要包括晒纸、整理等步骤，是手工造纸生产过程中最后的处理工序。

图 4-8 晒纸
注：曲阜纸坊村，2009 年 8 月

（1）晒纸。湿纸借助日光晒干，这一工作通常由妇女进行。先将经过压纸处理的湿纸块放在三脚凳上，置于晒纸墙前。晒纸工一手持鬃刷，一手轻轻揭开湿纸的一角，一般从湿纸比较厚的一边开始揭取，揭至三分之一处，将鬃刷放于湿纸下方，借助鬃刷将整张湿纸揭下，并贴在一旁的晒纸墙上，迅速用鬃刷将湿纸刷平，使之完全贴于墙上（图4-8）。

上墙时湿纸要有一定程度的倾斜，而不是垂直于地面。晒纸时湿纸之间要相互叠压。第一张湿纸贴在最上方，大约为晒纸工抬起手臂所能够到的地方。第二张湿纸贴在第一张的斜下方，并有大约 10 厘米的重叠，以此类推，直至接近地面 20—30 厘米。这一方面是由于弯腰操作不便，另一方面是为避免地面的灰尘沾染纸张。一列湿纸贴好之后，按照同样的方法贴第二列。为节约空间，后一列纸也部分叠压在前一列上。湿纸全部上墙之后，大约需一天的时间即可晒干。

揭取时，从一面墙中最后上墙的一列开始。用手将粘在最高处的纸张揭开，沿着纸张倾斜的方向用力，一整列纸张即可全部揭下。这样的晒纸方法，极大地提高了揭取时的工作效率，降低劳动强度。

（2）整理。从墙上揭下的纸张还需进行整理，由于是一整列纸一起揭下，因此首先要对纸张进行揭分，将纸张一张张分开、叠齐，但无须进行裁边处理。每 50 张纸计为一刀，计数之后打捆以待出售。

当地生产的桑皮纸一般是作为裱糊用纸，除抄纸工人自家日常使用外，也加以出售。曲阜当地酒厂用这种手工纸糊酒篓，普通人家也用这种纸糊簸箕、篮子等日常用具。但这种纸张售价很低，为 0.04—0.08 元，因此手工纸生产者难以获得高额利润。

第二节　阳谷县鲁庄的毛头纸制作工艺

阳谷县石佛镇鲁庄，位于山东省西部，隶属聊城市管辖，是一个传统造纸村落。曾经有数十户人家进行手工纸生产，但截至 2009 年夏，当地仅剩两户手工造纸作坊，手工纸生产规模大不如前。在手工纸生产兴盛的时候，当地设有蔡伦庙，供奉蔡伦，但目前庙已拆除，村中有蔡伦像和纪念碑（图 4-9），为 1996 年新设立的。村中虽没有河流流过，但有一片水池，为手工纸生产提供了必要的水源。

对于鲁庄的村民来说，从事农业生产以及外出务工是主要的经济来源，手工造纸仅作为副

图 4-9　玉米地里的蔡伦纪念碑
注：阳谷鲁庄，2009 年 8 月

业。农忙的时候主要从事农业生产，农闲时进行造纸。与曲阜纸坊村夫妻合作的家庭式造纸作坊不同，鲁庄造纸作坊均设有两到三个抄纸槽，每个纸槽雇佣一名抄纸工人进行生产，并雇佣村里的妇女晒纸。纸坊所有者主要负责手工纸的销售，不参与实际生产。

鲁庄生产的手工纸名为毛头纸，毛头纸这一名称是北方地区对日常所用手工纸的一种概称，并非特指。鲁庄生产的毛头纸按尺寸可分为大小两类：大纸长 85 厘米，宽 52 厘米；小纸长 44 厘米，宽 44 厘米。两种纸张所采用的原料和工艺完全相同，仅尺寸上有所差别，但用途稍有不同。鲁庄所生产的手工纸一般作为包装纸、糊窗纸、书法练习纸等，是一种日常生活用纸。但目前其用途已经简化。现在大纸一般用作服装衬里，而小纸则多用作迷信纸。

目前鲁庄手工造纸所采用的是麻料，根据地方志材料以及调查采访得知，当地最早生产的是桑皮纸。由于这种原料的变化早在新中国成立前就已开始，因此当地的抄纸工人对于传统的桑皮纸工艺并不清楚，仅从老人口中得知，生产桑皮纸时需在桑皮中加入石灰进行蒸煮，并在石碾中长时间碾压。同时，会在纸浆中加入废纸边。在抄纸和晒纸阶段，工艺则与现在麻纸生产工艺相同。由于所获信息较为零散，难以反映桑皮纸工艺全貌，此处仅以麻纸为例，对鲁庄传统毛头纸生产工艺加以介绍。①

新中国成立以前，鲁庄地区使用废旧的麻绳头等作为造纸原料。但目前当地已经采用亚麻下脚料作为原料，并加入废纸边，原料处理方式也大为不同。传统工艺更为复杂、烦琐，备料阶段包括剁料、碾料等工序。

（1）剁料。刚刚收购来的麻绳等原料往往杂乱不堪，且夹杂许多废物。因此在处理之前，需先将麻绳理顺，如有打结等情况，要将绳结解开，并将夹杂其中的杂物拣去。将麻绳分成一个个小捆，然后用特制的切麻斧用力剁麻，将麻绳切成一个个短小的麻绳条。一般切麻斧比较厚重，剁料时右手持斧，上下运动，借助斧子本身的重力，将麻绳切断。

（2）碾料。切碎后的麻绳，需放在地碾中加以反复碾压。地碾由碾槽和碾盘两部分组成（图 4-10）。地碾的规格不一，大型地碾碾槽外圈直径长达五米，小型地碾碾槽外圈直径为三米。小型地碾除用于造纸生产，在粮食加工过程中也经常使用。

碾料时将已切碎的麻绳放入圆环形的碾槽中，并加入适当的水，使麻料一

---

① 2009 年 8 月调查。

直处于润湿状态。借助碾盘的重压，麻料将被彻底碾碎。碾盘均由整块石料制成，通常一块碾盘的直径达一米，且厚度在20厘米左右，非常沉重。因此，需要借助马、驴、骡子等牲畜来拉动碾盘，使之沿着碾槽不断转动。为了增加碾槽与碾盘之间的摩擦力，碾槽上往往被划出一道道凹痕，以达到更好的碾压效果。

图 4-10　废弃的地碾
注：阳谷鲁庄，2009 年 8 月

　　由于生产工艺的变化，目前鲁庄地区已不再使用石碾进行碾料，但当地仍然保留了几个地碾，这些地碾大约有一百余年的历史，从中依稀可以窥见曾经的手工纸生产情况。

　　碾料完成之后，麻绳所具有的原初形态已不明显，为使麻纤维得到彻底分离形成纸浆，还需对原料进行进一步的制浆处理。制浆阶段，主要包括沤料、蒸麻、碾压、洗料等环节。

　　（3）沤料。麻料经过碾压之后，需放入石灰池中进行沤料处理。将麻料和石灰按照特定的比例，放入沤料池中，并搅拌均匀，大约需浸泡一天的时间，在石灰的作用下，麻料得到充分沤制。

　　（4）蒸麻。为进一步提高麻料的松软程度，当地造纸生产者会进行蒸麻处理。蒸麻时将已经在石灰中浸沤一天的麻料捞出，不必做任何处理，直接放入蒸锅中，进行蒸麻，大约耗时 5—6 个小时。此时麻料中还残留有沤料时加入的石灰。

　　（5）碾压。为使麻料更加细腻，经过蒸煮之后的麻料还需进一步碾压。不过相比之前的碾料处理，这次碾压的时间较短，使麻料彻底分散成为麻纤维即可。

　　（6）洗料。经过碾压处理的麻料，纤维分离程度较高，已满足抄纸需求。但由于经过前期一系列的处理，麻料中不免残留石灰等杂质，因此在抄纸之前，需对麻料进行彻底的清洗，去除杂质。经过洗料处理，麻料已成为洁净的麻料纤维，可以进行抄纸。

　　至此，制浆阶段已经操作完成，麻料由最初的麻绳变成了麻纤维。再经过打槽、抄纸、压纸、晒纸等环节，即可形成纸张。

　　目前，鲁庄当地已经不再使用麻绳作为造纸原料，而是采用废弃的亚麻下脚料和纸边作为原料，并且引入了打浆机（图 4-11），使得备料制浆阶段的工艺发生了巨大变化。现在手工纸生产者先将收集到的纸边放入打浆机中，并加入清水，进行机械切割，再将亚麻放入其中，共同打浆，一共需费时 1 小时。一般纸边和亚麻的比例为 3∶2。为了使纸张更加洁白，在打浆过程中，会在打浆机的水槽里投放漂白粉进行原料漂白。如果购买的亚麻已经经过漂白处理，则无须添加漂白粉。

打浆机的引入，极大地提高了打浆效率，减轻了工人的劳动强度。但采用废弃的亚麻、纸边等劣质材料，严重影响了手工纸的质量。与此同时，原料处理方式的改变，也使得原本针对麻绳的一系列备料、制浆工序不再采用。

（7）打槽。与其他地区类似，将麻料纤维放入纸槽中后，需要工人手持木棍，在纸槽中反复搅动，才能使麻纤维分散均匀。

（8）抄纸。鲁庄所使用的是地坑式的抄纸槽，纸槽位于地下，纸槽旁边有小型抄纸坑供工人抄纸。这与北方其他地区的纸槽形制类似。然而鲁庄地区的纸槽相对较小，纸槽中没有用来分隔的笼。早期的抄纸槽四周铺设石板，目前已经改为水泥（图 4-12）。

图 4-11　打浆机
注：阳谷鲁庄，2009 年 8 月

图 4-12　抄纸
注：阳谷鲁庄，2009 年 8 月

鲁庄生产的手工纸分大纸和小纸两类，但其所使用的纸帘尺寸均为 98 厘米×48 厘米。不同的是，生产小纸所使用的纸帘为一抄二式纸帘，即在竹帘当中加一块布条作为分隔，这样一次即可抄出两张小纸。这样的纸帘形式在各地都比较常见，是提高生产效率的有效方法。一般而言，一个抄纸工一天可以抄七百至八百张大纸，若抄小纸，则能达到一千余张。

（9）压纸。鲁庄地区借助木桩、石板等简单工具，利用杠杆原理进行压纸。在盛放湿纸的抄案旁的墙壁上，事先开好一方形的孔，或者用较粗的钢筋在抄案一侧围成一个方框。压纸时，在抄好的湿纸上铺好纸帘和木板，以免湿纸受损。之后，将一根"丫"字形木桩（图 4-13）的一头插进方孔中，再在木桩的另一头上放数块石板，利用杠杆原理，将湿纸中的水分压出。

图 4-13　丫形木桩

注：阳谷鲁庄，2009 年 8 月

（10）晒纸。晒纸工序由妇女承担。晒纸时先将经过压纸处理的湿纸垛放到一个三脚凳上，凳面比湿纸尺幅略大，凳面上需先铺一层纸或布，以免污染湿纸。三脚凳一米多高，正好到达工人腰部。为了在晒纸时便于移动，亦有工人改用独轮手推车。

晒纸的另外一个重要工具是鬃刷，鬃刷由猪鬃制成，可直接购买。晒纸时先从湿纸垛的一角将一张湿纸揭开一半，然后右手持鬃刷将湿纸托起付诸墙上，再用鬃刷刷平，整个过程仅需 15 秒左右（图 4-14）。

鲁庄采用的是自然晒干的方法，直接将湿纸贴在院墙之上。通常将湿纸上下分贴两排，纸张之间相互不叠压。上面一排湿纸的高度没有固定标准，即工人举起手臂时能够到的高度。由于早年鲁庄地区多为土坯或红砖房，为了满足晒纸需求，会将外墙两米以下部分用石灰抹平。目前由于生活水平提高，院墙均为水泥墙，可直接进行晒纸（图 4-15）。

图 4-14　晒纸工艺

注：阳谷鲁庄，2009 年 8 月

图 4-15　晒纸场景

注：阳谷鲁庄，2009 年 8 月

图 4-16　废弃的造纸作坊

注：阳谷鲁庄，2009 年 8 月

与其他传统造纸村落类似，目前鲁庄手工纸生产情况不容乐观，原本家家生产的手工纸，目前仅有两户人家还在勉强维持，往日的盛况已不复存在（图 4-16）。

近年来，随着对非物质文化遗产的重视，鲁庄当地已经重新修建了蔡伦像和蔡伦纪念碑，并且阳谷当地设立有展览馆，展示当地传统造纸工艺。但是仅有的这些措施，对于保护鲁庄传统造纸工艺来说是远远不够的，手工纸工艺的传承和保护，任重道远。

第三节　临朐县冶源北村的桑皮纸制作工艺

临朐的桑皮纸素负盛名，这主要与临朐植桑养蚕密切相关。据民国《临朐续志》记载："种桑之田十亩而七，养蚕之家十室而九，故蚕业之盛为东省诸县之冠。"[1]该志记载："旧志云：桑皮纸坚韧胜他邑。[2]今龙泉水侧如纸房、徐家圈、柳家圈、椿园马陵庄、殷家河、衣家庄、张芹家庄业是者计四百余户，细询土人，谓年可出纸一万二千墩，岁入约共十二万元。惜只限一隅，未能扩充也。"其中以纸房（坊）最多。此地离临朐县城不远，水系发达，河湖众多，为造纸提供许多便利。

如县志记载，临朐桑皮纸制造主要沿龙泉河两岸展开，从河水上游殷家河村，一直到龙泉河至弥河的入口处的南关村，涉及十几个村落。比较著名的有纸坊村、殷家河村、柳家圈、徐家圈、河崖村等。纸坊村以行业命名，相传始于宋代，原名叫刘家泉，由于大多数村民以加工桑皮纸为业，村子也改名纸房，后来演变为纸坊，意思是加工制造纸的作坊。经过长年发展，最后发展成附近的十几个村子造纸。到清乾隆年间，纸坊一带有造纸业户 300 余户，民国初年，产品销往邻县及济南、辽宁等地，时称山东老纸。许多农户每到春秋农闲时节，不分男女老少，全家通宵达旦加工桑皮纸。随着制纸质量的不断提

---

① 刘㓝千：《临朐续志》卷十一，民国二十四年（1935 年）青岛俊德昌南纸印刷局铅印本。

② 旧志指邓嘉缉、蒋师辙《临朐县志》，清光绪十年（1884 年）刊本，引用时脱漏"纸"字。

高，销量也大增，到了清光绪年间，纸坊一带以造桑皮纸为生者有千余家。1934 年发展至 520 余户，年产纸 500 万刀（每刀 100 张），价值 20 万元，占全县手工业总产值的 1/4。[①]

临朐桑皮纸制作大幅度消失是在 1982 年前后，当时正处于改革开放之后，家庭联产承包责任制开始实行，这种分田到户的土地形式，使临朐大片的桑树逐渐消失，原料面临枯竭。后期只有零散的小户进行生产，原料主要来自外地，直到 20 世纪 90 年代中期完全消失。

临朐的桑皮纸质地柔韧，纤维细长，拉力大，过去在农村，可以铺垫蚕席、包装中药、裱制皮衣和夹克等服装、裱糊窗户、糊墙壁、糊屋天棚等；农家用的酒篓、油篓、咸菜篓等均使用桑皮纸裱糊。另外，桑皮纸还可做书写用纸，如书写契约、文书、土地证等。

关于临朐桑皮纸的传统制作工艺。笔者对纸坊镇纸坊村进行了实地调查[②]，根据村民宋德安（殷家河村人，1953 年生，曾任本地镇文化站站长）和苏姓村民（纸坊村人，1946 年生）的口述，主要工序如下。

（1）泡皮、灰皮。当地村民将桑叶喂蚕之后，将桑条砍下，剥下皮后捆成捆，先捆成手握的小札，再把一扎扎的小札捆成一大捆，捆得非常结实，一般直径大约 40 厘米，长约 100 厘米。之后把这些大捆的桑皮捆扔到盛有清水的池里浸泡。至少 2 天后，把泡软后的桑皮取出后再放到盛有石灰水的池子里腌泡，这种池子根据需要大小不一，大多数是能腌制 20 个桑皮捆的池子，有 1.3 米见方，放入 70 公斤的生石灰与清水充分搅拌，形成浓稠的石灰水，然后将桑皮捆横竖交叉排在石灰池中，人用钩子反复地摇晃，使石灰水能充分地浸入桑皮捆内部，这个过程至少需要一个星期。

（2）蒸煮。将腌好的桑皮捆放到蒸锅里，蒸锅与腌料池大小相仿，堆满桑皮后在上面用泥土封起来，之后便在锅底烧火蒸煮，几个时辰后，当看到上面的泥土开始冒热气则停止烧火，用木棍插一下是否插得动或者抽出一根桑皮搓一下看是否能搓下皴皮。

（3）去皴：蒸好后的桑皮捆捞出后需要把它全部拆开，将小扎桑皮放在脚下，人手扶横杆，穿着糙底的鞋子，反复地蹬桑皮，一边蹬一边抖一边折，抖掉桑皮上的皴皮和石灰，直到桑皮柔软无皴皮，此时的桑皮很像一团线团，这

① 王兆祥：《临朐桑皮纸》，见：中国人民政治协商会议山东省临朐县委员会：《临朐文史资料选辑》（第 11 辑），潍坊：潍坊市新闻出版局，1993 年版，第 164-167 页。
② 2015 年 8 月杨青调查整理。

个过程也叫盘皮。

（4）化瓢子。将去皴桑皮团装到条编的大筐里，拿到龙泉河（现已干涸）的清水里，用木棍挑住筐子的一头，不停地摇晃，直到流过的水质变清为止。然后将洗好的桑皮放到河沿上踩掉水分，再拿到较浅的自流水区域将桑皮均匀地摊在上面，桑皮微露，下游放一些石头阻挡，这种浅水区有天然的也有人工围造的，以沙底为佳。这个过程也叫晒瓢子，冬天不能进行，一般春天至少需要两天，经过太阳的自然日晒，与流水的冲刷，这时的桑皮变成柔软的絮状。之后再将晒好的桑皮纤维放到筐子里反复淘洗，洗掉上面的泥污，再挤掉水分收起来。

（5）碓碓子。将化好的桑皮纤维放到碓头下，一人用脚踩碓，一人在另一头拿着桑皮纤维，不断地移动敲打，直到把桑皮纤维碓碓成一个薄且大直径在80厘米左右的纸饼子。

（6）切瓢子。将纸饼子以12厘米宽的宽度叠起来，用铡刀将纸饼子像切肉一样一片片切下来，大约0.5厘米。切瓢子用的铡刀和曲阜纸坊村的相似，是一种锋利的双把大刀。

（7）撞瓢子。将切好的桑皮纤维装到一个很长的布袋里，装到40厘米左右，一般一个布袋装2—3池的纸浆为佳。将布袋拖到水库等深水区，用一种前头有一木柄的捣杆，插到布袋里，绑住布袋口部，反复地撞击布袋内的纸纤维，直到纸浆打散，水清为止，呈现糊状。

（8）打瓢子。把撞好的纸浆带回来，投到捞纸池里，当时的捞纸池是地上式的，长宽高都约1米。用一支1米长的小棍反复搅动水面1000多下，直到把纸浆打成青苔似的悬浮液。

（9）捞纸。人站在捞纸池边，双手端帘。纸帘分为单帘和双帘，捞出的纸都是40厘米见方的桑皮纸，一池纸浆大概捞制2000张桑皮纸。

（10）榨干。当捞出的纸有40厘米高的时候，在上面压上木板和石头榨出水分，静置一个晚上，第二天就可以晒纸了。

（11）晒纸。将榨出水分的纸沓反扣在三条腿的木凳上，就可以揭纸、扫纸了。晒纸墙是当地特制的水泥墙和石灰墙，扫纸时也是一张压一张，一行4张，当纸晒干揭下来的时候，这4张纸就一起带下来了。

传统临朐桑皮纸制作比较精细，纸质韧性很大，非常柔软，颜色微黄，为小米色，夹杂着很小的桑皮皴。成品桑皮纸50张一刀，主要用于糊制酒篓、糊墙、包装、卫生等，销往山东和东北地区。

据文献记载，过去捞制的桑皮纸通常有两种规格。一是八方子，纸幅 44 厘米见方，每捆 50 刀；主要用来铺垫蚕席、包装中药、糊窗户、糊墙壁、糊天棚、裱制皮衣、书写民间文书档案等。二是篓纸，专供糊篓用，纸面长 30 多厘米，宽 20 多厘米，每捆 100 刀。酒篓、油篓、咸菜篓用桑皮纸裱糊后，涂以猪血、石灰等配制的涂料，干后光亮、坚固、不透气、不渗漏。①

当地村民认为手工桑皮纸制造的消亡主要是当地养蚕业的萎缩，大片的桑林消失，致使原料缺乏，不得不到很远的地方收购原料。最后传统手工业劳动强度过大，收入却十分微薄，致使传统手工造纸难以为继。目前纸坊镇附近只有老一辈人知道造纸的一些步骤，年轻人中已无人知晓。村镇周边也看不到一点造纸的遗迹遗物，唯独纸坊镇这个名字能让人联想到过去这里曾经造过纸。据说在纸坊村北的朱堡村有一棵千年古桑，可是由于种桑养蚕业的消失，古桑也日渐衰弱，无人料理，等当地文化部门采取行动保护的时候已经无力挽回，在 2008 年前后死去。

2011 年左右，临朐冶源北村的连恩平开始恢复桑皮纸的制作。据连氏称，其祖上为"连史纸"传人，其十二世祖连恒世自清代迁入山东临朐，定居于号称"江北第一竹林"的老龙湾畔、龙泉河上游。起初曾用当地竹子作为原料捞过纸，但终因竹园是人家私产，原料短缺。后又改用当地桑皮作原料生产。传至十五世祖连登文时，因供职庠生而停产，但其捞纸工艺却由祖辈口述下辈，代代相传。

现在连恩平的"临朐县桑皮纸制作技艺传习所"，占地约 200 多平米，除了造纸车间，还设有实验室和书画室。他的桑皮纸以鲁桑或湖桑 32 号的嫩皮制作，主要作书画纸。作坊内有两个抄纸师傅和两个晒纸师傅。更改后的造纸程序与传统方法相似，只是做更精细化的处理。据其介绍，现在的造纸过程不需要蒸煮，而是桑皮剥下以后晒干。造纸时在水中泡 3 天左右，泡软后加石灰，夏天一般要两三个月，秋天时间更长。然后榨干水分，放入弱碱水中继续浸泡，使其漂白。也可放在日光下暴晒，经过一个夏天的风吹日晒，桑皮自然变白。然后使用脚碓碓料，铡刀切皮。使用搅拌机打浆（图 4-17）后放入纸槽，采用吊帘抄造大纸。纸槽改为水泥制地上式，和南方抄造书画用纸的纸槽一样。吊帘的形制和日本的类似，抄纸的方式也与一般和纸（指日本纸）的类似，舀取纸浆以后，需要反复前后晃动（图 4-18）。榨纸使用千斤顶压榨，晒纸

---

① 王兆祥：《临朐桑皮纸》，见：中国人民政治协商会议山东省临朐县委员会：《临朐文史资料选辑》（第 11 辑），潍坊：潍坊市新闻出版局，1993 年版，第 164-167 页。

改变以前室外墙上晾干的方法，使用加热铁板干燥（图 4-19）。这些措施，主要是为了适应书画用纸的要求，在改善纸质的同时，也提高了生产效率。

图 4-17 打浆
注：临朐冶源北村，2015 年 8 月

图 4-18 抄纸
注：临朐冶源北村，2015 年 8 月

　　传统临朐桑皮纸的制造工艺，与曲阜桑皮纸工艺大体类似，均采用石灰一次蒸煮的方法，是比较常见的北方桑皮纸制造工艺。从去皴、化瓤子工艺来看，可以比较充分地去除黑皮以及其他杂质，同时通过流水浸泡、日晒漂白，有助于提高纸张白度，也可以得到适合书写的优质纸张，而不是仅仅作为包

图 4-19 烘纸
注：临朐冶源北村，2015 年 8 月

装、裱糊之用。现在的临朐桑皮纸制造工艺，从连氏的介绍来看，使用较长时间的石灰沤制，而不是皮纸原料处理常见的蒸煮工艺，有点类似竹纸制造中的生料法制浆，比较特别。而且使用日晒漂白的工艺，和宣纸、连史纸的工艺类似，是一种传统上制造优质白纸的方法。在其他地区普遍使用较强的化学药品处理皮料，以缩短时间、降低成本的大趋势下，采取如此方式的原因，需要进一步考察。

第四节　郯城县马头镇的草纸制作工艺

　　作为包装、迷信、卫生用纸的草纸，由于使用量大，曾在北方农村大量生产，产地分布十分广泛。但是由于其不断被机制纸和塑料材料所取代，传统生产草纸的作坊，绝大多数也已经停产。因为草纸本来就处于手工纸的最低端，原料粗劣、技术简单，难以转型生产别的纸种。山东临沂郯城县马头镇历史上生产草纸，虽然现在已经不再按传统方法生产，但仍在延续手工纸的制造。

郯城县马头镇位于鲁南，临近沂河。据说马头镇传统手工草纸始于清末，距今已有 100 多年的历史。其中田站村、石站村、高册等地还存在手工造纸技艺。

据时年 82 岁的田兆林介绍 [1]，郯城马头镇草纸制作原先的主要原料是麦秆，经过大概十几道主要工序制成，大致工艺流程如下。

（1）呛料。将收购的麦秆放在加有石灰的池中沤料，大约 1500 斤麦秆放 130 斤的石灰，浸泡一个星期甚至一个月。

（2）蒸煮、淘洗。呛好的麦秆用铁叉挑到大锅中蒸煮，大约需要 2—3 个小时，有的甚至更长时间。蒸煮后的麦秆变软呈橙红色，将其装到一个布袋里，拿到附近的河里淘洗，直到水清为止，除去里面的石灰和杂质。

（3）碾料。洗好后的麦秆用毛驴拉动石碾将其压碎，这时需要加入约 3 斤的蒲棒，目的是增加黏性，这个过程大约需要一天时间，直到麦秆变黏稠为止。

（4）清洗。再次装进布袋里拿到河里清洗，直到水清为止，之后用双脚将布袋里的水分挤出。

（5）捞纸。将清洗后的麦秆下到纸槽充分搅匀，静置一个晚上，这样就可以捞纸了。纸槽为地坑式纸槽，抄纸的纸帘为竹帘，一般当地就有卖，大小为 60 厘米×90 厘米左右，竹帘中间有两道隔，这样抄一下就可以得到三张纸，榨纸方式也是用杠杆式压榨机将纸里的水分挤出。

（6）晒纸。晒纸也是用鬃刷将纸刷到自家的院墙上，等待自然晾干后揭下整理，一般 80—90 张一刀，40 刀一捆。

田兆林老人还介绍，当时除做黄色的草纸外，还做白纸，即麻纸，原料主要是绳头和鞋底等，首先是将这些原料剁成 1 厘米左右的短料，然后加石灰浸泡，将泡过的料再蒸煮一晚上，然后上磨碾压，之后清洗干净，就可以放到纸槽里搅匀抄纸了，之后和黄纸制作过程差不多。

1980 年后，废纸箱逐渐被使用，最后成为加工户首选的原材料。1985 年之

---

[1] 2015 年 7 月杨青调查整理。

后，马头镇高册地区第一次改良草纸加工工艺。用木框固定细纱网捞出麦秸浆（图 4-20），连带细纱网一同挂起来晾晒（图 4-21），这就不需要再用木棒压榨潮湿的纸坨，更不用贴在墙上晾晒。晒干以后直接从细纱网上揭下（图 4-22），提高了效率的同时，节省了空间。之后，村里又引进了打浆机（图 4-23），古老技艺再次简化。2010 年后，由于原材料的短缺，人们又引入废棉，主要是卫生巾厂生产后的废棉料，这样制作草纸的步骤就更加简化了，这种废棉料可以直接打浆制造草纸。

图 4-20　抄纸
注：郯城马头镇，2015 年 7 月

图 4-21　晾纸
注：郯城马头镇，2015 年 7 月

图 4-22　揭纸
注：郯城马头镇，2015 年 7 月

图 4-23　打浆机
注：郯城马头镇，2015 年 7 月

近年，随着机制纸的大量出现，以及草纸使用范围的萎缩，草纸市场需求量骤降。因此，现在马头镇的草纸加工业陷入低迷，原先十几个村的上千户人家加工生产，现在则只有几个村不足百家的村民在农闲时偶尔加工，换取些零花钱。

马头镇制造草纸的抄纸、干纸方式比较特殊，可以说是固定式纸帘与活动式纸帘抄纸的一种中间状态。我们知道，浇纸法一般是使用方形木框或竹框蒙上孔隙较大的纱布，将纸浆和水浇于其上，或是在帘上将纸浆和水搅匀。然后再从纸槽中取出，将湿纸与纸帘一起晾干。因此需要准备较多的纸帘。而现在一般常用的活动式纸帘（或称床架式纸帘）则是在抄完一张纸以后，即将湿纸转移到一边的湿纸堆上，只需要一副帘架和帘皮即可。马头镇草纸的抄纸工具，虽然只需一个帘架，而两头固定在木棍上的细纱网（帘皮）则有很多，湿纸与帘皮挂起来一起晾干，也不失为一种简便高效的干纸方法。活动式纸帘虽然只需一套抄纸工具，但后续的榨纸、干纸工序还要耗费不少人工。这种抄纸工具和方式的产生，首先需要廉价易得的制帘材料，竹丝编制的一般纸帘价格较为昂贵不太适合。其次这种干纸方法，无法像傣族的浇纸法那样在纸帘上打磨湿纸，同时需要在干燥以后将纸与帘分离，影响纸张的紧度和表面光洁度，只适合制造粗纸。这种方式，虽然只是适合当地的造纸需要而新创制的方法，历史并不太久，但也提示我们，在造纸术的发展过程中，现在常被提起的浇纸法、抄纸法，以及抄纸工具中的固定式纸帘和活动式纸帘，这些抄纸方式与工具的组合，除了现在一般所见的以外，历史上还可能出现过一些其他工艺方法，需要我们在研究古纸实物过程中多加留意。

第五章　河南地区的手工造纸工艺

河南是造纸术的发祥地之一，虽然对于蔡伦是不是造纸术的发明者还有不同观点，但其对于造纸术的贡献还是为世人公认。洛阳是东汉的都城，蔡伦当时作为宦官，其一系列造纸实践，与此地应有很深的渊源。（三国魏）董巴《大汉舆服志》记载：“东京有蔡侯纸，即伦也。用故麻名麻纸，木皮名穀纸，用故鱼网作纸名网纸也。”①今洛阳市南部的缑氏村附近的陈河古称“造纸河”，相传是蔡伦造纸的地方。洛阳、偃师一带至今还有名为“纸庄”“前纸庄”“后纸庄”“纸坊”的村庄。②西晋初年，文学家左思写《三都赋》，为人传抄，至洛阳纸贵③，东晋建立后，带动了南方造纸的发展，而北方战乱频仍，相对发展停滞。北宋都城开封印刷业发达，纸张的需求量很大，河南洛阳、新乡、禹县一带的优质纸不断运往开封，供京都政治文化生活之所用。④

河南以产皮纸著称，如楮皮纸、桑皮纸，在当地一般称绵纸或棉纸。⑤同时也产用麦秸等制作的草纸，在西南部的嵩县等地，还有竹纸生产。

民国时期，河南的主要产纸区为密县，此外还有沁阳、安阳、南阳、鲁山、禹县等地，其中，密县、安阳、沁阳、辉县、滑县、开封等产麻纸，禹

---

① 李昉等：《太平御览》卷六百五，北京：中华书局，1960 年影印宋本，第 2724 页。

② 河南省地方史志办公室：《河南省志·造纸、印刷、包装工业志》，郑州：河南人民出版社，1995 年版，第 9 页。

③《晋书·左思传》：“于是豪贵之家竞相传写，洛阳为之纸贵。”

④ 河南省第一轻工业厅：《河南省一轻工业志上篇》（初稿），河南省第一轻工业厅，1985 年版，第 52 页。

⑤ 时泰、王绎：《范县志》卷二，明嘉靖刻本；赵开元：《新乡县志》卷十八，乾隆十二年（1747 年）刊本；李见荃：《林县志》卷十，王泽薄、王怀斌修，民国二十一年（1932 年）石印本；车云：《禹县志》卷七，民国二十年（1931 年）刊本等。

县、林县、上蔡等产皮纸，浚县、滑县、宜阳、沁阳等产草纸。①

遗憾的是，河南绝大多数地区现在已经不产手工纸，唯一现存的新密大隗镇棉纸的制造也难以为继，处于间歇性生产状态。济源市克井镇圪料滩的白棉纸、沁阳捏掌村的构皮纸、东高村的草纸制造虽然被列为省市级非遗，但已经停产，有待进一步恢复、传承。

第一节　新密市大隗镇纸坊村的棉纸制作工艺 ②

新密市，原为密县，1994 年改今名。是河南棉纸最主要的产地之一。新密历史悠久，周穆王东巡的时候到过这里，在西周命簋上面有 28 个铭文："惟十又一月初吉甲辰，王在华，王赐命鹿，用作宝彝，命其永以多友饱食"，唐兰《西周青铜器铭文分代史徵》解释道："华，地名……在今河南省密县，西为嵩山，是夏族旧居，所以华即是夏，中华民族起于此。"③新密一带，是中华民族的发源地之一。相传伏羲在新密的伏羲山养天蚕，又有"伏羲化蚕为繐帛"之说，"繐帛"就是天蚕做成的衣服，丝绸的起源应该也在此。据新密市文化馆原馆长李宗寅介绍，新密造纸为明代从湖北传过来，原先是用菀花，菀花的具体用法不详，县志里有记载，明以后改成稻草和构皮、桑皮。手工造纸主要分布在纸坊村四周，唐代以前叫琐水镇，此地因为造纸而兴盛。在双洎河方圆十几里都有造纸，双洎河过去水很多，以前还可行船。唐以前到唐宋之间以瓷器生产为主，通过水路销到南方，一直可达蚌埠。李馆长老家所在的宋楼村距纸坊村四公里，也造纸，原料是稻草加构皮，主要是从纸坊村买原料半成品，碾好后拿来，再撞瓢抄纸。也有的去纸坊那里批一点纸，挑着去洛阳卖，作为副业。

传统的"密县绵纸"主要产于大隗地区，据大隗镇大路沟村清道光二年（1822 年）蔡仙庙碑文记载，当地手工绵纸生产是明代嘉靖年间从大路沟村开始，产地集中于洧水河两岸的纸坊、大庙、大路沟、窑沟、观寨等。菀树花、桑树皮、杨树皮、破布等均可作绵纸的原料。绵纸质柔而细，吸湿性强，印成

---

① 河南省地方史志办公室：《河南省志·造纸、印刷、包装工业志》，郑州：河南人民出版社，1995 年版，第 11 页。

② 2016 年 6 月调查，本节图片均由新密非遗保护部门提供。

③ 唐兰：《西周青铜器铭文分代史徵》，《唐兰全集》（第七册），上海：上海古籍出版社，2015 年版，第 357-358 页。

图 5-1　"陷坑"旧址
注：新密纸坊村，2009 年 3 月

书画，耐于久存，还可作炮捻、上疮捻、糊油篓、酒篓、裱糊等特殊用途。一直远销河北、湖北、安徽、陕西等省。[①]

根据新中国成立初期的文献记载 [②]，当时密县共有纸槽 1246 陷（图 5-1），经常 477 陷，半经常 533 陷，不经常 235 陷。工人共计自工 4883 人（内有男工 2472 人，女工 2411 人），雇工 1071 人，其中 90%以上系半农半工。该乡农家以造纸为副业，主要在农闲时间，例如三月至四月和八月及九月。所用原料中楮皮产于中牟、新郑、尉氏、郑州等地，稻草产于本地，石灰产于灰徐沟，煤产于药庙，碱为天津永利出品。至于需用之水，因纸坊面临双喜河 [③]，该河常年不干，经冬不冻，故水之供给不成问题。

2016 年，在村中，笔者找到了对做棉纸比较了解的陈大明，他当时 69 周岁（1947 年生），在生产队时做会计，也做过纸。做棉纸在 20 世纪 70 年代还比较多，到 80 年代就少了。当时纸主要是往外销，新中国成立前主要是用作书写，后来作糊顶棚、糊窗、练毛笔字用，上坟时也用，但各地风俗不一，用法也不一样。有的地方不烧，而是压一沓纸在坟头上。当地的手工纸也有用作包装纸，用于包糖果，如白糖、红糖等，但是用的是黑纸，即废纸造的包装纸。好的纸则主要用构皮和稻草。根据陈大明的介绍，当地造棉纸的主要工序如下。

一、构皮的处理

（1）砍条剥皮。构皮是在春天发芽的时候砍，以前也有用桑皮，但不如构皮好，本地桑树比较多。构皮是山里人攒足后卖给他们。春天砍的构皮直接剥皮，晒干后捆成捆，论斤卖。

（2）灰蒸。要造纸时，将构皮泡软，蘸上热石灰水（糙皮），然后堆起来放 2—3 天。用大蒸锅（直径 2.5—3 米）蒸，蒸锅上放上粗的木棍，把构皮装在上

① 《河南土特产资料选编》编辑组：《河南土特产资料选编》，郑州：河南人民出版社，1986 年版，第 471-472 页；密县地方史志编纂委员会：《密县志》，郑州：中州古籍出版社，1992 年版，第 431 页。

② 周萃機：《河南省密县手工造纸业调查》，《化学世界》，1951 年第 6 卷第 11 期，第 24-25 页。

③ 应为双洎（jì）河。

面，一锅大概可以装构皮 3—4 吨，装好以后用泥全部糊上，不留气孔，蒸一周左右。停火以后人上去感觉不烫就可以将蒸好的皮料扔下来。

（3）清洗。要在长流河里浸泡和淘洗，起码需要一天一夜，然后再靠人工翻洗。一捆捆的放在河中不会冲走。把糙皮上的石灰、泥都洗掉以后，捞出来晒干。

（4）碾料。将晒干的皮料摊在地上，套上牲畜用石碌碡碾。碾好后用桑杈①团成团，敲打后再挑起，去除杂质、碎屑等，将皮料弄干净。

（5）碱蒸。碾好的皮料再加食用碱（称红三角碱，应该是天津产红三角牌的纯碱）蒸，不是用草木灰。先将碱用水化开，然后把敲完后的原料蘸上碱，之后放在凳子上，滤下的碱水还可以再用。沾好碱的皮料上锅蒸一周，然后清洗（称淘瓢），清洗时是放在大筛子（大筐箩）里淘，洗净后捞出控干。

（6）撕瓢。将皮料撕成窄条，挑出小棍，再撕成碎瓢（图 5-2）。

（7）搓碓。是用脚踩的脚碓。一个人踩，另一个人拎皮饼碓打，边碓边折，一共要搓三到四遍。又称扯饼子。

（8）切瓢。搓成饼子状后，一个个卷成卷，放到切皮刀下切，切成 1 厘米左右宽的小块（图 5-3）。切皮的工具跟山西高平永录村造桑皮纸的有些像，为一个长凳，一头有环，切皮刀的一端套在环中可以前后移动，另一端有把手，切皮时，人手持把手切皮。据陈大明说山西的工具大多是从河南传过去的。

图 5-2 撕瓢
注：新密纸坊村，2015 年 12 月

图 5-3 切瓢
注：新密纸坊村，2008 年 5 月

（9）下陷坑。皮料切好以后要放到陷坑里。切好以后的瓢不用放到布袋

---

① 一种三叉状的农具，长约 2 米，轻便柔韧。据李宗寅介绍，桑杈的繁殖是用压条法，通过抑制、放纵生长来整形。很小的时候就用棍子支起来，人工控制其长势，大概七八年后成杈。砍下来后经蒸、剥皮、修剪后成桑杈。

里去河中撞瓤，而是放到一个缸里，用榾柮（木杆子）捣，至此瓤的工序便做好了。

二、稻草的处理

（1）灰蒸。先将稻草捆成捆，小捆 3—4 斤左右，大捆 5—6 斤，然后放在石灰水里蘸，蘸好挑出来堆 2—3 天，用大火蒸三天。蒸稻草时上面不用糊泥，蒸完不烫的时候一捆捆扔下来，推到河里泡、淘洗一天一夜，洗去石灰水，捞出晒干。

（2）初碾。也是将晒干的草料放在地上，用石碌碾，使其柔软。碾好以后用桑权敲，但处理稻草比构皮省力。

（3）碱蒸。将碾好的稻草放碱水里蘸，再装大锅里蒸 6—7 天，需要蒸熟蒸透，蒸白以后出锅堆在那里。

（4）二碾。将蒸白的稻草用石碌在碾盘上碾碎。石碌由水力带动，水碌下面有个水轮，上面有石碌，二者以大轴连接。大轴为木制，使用的是约 30 厘米粗的好木头。水冲击水轮转动，带动着上面的石碌转动将稻草碾得很碎很碎，碾盘略向内倾斜。水来自双洎河，一般要碾三遍，有水闸可以调节水轮转动的速度。

（5）撞瓤。将碾碎的稻草放进粗布制的大布袋，一次放进湿的草料 35—40 斤，插上长木杆，杆的一头有个圆榾柮，放进布袋里，扎紧后在水中捣，一般要捣半个小时。冬天在河上放个板，人在上面就不用下去了。水必须是自流水。捣好以后将稻草压成大墩子，大概 35—40 斤，直径 40 厘米，高 20 厘米。

三、成纸

（1）捞纸。每天捞 800 次即 1600 张纸，要用 60 斤草，25 斤瓤。将二者兑在一起，在缸里加水捣成糊状，放在陷坑里，不用加其他东西。用杆用力打匀即可捞纸，隔壁村是做纸帘的，先劈好竹丝，通过一个铁片上的小孔使竹丝粗细均匀圆滑，再用蚕丝线编帘。竹子是从外地买来的，做好的竹帘要用生漆漆三遍。捞纸时先将纸帘往外倾斜舀一点纸浆，叫点笔头，再向近身处舀取较多纸浆，在帘面上略作停留、上下抖动，滤去水分即可（图 5-4）。

（2）晒纸。一天捞好的纸，用杠杆加石头压干，第二天刷在石灰墙上，差不多 2 个小时就干了。石灰墙上隔两天要刷浆子，是用刷子蘸上很稀的面汤，洒在墙上即可（图 5-5）。主要是防止纸刷上去以后掉落。

图 5-4　捞纸
注：新密纸坊村，2015 年 12 月

图 5-5　晒纸
注：新密纸坊村，2015 年 12 月

按此法做的纸是好纸，一般写毛笔字、糊窗用，已经约有 30 年不做了。当时在生产队时（20 世纪六七十年代）一等纸是 85 元 1 万张，二等纸 80—82 元，三等纸 80 元，当时叫棉纸，也称白纸。除此以外，还有做果盒的纸，是用麦秸为原料，也称黑纸。做麦秸纸工序少，也是要用石灰糙，再上锅蒸 2 天，然后淘洗干净，不用碱蒸，只要用碾子碾碎，再包到布袋里在河中撞瓢、淘洗。纸厚为 2 毫米。抄麦秸纸时，是往身内舀纸浆，舀出后端平，再往前推一下就可以了。麦秸纸也是糊在墙上，但可以用土墙，也不用刷面汤。

现在做纸只剩下黄保灵一家，主要原料为构皮加上棉花下脚料、白纸边。蒸料用烧碱蒸，是利用造纸用烘缸的热气通过来蒸瓢。虽然也可以买些好的纸浆来造纸，但是现在水源成问题，不好做了。原来当地水很多，在有些低的地方还会冒出来往上翻。

在 1951 年，周萃襀也比较详细地记录了密县手工纸的制法。[①]

（1）原料处理

1. 楮树皮：由枝干上剥下后，晒干储存。

2. 浸皮：将干楮皮运来后，先行捆把（2—3 斤为把），再取 17—18 把为一大捆，浸水中，普通二天，夏季一天，冬季二至三天，到柔软即可。

3. 沾灰水：将大捆，再分为小把，沾上石灰水，水与石灰成 1∶1 之比。

4. 堆积：将沾了石灰水之料，堆积四五天，以除去水分。

5. 装锅：将脱水树皮装入蒸馏锅，2000 斤的皮，需 800 斤盖眼，当中留一

---

① 周萃襀：《河南省密县手工造纸业调查》，《化学世界》，1951 年第 6 卷第 11 期，第 24-25 页。

大空，周围以泥糊上。

（2）制浆

1. 蒸馏：湿料放在锅中，把泥糊好后，生火蒸煮，时间约 6—7 天。

2. 下锅：蒸煮完成与否，只看泥土由黄变黑，且有很多气泡在小孔中放出，即证明蒸煮已完成。

3. 洗料：蒸好之料，推到河中，用脚剔去石灰。

4. 浸料：在河中浸渍，夏天一日，冬天三日。

5. 捞料：在河中捞出，不断拣出木梗。

6. 晒干：在广场上晒干，并拣出未熟的纤维。

7. 浸水：将晒干的熟料，再浸入水中，除去石灰，继续拣出木梗，再行晒干。

8. 碾料：放在广场上，抖去灰土，每 40—50 斤束成一捆。

9. 浸碱：每百斤的熟料，用水三担，纯碱十五斤，制成碱水，每捆浸入碱水，即行取出。

10. 二次蒸料：把干的熟料，围于第一次蒸草时的草上，至 4—5 天翻一次，再过 4—5 天即成。

11. 洗净碱质：把二次蒸熟的料，放河中脱去碱水，即成白料。堆积待用，次将熟料，搓成卷状。

12. 切丝：将成卷的熟料，放在架上，用刀切成细丝，再置于缸中，用脚踏之。

13. 成浆：成糊状，使纤维松匀细致，即成纸浆。

（3）捞纸

1. 皮浆：将制成之纸浆，放入陷中，加上胶料。

2. 打浆：将纸浆打 120 次以上。

3. 捞纸：用细小竹丝编成的竹帘，盛纸浆后，前后左右摆动，捞出纸张。

4. 去水：将纸放在架上，积成堆，用木榨榨去大部水分。

5. 扫纸：将榨过之纸逐张揭起，用刷帚压粘在墙壁上，晒干，揭下。

6. 整齐：必要时拣去破纸，每八十张为一刀，十刀为一捆，二十捆为一绳。

7. 磨光：扎好一绳，用石头磨光。

8. 成品：出售。

二者相对照，基本步骤大致相同，可知当地在 20 世纪七八十年代，仍保持了传统的制法。在周文中未提到稻草料的制法，但在介绍楮皮的二次整料时，是把干的熟料，围于第一次蒸草时的草上，后面介绍密县土纸操作的缺点时，也多次提到稻草，可知当时也在构皮中加入稻草。

新密的棉纸制造，是较为典型的河南棉纸制造方法。河南棉纸在北方的手工纸中享有盛名，在一些古籍版本鉴定、古籍修复的文献中，常将河南棉纸与贵州棉纸、山西棉纸并列，称其"颜色白而略呈黄色，薄厚不均匀，看起来很粗糙，但却绵软有韧性"①。新密棉纸的制造工艺主要有以下特点。

（1）是一种混料纸。混料纸是我国手工纸的一大特色，如安徽泾县的宣纸，即将青檀皮与沙田稻草相混合，具有独特的晕墨效果。将两种原料混合，其初衷常常是为了降低成本。一般是将长纤维的皮料或麻料，与短纤维的草料或竹料混合使用。在降低成本的同时，如果对草料加以精制，可以使纸张显得更为细腻，而由于有长纤维的皮料存在，又不失强度上的坚韧性。将构皮与稻草混合，是河南棉纸的一个特点。据文献记载②，河南鲁山县下汤街生产的下汤棉纸，以稻草和构梢皮子混合制成，质地纯净，光润细腻，纸面均匀，着墨不洇，坚固耐用，宜于久存，深为用者喜爱，享有很高声誉。特别是抗战时期，达到月产两万余捆，即五十多吨，省内和邻省的账簿文书、书籍契约，多用下汤棉纸。其成分为 10% 的构皮和 90% 的稻草。附近白草坪、国贝石生产的纯构皮纸，则称为"净瓤纸"。③新密的棉纸，构皮含量稍多，约为 30%。

（2）使用二次蒸煮的工艺。皮纸的制作工艺，各地有所不同，日、韩等国楮皮纸的制作中，一般采用草木灰（后改为纯碱）一次蒸煮的方法。而我国北方的大多数地区，使用石灰一次蒸煮的方法，如河北迁安，陕西长安、柞水等地。二次蒸煮能够提高纸张的白度，便于纤维分散，是一种制造较高级皮纸的方法。考察新密棉纸的制作工艺，与山西高平的桑皮纸制作工艺十分相似，例如采用石灰、草木灰二次蒸煮工艺。某些工具，如切皮刀的形制，也基本一致。因此，二者在工艺上应该有一定的联系。

（3）使用水碾碾料。北方地区原料纤维的分散，主要采用木槌、脚碓、石碾等借助人力或畜力的工具设备。同时，这些设备也是当地的重要农具。而新密市纸坊村的棉纸制造，最后碾料采用水碾，是一个十分让人感到意外的发现。水碾和水碓在造纸中的使用，主要见诸南方各省，其中又以水碓为多，是

---

① 魏隐儒、王金雨：《古籍版本鉴定丛谈》，北京：印刷工业出版社，1984 年版，第 117 页。

② 张屏甫、李章记：《下汤棉纸的兴衰》，见：中国人民政治协商会议鲁山县委员会文史资料研究委员会：《鲁山文史资料》（第 5 辑），1989 年版，第 132-133 页。

③ 薛友三：《白草坪的净瓤纸》，见：中国人民政治协商会议鲁山县委员会文史资料研究委员会：《鲁山文史资料》（第 3 辑），1987 年版，第 100-102 页。

制造竹纸的主要打浆设备。而北方水力资源不如南方丰富，造纸中未见使用水碓。水碾的使用本来就不多，主要在贵州的一些地区，为卧式水轮碾，上面有碾槽和碾轮。根据陈大明的描述，驱动的水轮应该差别不大，而上面为碾盘和辊碾，和北方农村常见的小型辊碾相同。双洎河以前水力资源丰富，使用水碾有其合理性。虽然未见实物，仍值得今后进一步研究。

（4）具有南方造纸的一些特点。河南的不少地区，特别是西部、南部的手工造纸工艺，在具备北方造纸工艺主要特点的同时，多少也带有一些南方造纸工艺的特点，如纸药和晒纸火墙的使用等。新密棉纸的制作工艺，除了使用水碾以外，帘子的制作工艺也具有南方特征。北方的纸帘，使用的竹丝一般是通过油炸来达到防腐的目的，并且用马尾等作为编织竹丝的材料。南方则是使用蚕丝来编竹丝，同时通过上漆来达到防腐的目的。很显然，新密纸帘的制造，带有南方纸帘制造的特点。

新密的棉纸制造，是河南目前硕果仅存的手工造纸工艺，无论是从上述分析的这些特点而言，还是从其作为河南棉纸的代表角度而言，都非常值得加以保护。需要尽可能恢复传统工艺，并加以适当改良，开拓新的用途，实现生产性保护。

第二节　济源市克井镇圪料滩的白棉纸制作工艺 [①]

济源市地处河南省西北部，因济水的发源地而得名。济源手工造纸主要集中在克井镇寨河圪料滩—东滩—渠首一带，造纸的历史据说有 400 年之久。但流传的情况并不是十分清晰，当地保留有老皮茎坑（蒸枝条、剥皮用）和一些旧工具设备。如果从济源所处的地理位置来看，其位于黄河北岸，北隔太行山与山西晋城相接，西临著名的王屋山。山西晋城、阳城等晋南地区，历来以产桑皮纸著称，而济源所处的山区环境，又提供了造纸所需的原料和水源，出产皮纸也不足为奇。

笔者去调查时，当地已经停止手工纸生产多年，圪料滩一带 2013 年因为造水库也已经被淹没，遗迹已无从寻找。在市群众艺术馆李睿芳等同志的介绍下，笔者在市区的居民小区见到了河南省级非物质文化遗产——济源白棉纸制作技艺的传承人卫中茂。卫中茂生于 1953 年，白棉纸的制作技艺祖传多代，传

---

① 2016 年 6 月调查。

至其父卫乃荣。当地大规模制作白棉纸已经停止约 50 年，2000 年左右又恢复过一次。卫中茂本人制作白棉纸的经验并不多，主要是其父和二伯造纸，他们把造纸的工具设备都传给了卫中茂，他都很好地保存着。近年来力图对白棉纸的制作工艺加以恢复。

根据卫中茂的介绍，当地白棉纸的制作工艺如下。

（1）砍条。制作白棉纸的主要原料是青檀皮（图 5-6）。原来太行山地区野生青檀树资源丰富，尤其是临河区域檀树更多。但现在破坏较为严重，在东滩（龙门河）还有些檀树。构皮在以前老人们做纸时曾使用，只是比较少，没有大批量生产。砍檀树枝一般是初冬，阴历十月份。砍条时选择生长三年的枝条，不够三年的则不砍。三年一茬的最好，出皮率高，而且冬天砍不伤树，冬天砍条后春天长得特别旺，如果夏天砍则会伤树（图 5-7）。

（2）烧檀：蒸枝条需要有一个大地坑，又称皮茎坑（图 5-8），能装 100 多石的檀树枝，一石大约 100 斤，因此一次可以蒸一万斤左右的檀树枝。大概 6 米长、5

图 5-6 卫中茂与青檀树
注：济源圪料滩，2010 年 9 月，李睿芳提供

图 5-7 砍条
注：济源渠首，2018 年 3 月，李浩摄

米宽、4 米深，底边是梯形的，长边为向坑内倾斜的墙，两头是直墙。坑的一头会专门挖一个直径为 3 米的圆筒状的坑，里面全部填上砂石（即鹅卵石），砂石比较耐火，烧红后浇上热水不容易炸裂。一共需要约 20 吨砂石。然后旁边留一个火道连通大坑，火道大概 50 厘米宽。坑的下边有个隔墙，下边有火道，用柴连续烧火三天三夜，把砂石烧红。整个坑会用大小不等的石板覆盖住，再用泥巴糊上，上边会依次留有 3 排洞，每排依次为 3、4、3 个，一共 10 个洞，当地人叫"斗"。先用石块盖住斗，糊上两层泥。石头一旦烧热，就会把斗全部封住。砂石烧好以后把檀树枝装进坑里。先用木头堆大约 50 厘米高，然后堆上檀

树枝，大约一捆树枝 50 斤。为了防止蒸气跑掉，要盖上侧柏叶、树枝棍，上面盖洒过水的湿土，泥巴更好，也可用编织袋、麦秸秆代替侧柏叶。浇水的时候叫倒斗。用镢头把石块勾起来，浇上一两桶水后赶紧封住，让气顺势从火道朝大坑里走。浇水的顺序很有讲究，要先浇离火道最近的一排 3 个洞口，这样进入火道的蒸气温度不会太高。如果先浇离火道远的洞口，水蒸气通过高温的砂石进到火道，会把檀皮烧坏。再依次浇中间 4 个以及离火道较远的 3 个洞口。浇水大概一晌（半天）工夫即可完成，然后盖好洞口大概闷一天即告完成（图 5-9）。

图 5-8　皮茎坑
注：济源渠首，2018 年 6 月

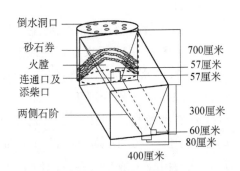

图 5-9　皮茎坑实测图
注：济源渠首，邵青绘制

（3）泡条剥皮。扒开覆盖的泥土和侧柏叶等，将蒸好的檀树枝一捆捆捞起泡到河里。如果离河远，还要挖山坑以便泡条。一般是整捆泡在河里，至少要泡一周，然后把皮剥下，剥好以后晾干，捆成小把，不必去除外层的黑皮。

图 5-10　馏瓤
注：济源渠首，2018 年 7 月，赵新迪摄

（4）浸灰。需要造纸时将干皮放到水中泡软泡透，时间根据水温高低而定，一般也需几天。浸灰时，先把烧的新灰（石灰）放进糙皮坑里，倒水使石灰溶化，把泡好的皮用石灰垫（烧）一下，等全部浸透石灰，挑出堆成堆，约需放一个月，之后放在河滩。再洗一下，不一定非要洗干净，只是为了减轻重量。

（5）蒸檀。将略清洗过的檀皮放在蒸锅的木架上隔水蒸（图 5-10），第一次蒸三天，拿出后晾干，此时青皮已经软烂，再到河里浸泡三天到一周，时间也是根据水温而定。

（6）拌灰重蒸。先将皮料拌上青灰（草木灰，主要来自烧柴的柴灰），用手搓匀。草木灰的用量也没有正规比例，拌匀为止。拌好后放回锅中再蒸。蒸的时候至少蒸三天，再到河里清洗。皮料外层的黑皮主要靠多次揉搓清洗后去除。如去除得不彻底，会在纸张上形成黑斑。

（7）砸饼。将洗好的皮料用脚碓舂砸（图 5-11），砸好以后的饼子并不用刀切，而是撕开以后，放入石槽中用槲柮捣成浆（图 5-12）。石槽大概长 80 厘米，宽 30 厘米。

图 5-11　砸饼
注：济源渠首，2018 年 7 月，李浩摄

图 5-12　碓瓢
注：济源渠首，2018 年 7 月，李浩摄

（8）下槽捞纸。抄纸槽是在地上挖个坑，长为 1.5 米，宽为 1.3 米，深大约 1 米，称为陷坑。陷坑一边有一个站人的小坑，深约 70—80 厘米，小坑右边有捞纸坯台。左边有温水盆，用于冬天捞纸时暖手。纸料加进去后搅匀，用压耙压下去。第二天捞的时候，把浆一点一点翻上来，还要加上莞树叶子的粉作为纸药。莞树叶子冬天不容易落，是黄褐色的，现在在济源已经找不到了。用时直接把叶子采下来。叶子采下来以后，上碾盘碾，碾成粉备用。使用时先将粉在盆里加水打成黏浆，直接下到陷坑里。莞叶是在捞纸之前加的。年轻人一天可抄纸 1000 张左右，最大的纸长一尺八，所见的纸帘为一抄两张，每张纸尺寸为 44 厘米×35.5 厘米（图 5-13）。

（9）压纸晒纸。抄好的纸块放上木板，架上压纸梁，一头放上石块，利用杠杆原理压出纸块中多余的水分。经一夜榨干后，即可一张张分开烘干（图 5-14）。晒纸是在室内火墙上。火墙高约 2 米，是用土、土坯砖垒起来的，糊上黄泥加草筋，表面再糊石灰，石灰里要加棉花以防止墙面开裂，并且石灰不易掉，有条件的话还可以刷点白矾或者黑矾。用一年后如果有问题需要再重新修补，用泥抹光即可，不用打磨。晒纸时，早上从加柴口加入木柴，把墙烧热，一般需要二三担柴火。烧热后，将纸一张张用毛刷刷在上面干燥即可。

图 5-13　捞纸

注：济源渠首，2018 年 8 月，赵新迪摄

图 5-14　压纸

注：济源渠首，2018 年 8 月，赵新迪摄

（10）成纸打捆。做好的纸 1 刀为 100 张，500 张为 1 捆。有时为了抄书，还要用类似铡刀的裁纸刀根据需要将纸裁开。打捆以后，还要用锉子把纸边锉光。

以前的纸主要用作书写文书、糊窗，糊窗的隔音效果好，以前修渠放炮的时候声音进不来。也可作为绘画用纸。

济源白棉纸的制作工艺有一些值得关注的特点。

首先是原料。北方地区用于造纸的韧皮纤维主要取自桑树、构树，而济源白棉纸使用青檀皮，在北方极为少见，仅在陕南的镇巴地区，有使用青檀皮来制造"镇巴宣纸"的报道。[1]青檀，学名 *Pteroceltis tatarinowii* Maxim.，为榆科青檀属植物，又称翼朴、檀树。青檀皮是安徽泾县制造宣纸的主要原料，并以此闻名。在一般人的印象中，青檀与宣纸关系密切。实际上，青檀在我国分布广泛，陕西、河北、山东、河南、甘肃、江苏、湖北、四川、贵州等省也有，只是不多见。[2]在河南，青檀广泛分布于太行山、伏牛山、大别山和桐柏山区，分布海拔大多在 200—1500 米。以太行山区的济源、辉县，伏牛山区的内乡、南召、西峡，桐柏山区的桐柏淮源自然保护区，大别山区的新县、光山等地最为集中，常集中连片形成优势群落，成为区域森林植被的主要类型之一，并被列为河南省重点保护植物。[3]在历史上，济源地区所产的青檀皮还被作为重要的纤维原料，用

① 巫其祥等：《陕西名优土特产》，西安：陕西人民出版社，1996 年版，第 179-181 页。

② 孙宝明、李钟凯：《中国造纸植物原料志》，北京：轻工业出版社，1959 年版，第 354 页。

③ 孟庆法、田朝阳：《河南省珍稀树种引种与栽培》，北京：中国林业出版社，2009 年版，第 103 页。

于制造麻绳等。①观察济源白棉纸实物，确实纤维比一般构皮、桑皮纤维细腻，颜色略带米黄，且声音较为清脆，类似竹纸，可能与制造方法有关。

原料的蒸条剥皮方法较为特别，具有北方工艺的一些共性，又具有本地区特色。由于砍条主要是在冬季，枝条含水率低，难以生剥，需要蒸熟以后再剥皮。北方的蒸条工艺，虽然也有下锅蒸煮的方法，但常用加热石块，然后浇水产生大量蒸汽将枝条蒸熟，较为简便易行，而济源的蒸条方法，则与嵩县、鲁山的工艺类似，将在后面介绍传统皮纸工艺时进一步讨论。

抄纸和晒纸的形式，兼具北方和南方皮纸制造的特点。济源的抄纸槽，具有北方的特点，即采用地坑式纸槽，纸帘也不上生漆。但在抄纸时，纸槽中要加入悬浮剂，即南方所说的纸药，是一种叫"莞"的树叶，使用方法又与南方使用纸药不同，是将树叶磨粉直接加入纸槽中，不是滤取其汁液，方法较为简单。无独有偶，在济源北面的山西省高平市，制造桑皮纸时，同样需要加入"莞"的汁液，这一区域的皮纸制造工艺应该具有较强的相互联系。在晒纸时，使用火墙，这在北方地区也比较少见。考察火墙的形制，与南方较为简单的直热式火墙相同，在室内加柴口加入柴火，燃烧后产生的火焰直接加热晒纸墙。

综上所述，济源白棉纸的制造工艺，从蒸条、打浆、抄纸、晒纸等工序来看，既体现了北方造纸工艺的一些特点，同时又具有不少南方皮纸制造工艺的要素，具有很高的研究价值。而其原料使用青檀皮，在北方地区独树一帜，在全国范围来看也不多见。青檀皮的纤维比较细短，适合制造细腻光滑的书画纸。因此，白棉纸的使用价值也比较高，值得加以恢复和重点保护。

第三节　沁阳市西向镇东高村的草纸制作工艺 ②

沁阳曾是河南最主要的手工纸产地，据明代所修尧圣庙蔡伦殿碑记载，沁阳的造纸业始于汉代。从水运史料来看，早在隋代，沁河水涨季节，黄河船只常溯至县城、北关、魏村、龙泉，装运黄纸、铁货等物资。这说明龙泉、魏村、东西高村、北鲁、解住一带的手工捞纸业可能源于隋代及隋代以前。③据

① 中共济源县委员会：《济源县 1958—1967 年发展地方工业规划（草案）》，见：张参：《沁县沁源济源地方工业规划经验》，北京：科学普及出版社，1958 年版，第 80 页。

② 2016 年 6 月调查，本节照片均由高俊良提供。

③ 马修杰：《造纸工业的历史与现状》，见：中国人民政治协商会议沁阳市委员会文史资料研究委员会：《沁阳文史资料·第 7 辑·工业专辑》，1994 年版，第 26 页。

1934 年 2 月《中国经济年鉴》记载 ①，河南省各地手工纸生产规模以沁阳为最大，有槽户 2300 户，年产 25 万斤。沁阳的主要纸种为麻纸和草纸，其中，麻纸的原料为构树皮，草纸则主要用麦秸，以草纸产量较大。除了生产手工纸以外，沁阳还以生产笔、墨著称。

> 豫北博爱、沁阳、温、孟等县居民以造纸为副业者，占十分之七八。每年于秋收完毕农暇之余，即从事于黄纸之制造。所用主要原料为麦秸，将麦秸掺以石灰，调之使匀，置于锅内，加热蒸煮，煮后，即以宽大粗厚之布，盛之入水杆之。滤去灰质，然后用石碾轧成浓质。再盛之入水，使内含未净之灰质，彻底澄清，始倒入砖筑之水池中，掺入清水，使与原料成混合物。此时可用一尺四长，一尺二宽之长方形篾网为模，盛混合物以型之，置于案上，以去水分，则初步工作完成。计每分钟可造纸二三张。俟水分稍干，然后张贴壁上晒之。干透揭下即可打捆售销。②

新中国成立以后，供销社在当地设立毛纸收购站，帮助外销产品，大大促进了捞纸业的发展。20 世纪 50—70 年代，龙泉、魏村和捏掌一带，捞纸业遍及各家各户，年产毛纸高达 2100 吨，麻头纸 700 吨，有效地补充了市场纸张供应。③沁阳还是重要的纸帘产地，在笔者调查的山西沁源等地，使用的纸帘也来自沁阳。

现在，沁阳捏掌构皮纸捞制技艺和东高"高氏"古法造纸技艺都已经被列为焦作市非物质文化遗产，不过上述两处的手工造纸作坊都已经停产。笔者对东高"高氏"古法造纸技艺的传承人高俊良（1957 年生）进行了走访调查。

东高村位于沁阳市区西北 12 公里的沁河北岸，属于西向镇，在太行山下，村南傍依沁河大堤。是手工造纸的中心，在村西北 3.5 公里，有一村叫南作村。东高村手工造纸所用的纸帘等造纸工具，主要来自南作村，自己并不生产。据高氏提供的材料称，在宋代，东高村已经有了造纸作坊，清代初年已经初具规模。民国至新中国成立初期，这里的手工造纸达到鼎盛，产品远销全国各地。20 世纪 50 年代后期，沁阳第一家公有制的造纸厂——沁阳第一手工黄纸厂就设在东高村。古法造纸技艺在高俊良家至少已经传承了 8 代，有 200 年以上。

东高村的手工纸主要有三种产品：分别是"麻头纸""草黄纸"和"黑纸"。

---

① 河南省第一轻工业厅：《河南省一轻工业志上篇》（初稿），河南省第一轻工业厅，1985 年版，第 57 页。

② 实业部中国经济年鉴编纂委员会：《中国经济年鉴 第三编》，上海：商务印书馆，1936 年版，第（L）111 页。

③ 马修杰：《造纸工业的历史与现状》，见：中国人民政治协商会议沁阳市委员会文史资料研究委员会：《沁阳文史资料·第 7 辑·工业专辑》，1994 年版，第 27 页。

麻头纸较为讲究，主要原料以构树皮（麻秆、棉花秆）、麻头、破布为主；草黄纸原料为本地所产的麦秸；黑纸为再生纸，原料是回收的废纸、废纸箱等。

从工艺上说，草黄纸工艺比较复杂，麻头纸与之类似，黑纸的工艺则比较简单。麻头纸主要用于书写，质地较好，草黄纸则主要用于副食品、中药和零碎物品的包装，表面比较粗糙。黑纸表面较光，可以用于包装，也可用于书写。

其中，麻头纸的制作工序如下。

（1）采料。采购原材料，主要是树皮、麻头、破布（棉）、废弃渔网（棉、麻）等植物原料，沁阳历史上广泛种植大麻和棉花，麻秆和棉花秆是手工造纸的首选原料。

（2）沤煮。除去杂质；将原料堆放在池中，用石灰水浸泡，然后沤煮。

（3）碾料。用砸墩将原料锤砸碎化；将碎化的原料在驴拉的石碾上碾压成瓤，碾压时需要不断加瓤、翻动、铺匀（图5-15）。

（4）撞瓤。将碾压后的瓤，装入布袋在河水中用撞杆进行冲撞漂洗，一般要150—200下，然后压滤出多余的水分，制成纸浆（图5-16）。

图 5-15 碾料
注：沁阳东高村，2012年7月

图 5-16 撞瓤
注：沁阳东高村，2012年7月

（5）搅限。将纸浆放入池（限坑）中，限坑设于地下；加水搅和成糊状，等待沉淀。

（6）抄纸。两三个小时后，用搅限楋柿轻轻搅动池内纸浆，开始漂捞（即上台案、抄造），一次可以捞三小张，捞好的湿纸堆叠在右手边的抄案（又称"趴台"）上（图5-17）。

（7）压纸。将捞好的一叠纸坯盖上木板，并放上木块调节高度。压杆一头插入石桩上的圆孔中，另一头压上石块，将纸坯中的水分适度压出（图5-18）。

图 5-17　抄纸
注：沁阳东高村，2012 年 7 月

图 5-18　压纸
注：沁阳东高村，2012 年 7 月

图 5-19　晒纸
注：沁阳东高村，2012 年 7 月

（8）揭坯、分解、上晒纸架。将压好的纸坯分开，放到晒纸架（又称"圪杈"）上。

（9）揭单张、贴纸晾晒（定型、干燥）。将晒纸架上的纸坯一张张揭开，用刷子刷到墙上干燥。干后揭下（图 5-19）。

（10）整理、轧实、点数、打捆（40 张为一刀，100 刀为一绳）。

毛纸及草黄纸制作工艺如下。

（1）备好碾压过的麦秸。

（2）将石灰加水粉化，按一定比例拌成石灰水。

（3）将麦秸放入石灰水中浸泡一晌。

（4）将浸泡后的麦秸放入蒸锅，可以堆至三四米高，四周用泥糊严，防止漏气，锅里放水，蒸七至十天，每天适时、适量放气、加水，放气是用长棍在麦秸垛上扎孔。

（5）麦秸出锅，在淘麦秸场用河水浸泡约 24 小时后，进行淘洗，主要是洗去石灰。需要用铁杈不断搅动，淘洗两遍。

（6）此后碾压碎化等工艺与麻头纸相同。

黑纸制作工序较麻头纸、草黄纸简单一些，基本相同。

关于龙泉、魏村、东西高村一带的捞纸业，有文献记载①是以麦秸为原料。

---

① 马修杰：《造纸工业的历史与现状》，见：中国人民政治协商会议沁阳市委员会文史资料研究委员会：《沁阳文史资料·第 7 辑·工业专辑》，1994 年版，第 26、27 页。

其工序大体为：①蒸沤麦秸，把用石灰水浸泡过的麦秸堆入蒸锅加火蒸至熟软；②制浆，先将蒸好的麦秸倒入池内进行淘洗，除去泥土和杂质，而后用碾盘将熟料碾碎，装入撞袋在水中捣洗，洗至浆净水清为止；③捞纸，将纸浆倒入浆池搅匀，用纸帘进行捞制，再把所捞纸坯用压杆压去其中水分；④晒纸，把捞成的纸坯一张张贴到墙壁上晒干；⑤整理打捆，将晒干的纸张捋齐过数打成捆。所产纸张多为黄毛纸、黄裱纸，主要用于包装和烧纸，行销山西、内蒙古、河南等地。与高俊良所述工艺大致相同。

在距离东高村不远的捏掌村，曾经以生产构皮纸闻名，现在已经停产。根据吕冬梅的调查 ①，该地生产的构皮纸是一种混料纸，称白纸，其原料主要为构皮和白纸边。主要工序如下。

先将构皮在河水中浸泡 24 小时，以洗去污物，使树皮变得柔软。随后在石灰水中浸泡 24 小时，使其均匀吸收石灰浆，发酵分解非纤维素物质。然后放在大铁锅上加水蒸，上面还要盖上一层粗布，避免蒸气泄漏。一般要蒸 5—8 小时，再闷一会儿。蒸好的构皮拉到河边清洗，洗去残留的石灰和表皮、杂质等。洗好的构皮即可进行捶打，捣料主要是使用脚碓。打好的皮还要用瓢刀切碎。

纸张的边角料首先要在大缸中用水浸 8—10 小时以上，然后在石碾上碾碎。将碾好的纸边和切好的构皮以大致 4 : 1 的比例，装入撞袋中，中间插入一端有扁圆木片的撞杆，绑住袋口，人在河中，手拿撞杆，在水上水下撞来撞去，洗净杂质。洗好的细穰压去水分，拉回来倒入陷台即可供抄纸。后面的工序与东高村捞纸晒纸的工序大致相同。

在西向镇这两个村所见的手工纸制造方法，主要是日常用纸的制造法，使用范围涵盖书写、包装、烧纸等用途。而原料来源较为多样，包括构皮、麦秸以及作为再生原料的麻头、破布、纸边、纸箱等，将身边常见的纤维原料加以利用，使用简单高效的方法进行处理，生产出符合日常需要的纸张，是能够大量生产、长久生存的原因。但随着书写方式、包装材料的变化，其衰落也很明显，如果要生存发展，必须在用途上进行拓展，如生产书画纸、民间工艺品用纸，并对制作工艺进行相应的改良。

---

① 吕冬梅：《沁阳地区手工捞纸工艺考察——以东高村和捏掌村手工捞纸技艺为例》，重庆师范大学硕士学位论文，2016年，第15-17页。

第六章 陕西地区的手工造纸工艺

图 6-1 蔡侯墓

注：洋县龙亭镇，2011 年 7 月

陕西是造纸术的发源地之一，在汉代就有手工纸的制造。1957 年 5 月，陕西西安市区灞桥砖瓦厂工地工人取土时，发现在三弦钮青铜镜下粘有麻布，布下有数层粘在一起的纸，这就是著名的灞桥纸。[①] 根据出土器物的组合来看，应不晚于武帝时期。[②]东汉蔡伦被封为龙亭侯，其封地在今陕西洋县的龙亭镇，当地还有蔡伦的墓祠（图 6-1）。历史上，洋县也是手工纸产地，并且附近还流传着不少蔡伦造纸的传说。[③]此后，直到唐五代时期，陕西均处于我国政治经济的中心地带，也是造纸的重要区域。

明代，陕西仍是重要的产纸区，如《明会典》载："洪武二十六年……产纸地方分派造解额数：陕西十五万张，湖广十七万张，山西十万张，山东五万五千张，福建四万张，北平十万张，浙江二十五万张，江西二十万张，河南五万五千张，直隶三十八万张。"[④]从数额看，陕西仅次于直隶、浙江、湖广，在北方地区占首位。据雍正年间编纂的《陕西通志》引各州县的方志记载，

---

① 学术界对于灞桥纸的性质还有争议，但从形态来看，至少可算是纸的雏形。

② 田野：《陕西省灞桥发现西汉的纸》，《文物参考资料》，1957 年第 7 期，第 78-81 页。

③ 段纪刚：《龙亭蔡伦造纸传说》，北京：人民文学出版社，2009 年版。

④ 申时行：《大明会典》卷一百九十六工部十五，明万历内府刻本。

陕西的周至、洋县、山阳、蒲城、咸阳、商州、华州均产纸。[1]据其他明清方志中记载，除上述州县外，兴安府、宁陕厅、白河、三原、礼泉、镇安等地也产纸。

清代，陕西主要产构皮纸和麻纸，陕南地区还以产竹纸著称，如与湖北接壤的白河县，其纸厂所制竹纸"竹取嫩枝浸于塘、煮以石灰、舂以水碓，经七十余手始成纸"[2]。和南方诸省造竹纸的工艺基本相同，特别是定远的毛边纸制造工艺，还非常精细，迥异于其他北方竹纸制造的粗率。

民国时期，陕西省仍是西北地区产纸最多的省份，据 1939—1940 年的调查[3]，全省有二十余县生产手工纸。在考察的诸县中，商县、南郑、城固、洋县、西镇[4]、长安、蒲城均产构皮纸，凤翔、陇县、蒲城产麻纸，商县、洋县、西镇、凤翔、长安、蒲城有产稻草、茅草、麦草纸，而城固、洋县、西镇还产竹纸。由此可见，除了使用量较大的草纸产地较多以外，陕西省主要以产构皮纸为主，并且还有麻纸的制造。另外，当时秦岭以南的陕南地区，也有竹纸的生产。

值得一提的是，1939 年 9—10 月，国民党政府对于陕甘宁边区的经济封锁，禁止纸麻等物品输入边区，造成边区纸张和造纸原料短缺，延安自然科学院化学教员华寿俊等人尝试采用陕北荒原的沟壑里到处生长的马兰草，晒干切碎以后，用石灰水浸泡一两天，放进大锅里，用慢火煮半天到一天，在碾槽里碾成细浆以后，在捞纸池中用竹帘（后改为钢丝帘）捞成马兰草纸。1940 年 8 月达到月产 15 万张，1942 年底，边区造纸厂达到 62 家，年产量 6849 令，基本满足了边区出版书报、办公、学习和生活用纸的需要。[5][6]

1978 年，陕南的镇巴县轻工业局以构皮、稻草为原料试制宣纸，1981 年去安徽泾县小岭宣纸厂请技术工人前来传艺，试制成功"镇巴宣纸"。1986 年成立镇巴县宣纸厂，"秦宝"牌镇巴宣纸销往汉中、北京、西安、兰州等北方各地，并远销日本。[7]从现存 20 世纪 90 年代镇巴宣纸实物来看，其质地优异，在北方的仿宣书画纸中首屈一指。

① 沈青崖：《陕西通志》卷四十三，刘於义修，雍正十三年（1735 年）刊，清文渊阁四库全书本。

② 王贤辅：《白河县志》卷七，顾骙修，光绪十九年（1893 年）刻本。

③ 陕西省政府建设厅：《陕西省之纸业与造纸试验》，1942 年版。

④ 原文如此，疑为西乡，下余同。

⑤ 朱鸿召：《延安缔造》，西安：陕西人民出版社，2013 年版，第 244-247 页。

⑥《延安自然科学院史料》编辑委员会：《延安自然科学院史料》，北京：中共党史资料出版社、北京工业学院出版社，1986 年版，第 269-274 页。

⑦ 镇巴县地方志编纂委员会：《镇巴县志》，西安：陕西人民出版社，1996 年版，第 277 页。

现在根据笔者的调查，陕西尚存的手工造纸，仍以构皮为主要的原料。而麻纸、竹纸、草纸的制造已经濒于绝迹。

第一节　西安市长安区北张村的构皮纸制作工艺

一、基本情况 [①]

北张村在沣河与沣惠水渠之间，南张村与大羊村中间，离历史上另一个著名的造纸村——贺家村也不远。潘吉星先生曾在 1965 年，对贺家村和北张村的手工造纸技术进行了调查。[②]只是听老乡说，贺家村早已经停止造纸，目前仅有北张村还有 7 家人勉强维持造纸，虽然也有构皮纸生产，但平时均生产以废纸为主要原料的纸。

张逢学 2011 年 69 岁，12 岁开始做纸。自言祖上 400 年左右都是做纸人，一直以做构皮纸为生。本村之前没有麻纸生产。

构皮由于原料的选取不同，在当地生产两种不同质量的纸。采用一年一生的春构皮（黑皮）制作的构皮纸为"黑皮纸"，主要用作裱糊和包装之用；采用两年一生的冬构皮（白皮）制作的构皮纸为"白皮纸"，主要用作写字与艺术创作之用。

张逢学家主要使用机制纸的废纸边抄造手工纸，与其他 6 家造纸户一样，产品基本上做迷信纸或者包装纸。由于张家在以前制备的构皮还有剩余，所以可以继续生产构皮纸。

张逢学于 2009 年 6 月被评为国家级非物质文化遗产传承人。曾去过美国、中国台湾，也曾被邀请去演讲。其子从 17 岁开始抄纸，目前其子负责抄纸，他负责作料。

传统构皮纸以前用于写仿、制作账簿、书写档案、裱糊、包装以及医院接生时用于止血，现在可用于书写和绘画。构皮纸主要销往陕西省内和北京，一般都是有人订购了才生产。白构纸用作书画，由于媒体的报道，近年来构皮纸销量不错。2011 年小纸 100 元/刀（白构），大纸 200 元/刀（黑构），一刀 100 张。废纸抄的纸 12 元/刀，一刀 100 张，一般成捆卖，一捆 50 刀，有人上门收

---

① 2007 年 10 月、2011 年 7 月调查。

② 潘吉星：《中国造纸技术史稿》，北京：文物出版社，1979 年版，第 239-245 页。

购，销量大。

二、工艺流程

（1）备料。构皮纸的原料有两种，冬构和春构（图 6-2），由于其采伐时间不同，备料方式也不同，造纸的程序也略有不同。早些年，附近村子都有构皮可以收购，现在只有陕南还有产构皮。①冬构两年一采，在腊月将其连杆伐下，放到蒸锅中蒸煮一天一夜（蒸锅直径为 1.5 米，高度为 0.7 米），然后剥皮待用。②春构每年都可以采集，在 2—3 月将枝条上的黑色嫩皮剥下。4000 斤构皮可用一年，抄大纸 200 多刀。

（2）浸泡。将晾干的构皮扎成把，浸一晚上，冬天泡一天一夜，不能浸太久。

（3）蒸煮。用清水蒸皮。

（4）碾皮。将构皮捞起，把水沥干，放到圆形的石碾子（畜力碾）上用圆柱形石碾子压，再在石磨盘上用手搓去黑皮。

（5）沤灰。按照 1 斤干皮 2 两生石灰的比例将一定量的石灰用水在池中化开，然后将一把一把的构皮放入石灰浆中浸渍片刻取出，放在地上沃（发酵）一天左右，或者直接入锅蒸煮（图 6-3）。

图 6-2　春构与冬构
注：西安北张村，2007 年 10 月

图 6-3　沤灰锅与蒸锅
注：西安北张村，2011 年 7 月

（6）蒸皮。将构皮带石灰蒸煮一天一夜，蒸皮时锅上抹 50 厘米的灰，等蒸气覆盖整个蒸锅便蒸熟了（上气以后就要停火，一直闷）。装锅量大概为每锅一千斤干皮。

（7）洗涤。将蒸煮后的构皮放在河水（沣河）中借助流水用脚踩踏，使得石灰溶解洗去。洗净后的构皮放在河水中用竹篱笆围住，浸泡一天一夜。

（8）晒干。将料捞出，挂在房外晾晒干，成为一把一把的构穰（严格说，只有冬构做成的白色构皮原料才能叫作穰）。夜晚用霜打，白天日光晒干，起到漂白的作用，三四天后纸料变白。

（9）砸碓。准备做纸的时候，将构皮放在水池中浸泡一天，然后放在石板上揉干，再放入水中浸渍，一把一把捞出来。将皮料放入脚踏堆中打成长长一片的"幡子"，卷起来待用。据张逢学说，一个人脚踏一天所做的纸浆够做 4—5 刀纸。

（10）切皮。将卷起叠成一摞的纸浆幡子放到长条木凳子上，用双柄的大铁刀将其切成 1 厘米左右的小片（图 6-4）。

（11）捣料。将切好的细碎纸浆片放入石窝子（石臼）中，用脚或者石锤击打 10 多分钟，使之成为细散的纸浆纤维（图 6-5）。

图 6-4　切幡（切皮）演示
注：西安北张村，2007 年 10 月

图 6-5　捣幡石臼
注：西安北张村，2007 年 10 月

（12）淘洗。将纸浆用纱窗布包住，放到河水中借助流水淘洗 20—30 分钟，除去杂质。

（13）打槽。在抄纸槽中先放入 20 斤纸浆，先用榔柚后用飞杆（一般的毛竹竿）打槽约 2 个多小时。之后，将长条状的木条"笼"横架在池子中间，使得较浓的纸浆分布在后半个池子中。

（14）抄纸。第二天早上开始抄纸前，还要经过一次打槽，然后开始抄纸。抄纸槽为地面向下挖掘而成的长方形池子，长 170 厘米，宽 130 厘米，四周用石块砌筑。纸槽一端开掘有一口方形的小穴，边长 60 厘米，深 70 厘米，里面站抄纸人。摞纸的台子在抄纸人的右边，依墙而建，下方开有一小口，榨纸时放木杆之用。纸槽底部有砖头，1/4 埋在土里，3/4 露在外面，抄纸时有助于起浪花，使纸浆能均匀地翻上来，翻上来的浆不会太稠。据说使用这种地坑式抄纸槽，冬暖夏凉，冬天不结冰，夏天浆不坏。原来为石板做的纸槽，水不会发臭，现在为水泥的，水会发臭。一年四季都抄纸，只有腊月二十六至正月初九休息。纸槽旁有灶，用于冬天取暖（图6-6）。

抄纸时为一人抄，方法是先向外稍舀取一点纸浆，只覆盖纸帘的三分之一左右，然后再向里（身边）舀取较多的纸浆，覆盖住整个帘面，在出水时稍作停顿调整。一抄二张，最早的时候是一抄一张。一天可抄 800 张小纸，300 张大纸。由于当地抄纸不用纸药，所以每抄一张纸就要用两个边柱在水中搅动几下，每抄 20—30 张纸就要用榾柮打槽一次。二三月桃花开时抄纸最好，纸浆中杂质易除，热水易发，纸会白，但抄出的纸密度小（图6-7）。

图 6-6　抄纸槽
注：西安北张村，2011 年 7 月

图 6-7　抄纸
注：西安北张村，2007 年 10 月

抄纸的纸帘以前是当地人做的，现在虽然还有手艺人在世，但是已经停做纸帘很多年了。做纸帘时先将竹丝用油炸过再用马尾编帘。帘床为松木，不用新木，而用房子上的旧木。镊尺用楸木、柏木、香椿木。现在抄造斗方纸时，用布条缝在帘子中间，则可以每次抄造出两张纸。帘架为木质，长度为 90 厘米，宽度 45 厘米。

（15）榨纸。将每天抄出的 500—600 张纸（现在的废边纸每一大张分为两小张）放在抄纸槽一边的台面上，垫上木块，压上木杆，一头嵌在墙洞中，一头用石头压上，静置一晚。

（16）晒纸。第二天将湿纸分开，刷到墙上或者挂起来晾干，使用棕刷、长凳晒纸架（图6-8）。

图 6-8　晒纸演示
注：西安北张村，2011 年 7 月

据张逢学说，本村现在大概只有五人还懂得抄构皮纸，尤其是作料。作料比抄纸难，是造纸的关键，抄纸技术只要一个星期就可以学会，但是作料不同。张逢学的儿子张建昌已经做纸 10 多年，但是主要都是做废边纸，构皮纸抄造技术主要还是依靠张逢学。

潘吉星先生在 1965 年的调查中，主要对贺家村的构皮纸制造方法进行了调查，而讲到北张村的手工纸时，说主要是三种：①斗方纸，以春构（黑构皮）制造；②白尺三五，由冬构（白构皮）（70%）加白机制纸边（30%）制成；③草纸，做卫生纸，以废纸和部分（30%）构皮制成。可知，当时北张村的纸张种类和现在差别不大。至于构皮纸的制法，由于对北张村构皮的制料过程记载较为简略，对照当时贺家村的构皮纸制法与现在北张村的制法，可以看到，二者变化不大，工序几乎完全相同。

在周至县九峰镇起良村，也有构皮纸的制造，以前的起良村人也不种地，全村人都做纸。20 世纪 60 年代停止生产。2008 年北京奥运会后，2009 年退休教师刘晓东开始恢复生产。请了本村的几个老师傅（六七十岁的老人）对传统工艺加以恢复。村里有伦神庙，祭奠蔡伦。据说，蔡伦原本三月十六生日，村子会在正月十六祭祀。

其构皮纸的工艺流程附记如下。

（1）备料。在山上找人砍树，购买连杆的构树枝，冬天采构树皮。（当年村子里包有三座山，为构皮的来源。）

（2）剥皮。将构树枝放在锅内蒸，然后找 6—7 个人剥皮。锅上盖有很高的木桶，需用滑轮拉动。蒸构树皮的锅也是这个锅，只是不用高木桶。将剥下的构皮晒干，捆成捆。

（3）泡水。要造纸时，将构皮在水中浸泡三天。

（4）除皮。在一个平的碾子上用脚踩皮，去掉黑皮。有的老人脚因长时间踩皮都变形了。

（5）石灰浸泡。专门有泡石灰的池子，要泡 2—3 天。

（6）蒸皮。将石灰泡好的皮子盘在大蒸锅里，烧 6—7 小时，再捂上一夜，第二天取出以后在池中洗净。

（7）踏碓。用木质的脚碓砸皮，砸好的皮折叠成长方形，称"幡子"。

（8）切幡。将碓好的皮料（幡子）放在长凳上，用切皮刀切，一般切成三角形，越细越好。

（9）抄纸。有两个抄纸槽，是地面下的暗槽。抄纸帘为本村人制作。现在户主的弟媳妇会制作帘子。竹丝要用油炸，编的马尾巴是从内蒙古寄来的，其选用也有讲究。据称北张村的帘子也是从这传出去的。抄纸时将纸帘由近向远端轻轻斜插入水，使纸帘远端先捞起一些纸浆，然后再将纸帘几乎垂直入水，捞起纸浆以后水平缓缓端起，即成一张湿纸，和北张村的抄法相同。

（10）晒纸。有一面糊了泥巴的墙，将压去大部分水分的纸一张张挨着晒。过去为 40 厘米×40 厘米的小纸，现在纸张尺寸是 50 厘米×50 厘米，50 厘米×70 厘米，主要作书画纸。

上述工艺，与北张村的构皮纸工艺基本相似，即采用石灰一次蒸煮的方法。作为书画纸，质感略显粗糙。

第二节　柞水县杏坪镇金口村、严坪村的构皮纸制作工艺

秦岭以南的陕西南部地区曾经是陕西省主要的产纸区，几乎县县造纸。其原料主要是构皮和竹，基本没有麻纸的制造。这应该与秦岭以南气候较为温暖湿润、植物资源比较丰富有关，不必像不少北方地区搜集废麻造纸。陕南的造纸原料，除了本地使用以外，还大量供应秦岭以北地区，如旬阳县的构皮在清代经安康、西安，大量销往关中地区。同时，陕南地区还是竹纸的重要产地，如当时的西镇等地。陕南的手工造纸现在衰退严重，仅剩柞水、镇巴等少数地区还有保留。

柞水县位于陕西省南部，秦岭南麓。全长 18 公里的秦岭终南山公路隧道建成以后，与西安两地的公路里程不到 100 公里。杏坪镇在县城东南方，造纸户主要集中在该镇的金口村和严坪村。金口村当地进行造纸的人家较多，有人来此订购，可根据要求生产。严坪村仍在做纸的人家则比较少，只有三四户。[①]

当地主要生产构皮纸，色泽为浅褐色，较为粗糙，过去主要用于垫棺材、糊酒缸，现在当地仍主要用于垫棺材，一副棺材需要垫 20 刀左右的纸。这种纸

---

① 2011 年 7 月调查。

遇水不坏，不易烂，下雨时可以吸水。生产的改良纸也用于写字、画画，主要是外地人订制。较廉价的纸中，除了构皮，一般还掺入废纸或废纸盒。

图 6-9 蒸锅内部
注：柞水严坪村，2011 年 7 月

主要工艺流程如下。[①]

（1）备料。构皮为购买而来，干构皮为 0.85 元/斤。

（2）浸泡。将构皮浸泡在河水中，夏天需两三天，冬季为七天。

（3）灰沤。浆完石灰浆后直接蒸皮，100 斤皮需石灰 1 袋（100 斤左右）。

（4）蒸皮。1000 斤干皮需蒸三四天，可用 1 个月，需烧柴 1000 斤。若蒸 2000—3000 斤皮则需要蒸 8 天 8 夜。

蒸锅外形为方形。高 257 厘米，直径 225 厘米，深 170 厘米（图 6-9）。

（5）清洗。将蒸好的皮放在河水中清洗，洗去石灰。

（6）砸碓。传统使用脚碓（图 6-10），将洗好的皮料放在石墩上，用脚踩的木碓将皮料反复捶打成薄饼状，折好。现在也有使用电动碓的。

（7）切皮。将折好的皮饼叠放在长凳上，使用北方常见的双把切皮刀（图 6-11）将皮切成一个指头粗的长条（1.5 厘米宽），一天能切 100 斤。

图 6-10 脚碓
注：柞水严坪村，2011 年 7 月

图 6-11 切皮刀
注：柞水严坪村，2011 年 7 月

（8）打槽。需要抄纸时，将纸料放在槽里搅匀，不放纸药（滑水）。

（9）抄纸。抄纸槽位于地面以下，由放纸浆的纸槽和抄纸人站立的抄纸坑组成。纸槽边有灶用于取暖。实测金口村一张纸槽，纵长 226 厘米，横宽 145 厘米，

---

① 主要根据陈忠喜、陈世林（金口村）、杨子文（严坪村）的介绍。

远人处深仅 20 厘米，主要用于堆放打好的纸料；近人处深 64 厘米，用于抄纸，二者以木棍隔开。抄纸坑深 74 厘米，与一般北方地坑式纸槽相比，此坑偏浅。纸槽里的水半年换一次，较为混浊（图 6-12）。

传统纸帘为长、宽约 57 厘米的正方形，帘框为松木制，帘皮为竹丝编制，一抄一张。抄纸时，先将纸帘向远身处斜插入水后退出，基本不舀取纸浆，然后再将纸帘以几乎垂直水面的角度入水，向近身处舀纸浆，水平端出，略前后晃动滤去水分即可。纸浆少时，可以用耙子将纸槽前方放置的纸料拨下一些再加以搅匀。一天可抄纸 1000 多张。原来纸张尺寸比较小，约 47 厘米×49 厘米，呈斗方形，现在除生产斗方小纸外，还生产长方小纸和大纸，都是根据买方的需求而定。在严坪村也有一抄两张的纸帘，一天可以抄 2000 多张。

目前金口村里许多人家将原有的地坑式暗槽改为地上的明槽，也有部分人家还使用暗槽。有趣的是，所谓明槽，其形制完全仿暗槽制造（图 6-13）。

图 6-12　抄纸
注：柞水金口村，2011 年 7 月

图 6-13　明槽抄纸
注：柞水金口村，2011 年 7 月

（10）压纸。与其他地方类似，使用"丫"字形晒纸杆，一端插入墙洞，一端压上重物以压去湿纸块中水分。

（11）晒纸。晒纸凳为三脚带轮式的，湿纸块斜靠在凳上的木板上。使用高粱秆制成的扫帚形晒纸刷，将湿纸一张张贴在屋子外墙上，有水泥墙，也有传统的石灰墙。屋檐较大，能够挡小雨。晒干后揭下，100 张为一刀（图 6-14）。

图 6-14　晒纸
注：柞水严坪村，2011 年 7 月

柞水的构皮纸制造技术，相对而言比较简单，纸张也比较粗糙，主要为日常民用，在陕南传统的手工皮纸中属于粗纸。其主要研究价值在于所处的特殊地理位置。柞水地处秦岭南麓，严格来说已属于南方地区。但是其构皮纸的制造工艺，从切皮方法、纸槽形制、晒纸方法来看，应该仍属于北方造纸体系。考虑到柞水与西安相去不远，来往密切，这也就不难理解。而陕西南端的镇巴县等地区，历史上，受四川的影响较大，清中期，四川大竹、云山等地的纸匠前来建槽造竹纸，主要制造中档的竹纸——毛边纸。由此可见，造纸技术南北的界线在陕西，应该在秦岭以南，汉中到商洛一线。

第三节　镇巴县的手工纸制造工艺 ①

镇巴县地处秦岭以南的巴山腹地，在文化习俗上与四川、重庆接近。镇巴有丰富的植被资源和水资源，视蔡伦为造纸术的鼻祖，蔡伦的封地洋县距镇巴仅 100 多公里。镇巴又位于沟通川陕的重要官道上，古时候川陕地区造出的纸就是翻越秦岭用马匹等牲畜运到北方的西安等地，同时还可以通过汉江的支流以水路往南运到湖南、湖北等南方地区。镇巴特殊的自然地理条件，使当地的手工造纸在纸张品种、制作工艺上，具有南北双方的一些特点。

一、巴庙镇吊钟村的火纸制造工艺

巴庙镇吊钟村位于巴山腹地的西河边上，距县城 75 公里，距镇上 9 公里，西河水流湍急，河谷狭窄，下游称溪河，汇入楮河后可通到汉江。该村因村内公路旁有一处圆形危岩形似吊钟挂在 30 多米高的悬崖上，故名吊钟村。

（一）历史传承与现状

吊钟村有 100 多户人家，1000 多人，火纸生产曾经十分兴盛，奉蔡伦为鼻祖并在节日时祭拜。吊钟村火纸生产为家庭式作坊，在 20 世纪 60 年代人民公社化时期成立过合作社，家庭作坊生产一度中止，合作社因经营管理不善后来倒闭。改革开放以后各家各户先后恢复了火纸生产，有王姓、张姓、李姓、雷姓、冉姓等 11 家纸厂从事火纸生产，但如今只有王兴培一家还在造纸。

---

① 2017 年 10 月张勇调查整理。

王兴培家于 1996 年重建作坊后恢复火纸生产，2010 年时因为发生洪灾，作坊被冲毁，打料用的水车等工具都被洪水冲走，当时计划将火纸制造技艺申报为非物质文化遗产项目的计划也被迫中止。经过努力在 2012 年时又重新建厂恢复了生产，作坊位置比以前略微往岸边移进了一些，以免再被洪水冲毁。

王兴培时年 60 岁，祖上在清代时从四川达县马桑垭一带迁移而来，据祖辈口传，火纸制造技术可能是从四川带来的①，家中的造纸历史已经有数百年，是当地的造纸世家，但王兴培的造纸技术是从村中另一位已过世的造纸师傅冉老汉那里学来的。王兴培有一儿一女均已各自成家，家中的作坊平时由王兴培、王兴培的哥哥和他父亲王义兴三人一起造纸。王义兴已经 86 岁高龄，平时主要帮他们做些揉纸和晒纸的轻巧活，王兴培的哥哥帮王兴培抄纸，三天可抄一案纸②，需付 300 多元，平均每天 100 元左右。造纸在农闲时进行，每年 10 月至次年 3 月因为天气寒冷和水结冰一般也不造纸。

王兴培家的造纸小作坊临河而建，由两间小瓦房和屋外堆料、晒料的场地以及泡料、洗料的两个水池组成。小瓦房面积约 80 平方米，地势较低的一间小屋是装有水碓的打料房，水碓从河流的上方经一条小水渠引水，水流与水车的落差为 2 米左右，水车由王兴培父子根据图纸自己制造，为榫卯结构，榫卯间用木楔子加固，不用铁钉，水碓前方有两个木槌可同时打料，木槌由坚硬的青冈木制造，前端嵌铁掌，打料的位置有两块石板嵌入地面；地势稍高的一间是造纸房，造纸房内有竹粉槽、捞纸槽、压榨器和揉纸凳等；瓦房的上面有一层用竹子搭起来的简易阁楼，用于阴雨天气时晾纸。浸泡竹料的大池长 12 米、宽 5 米、深 1 米，洗料的小池长 6 米、宽约 2 米、深 1 米。堆料和晒料在池子和瓦房间的空地上进行。

（二）火纸制造工艺

吊钟村火纸用家种的斑竹和金竹为原料，竹龄需在三年以上，野生竹子因为太细小且纤维含量少不适宜造纸。造纸过程大致分以下步骤。

（1）收料。造纸前先向各家各户收料，村里每家每户基本都蓄有竹子，在农历九月时砍竹，此时砍竹不伤元，来年竹子可发笋子。各家各户砍好竹子后送到作坊按照 0.25 元/斤收购，上门去收的则为 0.22—0.23 元/斤。

---

① 采访过程中王兴培说到火纸技术"怀疑是从云南传过来的"。历史记载晚清时期镇巴一带曾发生蓝大顺农民起义，蓝大顺是云南昭通人，起义军从云南一直打到包括汉中在内的陕南一带。

② 一案纸约有 1.5 米高，抄好一案纸后要压上数天才能基本将湿纸里的水挤出。

（2）泡料。将收来的竹子用刀砍成五尺左右长短，在水碓下砸破，捆成小捆，然后将其放于泡料的大池中，一层层整齐地码放好，码竹时每隔 1 米左右由两根木桩隔开，以便池水可以流通，每码一层竹在竹料上铺一层生石灰，直到装满整个池子。泡料所需的生石灰由山上采来的石灰石烧成，用石炭作为燃料，吊钟村石灰石和石炭资源丰富，村里也有用于专门烧生石灰的土窑。码放好竹料后注水浸泡，一池可泡竹料两万多斤，需要加入生石灰一万多斤，竹料和生石灰大致是 2：1。每隔一个月下池摇动木桩一次，使碱性成分充分渗透到竹料中，同时避免竹子因石灰不均匀而被泡烂，浸泡一年后放水捞出（图 6-15）。

（3）堆料。将池中捞出的竹料堆成方形堆（图 6-16），堆料时不加其他物质，用塑料薄膜严实地盖起来，竹料在堆料过程中温度升高，再加上太阳透过薄膜的照射作用起到沤竹发酵的效果，堆料一个月成为熟料即可将薄膜解开。以前用土灶蒸料，因为没有密闭的锅炉，效率比较低，要一个月才能蒸熟现在一池的料。

图 6-15 泡料
注：镇巴吊钟村，2017 年 10 月

图 6-16 堆料
注：镇巴吊钟村，2017 年 10 月

还有一种传统的采用水蒸气蒸的方法，这种方法需要先在一个大坑中将竹料依次呈环形状堆好，码放的竹料一头略有倾斜地朝向中间，一头朝向外侧，竹子中间留少许空隙，然后在竹料上覆盖柴草，用稀泥覆盖密封。放竹料的土坑一侧用石块砌一道石坎，石坎中留有孔洞和缝隙。石坎另一侧有一座火室低于土坑的窑，保证炭火烧不到竹子而水汽又可以透过石缝渗透到坑里，火室烧有石炭，石炭中间夹杂有许多碗口大小的麻姑石 [①]，灶上方是用稀泥踩严实的水槽。蒸料时在土窑的火室里放入十多背篓打碎的石炭颗粒，火室留有风门通

———————————
① 即花岗石，从河滩中取材。

风，然后在水槽里注不超过两桶水的量，否则可能将火淋熄。用石炭把水烧开后将水槽用一根木棍捅一个洞，使开水流到火室里与高温的石炭和石块迅速汽化形成高温水蒸气，水蒸气窜到堆料的密封坑里面。每天如此蒸一次，反复用水蒸气烫上十来次，直到炭烧完，一坑竹料基本上就熟了。

（4）晒料。将经高温沤制的竹料一一摆放起来晾晒干，竹料外层的石灰脱水结痂便可轻易抖落。

（5）洗料。需要造纸时就处理一些有石灰壳的竹料，然后放入洗料的小水池中再浸泡一星期后刷洗干净，拿出池子把竹料表层水分晾干，但又不能完全晒干，使碓打的时候更容易打碎。

（6）打料。在水碓下将洗净的竹料反复碓打成粉末状，打料的时候需有人在碓头下喂料和反复翻料，翻料过程中用木耙子把边缘处的料耙到木碓下。打料有一定的危险性，但只要把握了水碓的节奏，人一般不会被打到。打一案纸的竹料需两天，打好的竹料堆在墙角，需要用时撮到竹粉槽中（图 6-17）。

图 6-17 打料

注：镇巴吊钟村，2017 年 10 月

（7）碎料。打好的竹粉因为受木碓重击会有部分黏结在一起，因此还需将竹粉充分弄散，如今采用的方法是在竹粉槽上架一台小型粉碎机，将碓打好的竹粉撮到粉碎机里用粗筛打一遍，把黏在一起的小颗粒分解。以前没有粉碎机时则是用脚溜和踩的方式使竹粉团或颗粒完全散开，这和南方造竹纸时在槽中踩料类似。

（8）加料。抄纸前一天先把竹粉打好，捞纸槽中洗净放满水，第二天抄纸的时候抄多少纸加多少料，加入竹粉后用装有纸药的小竹篓在捞纸槽中涮几遍，再用一端装有木块的工具打槽，使竹料纤维均匀分散，并使竹料与纸药混匀。

使用纸药前先将纸药植物打碎，让植物中的黏液从根茎中分离出来。纸药在 3 月至夏至使用篦子松的根；夏至至白露用榄胶树的叶；白露到次年 3 月则用木杨桃的茎，木杨桃发芽长叶后内含的黏液减少就不适宜做纸药了。纸药不能加得太多，否则胶质太浓捞不起来纸，纸药加得太少，浆料又不能悬浮，因此要凭经验适度涮几次即可。

（9）抄纸。抄纸传统上一直采用地面式捞纸槽（图 6-18）。抄纸用的纸帘长

77 厘米，宽 55 厘米，是从镇巴宣纸厂按照 200 多元/张购买的旧纸帘改装加工而成的，纸帘分成 9 个小块，呈井字形。每次抄一张大纸干了之后可以掰成 9 部分，即一次可抄 9 张火纸。纸帘的帘床用沙木制成，帘床两侧的上方有木把手供抄纸时提握，可减少手在水中浸泡的时间。

抄纸时采用比较独特的纵横两次荡帘法。先将纸帘斜插入水，向近身处纵向荡帘一次。然后从左向右横向斜插入水，并反向倾斜倒出多余纸浆，使纤维均匀分布在帘上便将纸帘提起，揭下纸帘将湿纸覆在压榨台上。因竹纤维的吸水性强、散水慢，抄纸过程中抄一段时间要歇一下，让湿纸滤一下水再继续，以免因为湿纸水分过多而垮塌。在抄纸的过程中每抄一叠纸便在上面撒一层细沙，一般是用河里的河沙，细沙约有一两张纸的厚度，这样就能保证纸在干了之后可以自然分层，便于揉纸。抄纸的过程中要注意纸槽中纸药的浓度，胶质感降低时用纸药篓在槽中涮几次，然后搅动纸槽再抄纸。一人要三天才能抄一案纸，平均一天大约可抄两捆火纸，约 900 张（图 6-19）。

图 6-18 抄纸房
注：镇巴吊钟村，2017 年 10 月

图 6-19 抄纸演示
注：镇巴吊钟村，2017 年 10 月

（10）压榨。每抄好一堆纸称为一案，一案纸压榨干后只有原来的三分之一高，即 1.5 米高的湿纸压干后有 0.5 米高。压榨湿纸时用竹篾编的席子盖在湿纸堆上，再压上木板等重物，使水分挤出一些，过一段时间再用杠杆将水中的水分挤出，压榨器与其他地区所用的木榨类似，但轱辘头靠近地面，并有少部分轱辘在地面以下。轱辘用核桃木制成，呈圆柱体状，内有圆木为轴，轱辘头长 75 厘米，直径 40 厘米。轱辘上不同位置有四个可以插杠杆的洞，压榨时将一根长 2.6 米的木杠杆插到轱辘头中的孔洞里，杠杆不是直的，而是由有一定弯曲角度的木头制成，每隔 30 厘米有削平的可供踩在上面的阶梯，然后在房梁上系多根绳子垂下，压榨时先用手向下压，直到杠杆离地面越来越近，轱辘头上连接另一根木杆的绳子越收越紧时，人再拉着绳子踩在木杠杆上往杠杆的远端移动，以使水分挤出。压出部分水后用重物放在湿纸堆上静置一段时间使大部分水分挤出。

（11）揉纸。待水分大部分压榨干后，将纸掰成 9 部分，再在长凳上搓散揉开。

（12）晒纸。湿纸揉开后拿到河坝或草丛上面晒。因为陕南一带多雨潮湿，如果遇到阴雨天气，湿纸一个月都难以晒干，就放到阁楼上晾干，遇有晴天时再搬到外晒，没太阳的时候收回阁楼上晒（图6-20）。

图 6-20　晾纸
注：镇巴吊钟村，2017 年 10 月

（13）销售。晒干后捆好，一捆约有 30 厘米高，每捆约有 500 张火纸。碾子镇、观音镇、田坝乡等地卖祭祀用品的商贩会上门批发，批发价为 50 元/捆，每个商贩一般批发 50 捆左右。也有一些村民直接上门来买，零售价为 60 元/捆。一年下来能卖 2 万—3 万元，利润比较低，造火纸主要是为了打发时间，顺便有一些收入。历史上吊钟村生产的火纸往北先用人工运到西乡然后通过旱路销售到了西安，往南通过水路经楮河用小船运出卖到了武汉等地。

火纸是一种祭祀用纸，当地没有生产机制祭祀纸的企业，因此传统手工火纸依然有较大的市场需求。火纸主要在以下几个时间使用：大年三十和初一给祖先拜年、清明节上坟祭祖、七月半中元节时封"福"字在信封里同火纸一起烧掉，以及家中有人去世时烧纸。其中，有人去世时烧的火纸数量最大，当一户人家中有人断气时烧的纸称为"倒头纸"，要烧 3 斤 6 两火纸，意为人死后灵魂要去"三京六两"游历或者报到，所谓"三京"指南京、北京、西京，"六两"分别指"两广"的广东、广西，"两湖"的湖南、湖北，"两山"的山东、山西。逝者去世后一晚上要烧火纸 20 多捆，在接下来的数天请道士念经超度过程中也要烧许多纸，逝者家人可根据情况选择做 3 天、5 天、7 天或者 9 天道场。

吊钟村火纸标准大小为 15.5 厘米×23.1 厘米，即 3 张百元人民币钞票摆在一起的大小，过年过节烧纸时，先取百元钞票在一叠火纸的表面依次用正面反面象征性地压三下，称为印火纸。

（三）工艺特点

吊钟村的火纸制造工艺，是北方省份保存至今较为罕见的竹纸制造活态遗存。其主要工艺步骤与四川等地的竹纸制造有相似之处，较为原始简单，由于地理位置偏僻，与外地的工艺交流较少，保留了南方竹纸制造工艺的一些特点。如水碓打料，可能与需要处理竹子这种坚硬的原料，为了提高处理竹料的效率有关。其他如使用纸药以及地面式的纸槽等，均与南方的竹纸制造类似。

吊钟村火纸制造还有一个特点是蒸料，现在虽然已经采用薄膜覆盖堆料的方法，但与传统上使用水蒸气熏蒸的方法原理上相似，传统上采用开水淋到高温石炭和石头上的方法区别于南方地区的造纸技术，而与北方一些地区蒸皮料的方法有诸多相似之处。对于这种具有北方特点的蒸料方法在竹纸制造中的应用考察，有助于了解吊钟村火纸的技术源流。

另外，吊钟村火纸的制造，采用老竹长时间（一年）石灰腌浸的方法，属于粗纸的制造工艺，与清代陕南定远（今镇巴县一带）毛边纸的工艺仍有不小的差距。

二、桥沟村的皮纸制造工艺

关于镇巴皮纸的制造历史，据《镇巴县历史大事记》记载[①]：乾隆二十四年（1759 年），唐自春一家由蜀地潼川迁移到镇巴巴庙金家垭安居落业。他以构皮为原料，在炭渣子包包上第一个设槽舀制"金山白皮纸"（又称"窖瓢纸"）和"黑皮纸"。因楮河两岸楮树茂密，舀造皮纸原料丰富，而皮纸生产逐年增多，有多达一百多架槽。新中国成立前，楮河两岸的皮纸生产数量之多，质量之高，除在本省销售外，还远销甘肃、四川、湖北等省，用途较广。楮河距镇巴县城约 60 公里，是汉江的支流之一。

观音镇桥沟村，与巴庙镇金家垭相邻，直线距离约 2 公里。构树和青檀树等遍布山野，为桥沟村皮纸制造提供了良好的条件。当地人认为他们的造纸技术源自蔡伦，并在过年、过节时祭拜他。该地衰落前有 50 多户家庭小作坊造皮纸，现在大多已经停产，临近的兴隆镇以前也有造皮纸的，附近的纸房沟等地从地名来看造纸业曾经也很繁荣，但据了解基本都已经停产了。桥沟村能集聚

---

① 符文学、严兴汉：《镇巴县历史大事记》，见：中国人民政治协商会议镇巴县委员会文史资料研究委员会：《镇巴文史资料》（第 3 辑），1990 年版，第 67 页。

大量的造纸作坊是因为楮河沿岸的山坡上长满了楮树。

桥沟村以前所造皮纸主要有两种：一种是 6 寸见方的金山纸，这种纸主要用作礼簿登记之用，也用来写诗、写信和学生练习；另一种纸是质量稍微差些的祭祀纸。另外，新中国成立前也造一种雪白色的圆形纸钱，这种纸拉力很好，用于清明挂坟或是祭祀，造钱纸过程中先将草木灰在细筛子中筛一遍，然后分别在煮料和皮纤维沤制这两个过程中使用，因此纸质洁白。桥沟村皮纸也可以用来做鞭炮纸、糊窗等其他用途，他们认为皮纸保存很长，千年不坏，现在保存下来的书很多也都是皮纸制作的。

该村 20 世纪 80 年代尚有 30 多户人家造纸，但随着机械纸的冲击和现代观念的转变，日常生活中已不再需要金山纸、练习纸，加之造纸工作又繁重辛苦，年轻人基本都外出务工而不愿从事此项工作。临近的四川达州、重庆万州和大足等地用慈竹造迷信纸，且造纸过程中使用机器碎料、烧碱蒸煮、漂白剂漂白等现代工艺，效率高，外地流入的黄表纸等迷信纸等对镇巴传统造纸有一定影响。现在桥沟村仅有学堂垭（原田坝乡联丰村）的康树清和康树才两兄弟家还在造纸，他们是镇巴宣纸厂老板胡明富的表亲。

康树清兄弟平时从事农业生产，只在农闲时才造纸，造纸时至少需要两个人才能进行。桥沟村造纸原料是构皮和青檀皮，以构皮为主，工艺较为原始，工具也比较简单，据称造纸过程有 72 道小的工序。历史上曾用草木灰沤和煮来处理构皮，但很久以前已经改用生石灰为蒸煮剂，因为火碱煮料效率高，以后准备改用火碱。

造纸前先向各家各户收料，有时农贸市场也会有人卖，干的构树皮 1.1 元/斤，每家收一两百斤，收回后将其切成长短大致一样后捆成小把备用。康树清家现在已经搬到公路边，但造纸还是在山坡上老房子中进行，造纸前先将干构皮放入溪（河）流中浸泡，他家老屋外有一条从山里流下的溪流，在溪流流经的开阔平缓沟谷筑土围堰后拦住水流，留下一处闸门，在浸泡构皮前关闸蓄水，泡料时闸门留下一些缝隙让溪水可以流出。构皮泡软后将其捞出搬到蒸料的露天灶炉旁，灶炉在泡料池岸边不远的上方位置，由石块砌成，锅炉底部有一口大锅，锅里装上水后，锅上用木棍等搭起来，将泡软的构树皮在灶炉旁的石灰坑里过浆后放入灶炉里码放好。灶炉高约 2 米，外径 3 米左右，内径 1.2 米左右，每锅可蒸料 1200 斤，蒸料时用生石灰 1000 斤，蒸 4—5 天后再焖 2 天左右即可，一锅蒸好后可用的纤维大约有 500—600 斤。蒸好后将皮料取出，从锅炉上甩到溪流中，泡料和洗料的围堰池正好位于灶炉的下方，在溪水中洗去构皮的外层黑皮和皮料里的石灰（碱），然后将洗净的皮料在木杆上晾晒干存放起来。造纸时再将蒸过洗净的皮料取出置于围堰池中泡软，用脚踏去除构皮中的杂质，再将泡软洗净的料捆成小把拿到脚碓下捶打，打料时一人踩碓一人翻料，碓好料后将穰料用刀剁成小段，再放入石臼中用木杆捣碎杵融，最后再把料拿到溪水中用篾筛（竹篾编的一种筛子状的洗浆工具）装好反复搓洗，剩下干净的纸浆纤维便可用于抄纸了。

抄纸时将纸浆倒入纸槽（图 6-21），加入由榄胶叶制成的纸药使竹纤维悬浮分散。抄纸的纸帘（图 6-22）分成三个小隔断，一次可抄三张小纸。捞纸工的捞纸位置左侧有一个冬天暖手时用的暖锅，右侧是抄好纸后覆帘的略微倾斜的案台。抄好的纸榨水晒干后叠起来，按照 15 张/刀进行销售，每刀 2—3 元不等。现在只造一种 7 寸大小的小纸，主要用来祭祀和拜神求佛，所以对质量要求不是很高，对构皮外层黑皮（俗称丁甲）去除的不是很干净，纸质稀薄且较粗糙，造出的纸上残留有少许硬颗粒。造出的纸卖给祭祀用品店或是当地人，小部分自用。截至 2017 年 10 月销售额已有 1 万多元，年销售额应在 2 万元左右。

图 6-21　纸槽
注：镇巴桥沟村，2017 年 10 月

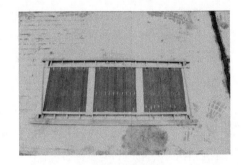

图 6-22　纸帘
注：镇巴桥沟村，2017 年 10 月

从桥沟村制造的皮纸质地来看，比同为陕南地区的柞水皮纸以及甘肃西和的皮纸明显要洁白细腻而且柔软，而与甘肃康县的皮纸质地类似，属于北方地区的细料皮纸，应该可以作为书写用途。考察其制作工艺，是北方地区比较典型的石灰一次蒸煮法，细料皮纸一般蒸煮时间较长，洗料工艺比较复杂，目的是更好地去除外层黑皮和杂质，一般适合书写用途。

三、镇巴宣纸的制造工艺

（一）镇巴县纸厂历史沿革

镇巴宣纸厂（镇巴县胡氏宣纸文化传播有限公司）是该县一家私人所有的宣纸制造企业，其前身是国营的镇巴宣纸厂，后因经营困难改制，其负责人胡明富 2017 年 64 岁，是陕西省级非物质文化遗产项目传承人，每年有 5000 元的非遗补助。胡明富家曾是当地的造纸世家，祖上来自四川达州宣汉县胡家堂，四代以前迁到了今镇巴县观音镇桥沟村学堂垭一带，从四川迁移过来时已经掌握皮纸制造技艺。

新中国成立以前，胡明富的爷爷和父亲因家庭贫穷上不起学，都是为地主家造纸的帮工，造出的纸属于地主。胡明富的父亲生于民国八年（1919 年），传承了家族的造纸技艺，新中国成立后因缺少布匹等日用品，纸成为当时日常生活中廉价易得的物品，因此成立了国营镇巴纸厂，胡明富的父亲因造纸技术好被选为镇巴国营纸厂的厂长，纸厂内有工人 10 多名，使用传统土法造纸，主要以生产伞布纸（2 尺长，1.6 尺宽，约 70 厘米×55 厘米）为主，造好的纸供应给汉中用来造雨伞，这种伞布纸远近闻名，可以经受风吹、日晒、雨淋而不损坏。另外，工厂生产的纸也用来做封纸，在编好的竹篓内外用猪血、桐油等将纸敷在竹篓上，常年不漏。该厂生产从新中国成立初期到 20 世纪 90 年代一直没有中断，"文化大革命"时期所制纸张曾用来写大字报。机械纸出现后纸厂的效益逐渐开始下滑，因此开发了宣纸等产品，20 世纪 80 年代造出的宣纸就已经出口到了日本等国，日本赞交社曾专门在此定制书画纸、信笺纸等①。为了了解宣纸厂生产的工艺，日本曾专门派人到厂里来收集资料，胡明富认为日本造不出宣纸是因为他们的原料没有经过天然风化这一步骤，原料和工艺也不尽相同，所以难以仿制。据胡明富介绍，日本人从他们厂里买纸后经过托裱、裁切等方式后又以高价卖回中国，如陕西国画院院长曾在日本买回过一批纸，发现是镇巴宣纸厂生产的。

胡明富从小跟随其父学习造纸，在 12 岁时开始造纸，中学毕业后做过几年小学老师，后考入解放军西安政治学院大专班学习管理，改革开放后官办纸厂

---

① 《镇巴县大事记》记载：1990 年 9 月 1 日，日本京都株式会社赞交社漱田保二与镇巴宣纸厂签订"四尺棉料单宣""四尺净皮单宣"和"四尺棉料绵连"三类宣纸 2100 刀，价值 4.5 万美元（折合人民币 21 万元）的协议书。

难以为继，他将纸厂改制后继续从事宣纸生产。因造纸对县城河水有污染，在
20 多年前将纸厂搬到了距县城 10 公里远的长岭镇九阵坝村，在 2013 年又对纸
厂进行了投资改造，现在纸厂是西北地区唯一一家生产宣纸的企业，为了树立
品牌效应，他将厂里生产的纸叫作秦纸，商标仍为"秦宝牌"，并申请了一些专
利。纸厂所造的一般宣纸（四尺）售价为 20 元/张。厂里的宣纸主要是按照客户
需求根据其用途进行定制生产，定制青檀皮皮料和稻草草浆的比例。该厂所造
的纸柔韧性好，耐拉折，在以前没有订书机的年代还可将纸搓成细条用来装订
书本。

为了提高工厂效益，胡明富去过全国许多造纸点考察学习，包括安徽宣城
等地，借鉴了一些外地的造纸工艺，但他认为镇巴宣纸厂依然有自己的特色。
胡明富现在已授徒五十多人，其中一些年龄大的已经退休不再造纸，造纸学徒
需要五六年才能掌握造纸的全套工艺流程，学徒跟他学习主要是在厂里从事造
纸，也可以获得工资收入，厂内有 14 名工人。胡明富有两个儿子，大儿子 18
岁，从小学习造纸，现已经掌握了造纸的工艺，胡明富正在培养让他以后继承
家业。

（二）制造工艺

镇巴宣纸厂用青檀皮和沙田稻草为造纸原料。造纸工序分为蒸、捶、捞、
晒四大步骤，共 138 道小工序。

1. 青檀皮的加工处理工艺

据胡明富说，经过比较发现，在造纸时檀皮优于桑皮，桑皮较藤构稍好，
楮树次之，竹子造出的纸则品质较为粗劣。该厂曾将竹子、草、麦、稻、藤
构、楮、桑、青檀造的纸切成 10 厘米见方的小片在高温烤箱内烘烤，仅有檀皮
所造的纸品未发生明显变化，证明其抗老化性能强，因此厂里以青檀皮为主要
原料。

宣纸厂所需青檀皮料由县内二十年前开始种植的万亩青檀基地供应，纸厂
免费为农民提供树苗和肥料等，现还在扩大青檀树种植规模，种植青檀树响应
了退耕还林的政策，可以绿化山区，保持水土，使农民增收致富，还能为造纸
厂提供源源不断的造纸原料，在当地较受支持。砍伐青檀枝条前需向林业部门
办理采伐证，农民们按照纸厂要求选取某一片树林中合适的枝条进行砍伐，砍
伐的枝条截成 2 米以下的小段，每年砍条两次：一次在清明后半个月，砍好的
枝条可直接剥皮晒干，称为生皮，按照 6 元/公斤的价格卖给纸厂；一次是在冬

至以后，砍好的枝条运到厂里蒸后再剥皮，剥下的树皮晒干备用，称为熟皮。

造纸前将 900 斤干树皮入水浸泡，泡软后分三次蒸煮，每锅煮料 300 斤，第一锅时加纯碱 20 斤，煮第二锅和第三锅时充分利用上一锅剩余的水和碱，只需减半或适量加入纯碱和水，煮料使用煤炭为燃料，下一步准备改用天然气。煮料时一次加足水使皮料完全被淹住，水开后开盖煮 12 小时，然后熄火用麻布口袋盖起来焖 10 小时，焖好后用铁叉捞出堆放起来，按照上述方法继续煮第二锅和第三锅。在煮的过程中，可以使外层黑皮分离，去除木质素、果胶等成分。煮好后的皮料在池中用清水洗净，去除黑皮和碱等，再将皮料用电动木碓在圆底状石臼（碓窝）中捶打碎（图 6-23），以前是用脚踩的木碓，但效率太低，耗时耗力，所以设计了用电动机带动的木碓，碓头用木质坚硬的罗强树制成，捶打时工人在碓窝旁翻动皮料使皮料打碎得更均匀，直到其纤维长不超过 5 毫米[①]。打碎的青檀皮纤维放入加了漂白粉（次氯酸

图 6-23 碓料
注：镇巴九阵坝村，2017 年 10 月

钙）的水池中漂洗 40 分钟，漂洗前先用波美计测试漂白粉浓度，在漂洗的过程中去除纤维中的杂质，然后再捞出装入尼龙袋中用清水清洗干净，洗完后的纸浆就可以用来造纸了。

2. 沙田稻草的处理工艺

造纸过程中不使用龙须草，以前曾试过用龙须草，但造出的纸品质不好，比较脆，不抗拉，因此采用稻草，但泥田稻草木质素含量高，含有较多的多糖成分，而沙田稻草则回收率高。当使用青檀皮纤维造纸时，檀皮纤维交结在一起后因其纤维长而呈现出网络状结构使得纸张凹凸不平且毛糙，沙田稻草纤维会打碎到 1 毫米左右，混料后稻草纤维可将檀皮纤维形成的高低不平的间隙低洼处填平，使得纸张更为平整光滑，用纸写字绘画时纤维的散墨作用能得到控制。

在造纸时，将稻草收来后先脱去稻草的外层草衣，切除稻草尖，然后在河边一个 100 米长、50 米宽的大池子中用生石灰化水沤泡，一次浸泡 8 万—10 万斤，稻草与石灰的比例大约是 2∶1，浸泡 45 天后捞出垒成 10 多米高的方垛

---

① 观察纤维长短的方法是将料打碎后抓一把料放入水中分散，捞出部分在显微镜下观察来测量。

子，过 15 天翻堆，使原先的稻草堆上下颠倒再堆放 15 天。堆料结束后洗去稻草中的石灰，晒干后卷成梯形运回厂里，放入深 3.5 米、直径 2.5 米的甑子内蒸，一锅可蒸 1200 公斤，甑子中有柱子作为通气孔，上汽后（水开）用麻袋蒙住蒸 3—5 天，熄火后再焖 2—3 天便可使草完全软化，然后用铁叉叉出堆放起来用麻袋盖住，以免清水冲洗时把草饼冲散，冲洗干净后搬运到山上岩石或沙土上晾晒，不能沾泥，期间若是下雨两次就翻晒一次，天气晴好则不用管。晾晒 6 个月后收回厂里折成梯形小团再蒸一次，以上使用石灰沤和蒸等步骤可将草中木质素等去除。洗净的稻草再运到山上晾晒半年，使稻草自然风化变白，此时的成品稻草称为燎草，可收回厂内备用。造纸前将燎草称重后用电动木碓打碎，打至长度不超过 1 毫米的纤维，燎草打碎后与青檀纤维混料。

3. 调浆

不同的纸皮浆和草浆的比例不一样，一般是按照书画家的要求和纸张的用途，如写书法或画花鸟、工笔画、工笔带写意等不同用途进行配料，150 公斤青檀皮浆配 50 公斤稻草浆可造净皮，净皮的四尺宣一张重约 40 克。

打好的青檀皮浆和沙田稻草浆按比例配料后倒入调浆池，用 3 千瓦的电动机搅拌均匀后用桶盛出就可以用以造纸。

4. 捞纸

抄纸时一次下调配好的能抄 60 张纸（四尺宣）的浆料，加入由榄胶叶、猕猴桃藤或松树根等制成的纸药（俗称植物胶）搅拌均匀。抄纸时两人一起协作，师傅或技术好的一人负责掌帘，徒弟或是技术差一点的负责抬帘、覆帘和计数。刚开始时纸浆较浓称为浓槽，需要动作快一点；中间 20 张纸时纸浆浓度变低称为连槽，抄纸速度稍微放慢；最后 20 张左右时纸浆较稀称为清槽，抄纸的速度再放慢一些，直至抄好 60 张纸再加入浆料。在技术熟练的情况下两人一天可抄纸 600 张，每抄 200 张进行一次隔断，计数采用三位数的简易珠算。抄纸用的纸帘是请四川夹江的师傅到厂里来按照要求定做的，纸帘由当地的苦竹制造，帘架由木质轻巧耐腐的沙木制成，镇巴县的造纸工匠也能编纸帘，但是编出的纸帘达不到宣纸所需的要求。

5. 压榨和烘纸

抄好的纸堆放在叫作坡台子的木架上压榨干，压干后的湿纸再按之前的隔断烘干，烘干后用水浸泡，再将纸一张张撕开裱在烘纸墙上，烘纸墙内层为特制的砖，外表用黄泥、盐、石灰和水泥等制成，焙笼使用煤炭为燃料，厂里正在计划改用沼气。厂内有两个火焙，共四面墙可供烘纸，每面墙可以烘 15

张纸①,技术熟练的师傅 10 分钟可以晒一面墙,慢的话需要 30 分钟左右,晒纸的人必须学会自己扎棕刷,以便晒纸时使用(图 6-24)。

图 6-24　烘纸
注:镇巴九阵坝村,2017 年 10 月

6. 检验包装

烘干的纸揭下来后进行检验和切边,在切边之前每 200 张纸边缘会有一个检验章,上面有捞纸人、捞纸时间、合格率等。检验员凭感觉检查纸张的质量,有时也会用白度计检测,然后将合格率标注在纸边上作为员工绩效考核。检验合格的纸经裁切和压榨平整后就可包装出售了。

宣纸厂生产的产品分为皮料、净皮、特净、棉料和仿古等五大类,还有不同的大小规格,最大的有丈二宣纸,生产的纸比较受书画家的青睐,如沈尹默②及其弟子戴自中和陕西书画界的人士。该厂生产的纸主要是书画家定制,现在已有 80 多人定纸,平均每人订 200 刀左右,但一年只能满足 30 多人的用纸需求,书画家买回纸后主要是自己存放使用,另外则是互相馈赠等。宣纸厂年销售额约 1600 万元,销量 20 多吨,薄一些的纸一吨有 400 刀,厚一些的则一吨有 300 多刀,除去人工成本和其他开销年利润在 100 万—200 万元。厂里造出的纸每两年会送到安徽宣城检测一次,都是比较合格的。

镇巴宣纸厂有一套污水处理系统,使污水经过一个分成四段的 600 立方米水池,水池内有 400 米长的管道,管道内装有石英砂、木炭等过滤材料,污水经过四级沉淀后就可实现废水回收再利用。

镇巴宣纸厂的造纸工艺已经在传统基础上进行了改良,其基本原料、生产流程和手工抄纸与宣纸较为相似,而与本地传统皮纸制造技艺关联性不大。但纸厂老板胡明富懂得传统造纸技术,也善于经营管理,除了开办宣纸厂,还有农副产品种植和养殖产业作为依托。同时他善于学习,懂得一些提高纸张质量的方法,不拘泥于原有工艺的限制,在造纸过程中尽可能地减少使用机械,利用当地独特的资源条件制造仿宣纸的镇巴宣纸,广泛结交文化界人士,打开了纸张销路,对于一些濒临消失的传统手工造纸具有启迪意义。

---

① 胡明富认为他的烘纸墙是国内比较长的,安徽泾县一面墙只可以烘 9 张。
② 沈尹默幼年曾在镇巴生活过。

第四节　佳县峪口的麻纸制作工艺 ①

佳县位于陕西省榆林市，与山西临县相接壤，两地以黄河为界。由于地理关系的原因，相比于陕西其他各地，佳县与临县的手工纸生产工艺更为相似，均以麻纸生产为主。

峪口当地曾经家家户户造纸，但与许多地方一样，现在只剩下十余户人家还在生产。而且工艺发生了较大的变化，不再以麻为造纸原料，而是采用玻璃纤维和废纸代替。当地造纸工艺没有被列为非物质文化遗产的保护名录，尚未有任何保护措施。

由于当地目前已不再生产麻纸，因此仅能通过对造纸工人的采访，对当地传统麻纸生产工艺进行梳理。

一、传统麻纸生产工艺

（1）原料。传统峪口麻纸以麻绳和废纸为造纸原料。麻绳和废纸均属于日常生活用品，原料成本较低，尤其是废纸的使用更是为了降低成本考虑。麻绳与废纸的比例一般为 3∶2。废纸的处理较为简单，此处不加赘述。以下主要以麻料的处理方式为重点，介绍传统麻纸的生产流程。

（2）切麻。首先对购买到的麻绳加以整理，解开麻绳结并将其理顺。然后用切麻斧将麻绳切成 2—3 厘米的小段。

（3）洗麻。将切碎的麻料放入水中加以清洗，去除其中的灰尘及杂质。

（4）灰沤。为了使麻料快速腐烂，还要进行沤麻处理。将清洗干净的碎麻放入石灰池中浸泡一段时间。

（5）蒸麻。经过灰沤处理的麻料，需放入蒸锅中蒸煮。通常一锅能蒸麻 320 斤，同时需要放入石灰 60 斤。蒸麻需要蒸 3 天时间，一般使用煤作为燃料。

（6）碾料。将蒸好之后的麻料放入碾子中碾料，每次可以碾 20 斤。利用驴子不断拉动碾盘，一般一天碾料五六个小时。

（7）洗料。将碾好的麻料放入水池中清洗，去除其中的杂质。

（8）搅涵。清洗后的麻料已经较为分散，可以放入抄纸槽内准备抄纸。抄

---

① 2012 年 9 月调查。

纸之前需先用木棍将纸浆搅拌均匀，也就是搅涵。

（9）抄纸。佳县当地传统使用地坑式的抄纸槽，纸槽四壁用石板垒成。由一个抄纸工人进行抄纸操作。传统有一抄二张的形式，现在多使用一抄一张的纸帘。纸帘尺寸为一尺六乘二尺七五。纸帘多买自当地，可以用 2 年。帘床也为当地工匠制作，多使用椿木。

（10）压纸。在抄好的湿纸垛上放两根木杆，木杆的尾端上压石块，将湿纸中的水分去除。

（11）晒纸。当地使用猪鬃刷进行晒纸。将湿纸小心揭开，利用刷子一张张分贴于院墙，纸张与纸张之间不叠压，依靠日光晒干，通常需半天时间。

（12）整理。将晒干的湿纸从墙上揭下，然后用剪刀将纸边裁齐，整理成刀，便可出售。一般每 100 张纸为 1 刀。

（13）用途。传统佳县麻纸主要用于写字或糊窗，也用作祭祀用纸。

二、现代造纸工艺

调查中了解到，从 20 世纪 90 年代，佳县的手工纸生产就发生了较大的变化。最主要的是造纸原料发生了改变，不再使用麻料，而改用废纸浆和玻璃纤维，因此也导致了造纸工艺的变化。佳县现存手工纸生产工艺如下。

（1）原料。目前佳县手工纸原料以废纸浆和玻璃纤维为主。废纸浆是机制纸纸浆，买自榆林，价格为 1 元/斤。玻璃纤维属于化学产品，买自西安，2.5 元/斤。目的是增强纸张的韧性。由于废纸浆纤维强度不够，单纯以废纸浆为原料，产品韧性太差难以满足需求，因此加入玻璃纤维。废纸浆与玻璃纤维的比例一般为 10：3。

（2）制浆。近十几年来，当地已经引进了机械设备进行打浆处理。造纸工人利用电动碾将废纸浆碾碎。用刀将玻璃纤维切成 2 厘米左右的小段，掺入废纸浆中。

（3）抄纸。由于废纸浆有污迹或颜色，为了使所抄纸张能够较为白皙，工人会向抄纸池中加入漂白粉，对纸浆进行漂白（图 6-25）。

当下的抄纸工艺与传统类似，依然是一人抄纸，只是纸帘形式有所改变，目前全部为一抄一张。

值得一提的是，除了北方常见的地坑式抄纸槽之外，当地开始出现地上式抄纸槽。

（4）压纸。压纸的方法也未发生改变，依然是利用两根木杆和石块，进行压纸（图6-26）。

图 6-25　抄纸
注：佳县峪口村，2012 年 9 月

图 6-26　压纸
注：佳县峪口村，2012 年 9 月

图 6-27　晒纸
注：佳县峪口村，2012 年 9 月

（5）晒纸（图6-27）。依然利用自然晒干的方法进行晒纸，晒纸用的鬃刷价格为240元/把。

（6）整理。将晒干的纸张揭下，一一叠起，用剪刀将纸边裁齐。每 100 张纸为 1 刀，每刀 50 元。

（7）用途。现在佳县生产的手工纸主要用于糊窗和祭祀用纸，不再作为书写用纸。

附　佳县峪口的纸帘制作工艺 [①]

纸帘是手工纸生产不可或缺的工具，随着手工造纸业的衰落，纸帘需求急剧下降，这也导致纸帘生产迅速萎缩。纸帘制作工艺的失传，对于传统手工纸生产将是致命的打击。

在调查中了解到，峪口当地有位纸帘制作艺人，名叫孙海飞（女），时年（2012 年）75 岁。从事纸帘制作 50 多年。原来当地或附近的抄纸户都会跟她定做纸帘，价格大约为 600—700 元/张。由于上了年纪，从 2011 年开始不再做纸帘。曾经收过徒弟，但现在也没有从事纸帘生产行业。传统纸帘生产工艺如下。

（1）浸泡。纸帘由细竹丝编连而成，首先要将竹子劈成一根根竹丝，然后将竹丝放在水里浸泡一天，为抽丝做准备。

---

① 2012 年 9 月调查。

（2）抽竹丝。抽竹丝是纸帘生产中非常复杂的一道工序。使用的工具包括铁片、钳子、削刀等。

事先在铁片上钉出三到四个不同大小的小孔。然后用削刀将竹丝一头削细，并将这头穿过铁片上的小孔，用钳子夹住竹丝的头用力往外抽，使整根竹丝通过小孔。这一过程使得竹丝变细。

之后按照同样的方法，从再小一点的孔中抽竹丝。每根竹丝按照孔由大到小的顺序，不断抽丝，一共要抽三到四次才成品。每根竹丝都必须经过这样的抽丝过程才能用于编制纸帘（图6-28）。

（3）炸竹丝。为了使竹丝能够防水，在抄纸过程中不易腐烂，需要将竹丝放在油里炸。炸竹丝的关键在于对火候的把握。火太大则竹丝会发黑，火小则偏棕色。火候掌握得正好，才能延长纸帘的使用寿命。

（4）编帘。纸帘的编帘方法和其他竹帘的方法类似，需使用一个π形的编帘架（图6-29）。

图 6-28　竹丝
注：佳县峪口村，2012 年 9 月

图 6-29　编帘架
注：佳县峪口村，2012 年 9 月

原来纸帘使用马尾作为经线，但是由于马尾价格较贵，为降低成本，后采用尼龙绳作经线。编的时候十根尼龙绳为一组，分成两股，一股拴一个纺锤，从编帘架的横杆上垂下来，一次编两股经线。

编竹帘的时候需要注意的一点是，竹丝的接口要错开，不能都在一个位置，这样纸帘容易损坏。编好之后，整张纸帘的竹丝接口应该是相互交错的。

（5）加框。纸帘编好之后，在纸帘的左右两侧缝上布条，以免竹丝的断口露在外部容易折断。然后再纸帘的上部加一根圆木杆，下部加一根竹片。至此，一张纸帘方告完成。

第七章　甘肃地区的手工造纸工艺

　　甘肃虽然地处我国的西北地区，但在古代造纸史的研究上有着特殊地位。由于其干燥的气候条件和相对偏远的地理位置，保留了大量唐以前手工纸实物，比较著名的如敦煌悬泉置、马圈湾、酒泉肩水金关、武威旱滩坡等出土的古纸以及敦煌石窟发现的大量文书等，为我们了解早期纸的面貌提供了珍贵的实物资料。虽然甘肃出土的古纸，特别是一些公文、写经用纸并不一定在当地生产，但大量的日常生活用纸，如一般书写、包装纸应该产于当地。根据笔者的观察，如悬泉置出土的部分汉魏古纸，纸张粗厚、色泽黄褐，明显可见纤维束，主要可能做衬垫用，应该是在当地使用废麻料制造的。

　　此后关于甘肃造纸的历史文献较少，明代嘉靖四十二年（1563 年）《徽郡志》中介绍当地物产时提到了纸 ①，清嘉庆十四年（1809 年）《徽县志》中则说当地产"枸纸"，乾隆《狄道州志》卷十一物产中有麻纸，乾隆四十四年（1779 年）《甘州府志》介绍当地植物马兰时说"甘人以为粗纸"。②可见，明清时期，甘肃应有纸张制造，只是所产纸张可能主要在本地使用，影响不大。

　　根据民国时期的文献 ③，当时，兰州、天水、平凉、固原、华亭、徽县、清水、康县、两当、永昌、安西、临泽、金塔、张掖、酒泉均产手工纸，原料有废麻、破布、印刷纸边、公文书写废纸、稻草、麦草、构皮、细竹、马连草、芨芨草等，比较庞杂。同时工艺落后，纸张质量不高，品种有麻纸、烧纸、草纸、改良纸、土报纸等，主要是弥补四川、江西等地供应甘肃纸张的不足，作

---

① 孟鹏年、郭从道：《徽郡志》卷四，嘉靖四十二年（1563 年）抄本。

② 张伯魁：《徽县志》卷七，嘉庆十四年（1809 年）刻本；吴镇：《狄道州志》卷十一，光绪官报书局排印本；钟庚起：《甘州府志》卷六，乾隆四十四年（1779 年）刻本。

③ 王玉芬：《甘肃的土纸生产》，《甘肃贸易季刊》1943 年第 5-6 期，第 154-159 页。

书写、印刷、裱糊、包装、祭祀等用，满足本地需要。

在这些产区中，以康县、平凉、清水的产量为高，特别是康县，占当时全省产量的三分之一以上。时至今日，仍生产手工纸，主要原料为构皮。此外，附近的西和县也还有手工造纸。

第一节　康县大堡镇庄子村李家山社的构皮纸制作工艺

据文献记载，康县的造纸历史至少可以追溯到清康熙年间（1662—1722）。民国时期，康县是甘肃省首屈一指的手工纸产地，1945 年，有造纸户 6000 户，年产量为 2.5 万担。[①]据民国二十五年（1936 年）《新纂康县县志》记载："县北蔡家沟产四才纸，县南岸门口周牟二埧火烧河等地产二连纸，县东窑坪一带产改连纸、经板纸。经板、改连尺幅较大，销售西宁、兰州等处，四才较小，二连极小，其产额最多者为二连纸焉。此二种销售陇东、陇南各县，实康县第一出品也。"[②]但现在，仅大堡镇庄子村李家山社还保留有部分手工纸制造。[③]2008 年被列为省级非物质文化遗产。

前述《新纂康县县志》载："县北三十里之大堡子南路，尹家沟上至巩家集之蔡家沟一带，所出四裁纸，全年不下一千余担。"据笔者调查，产品以前用于抄书（图 7-1）、过滤蜂蜜、烧纸。现在仍然做烧纸。每逢过年过节时需求量大。

该村的纸坊与居住地不在一起，主要集中在拉沟，沟里有一条小河，两岸错落分布着一座座纸坊。村里大概有十余家做纸，但实际看到一户在碾料，一户在抄

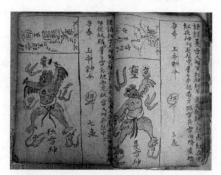

图 7-1　民国时期抄本
注：康县李家山社，2011 年 7 月

纸。笔者所调查的造纸户李生强，1972 年生，为庄子村村主任。家里常年做纸，有大纸、小纸两种。大纸尺寸为 24 厘米×35.5 厘米，用于书写；小纸尺寸为 17 厘米×25 厘米，主要作迷信纸。有人上门收购纸张，小张迷信纸一捆（2500 张）约 140—150 元。逢集市时也拿到镇上卖。年销售一万多元，利润不

① 韩博文、陈启生：《陇南风物志》，兰州：兰州大学出版社，1996 年版，第 186-187 页。
② 吕钟祥：《新纂康县县志》卷十四，民国二十五年（1936 年）石印本。
③ 2011 年 7 月调查。

到 1 万。

具体的造纸工艺流程如下。

（1）采料。一般是在清明节后上山砍构树，砍好后直接剥皮，不需要蒸煮。现在则是购买构皮，0.5 元/斤。在纸浆中还会加入废纸，主要来自学校。废纸和构皮的比例是 2∶1。以前在造纸时也加废纸。

（2）晒干。将剥下的构皮晒干，以便保存，需要时再取出浸泡即可使用。这样的皮带有外层褐色的表皮，称黑皮。

（3）浸泡。要造纸时将构皮浸于水池中，夏天需三五天，冬天需十多天。

图 7-2　蒸料锅

注：康县李家山社，2011 年 7 月

（4）拌灰。将泡好的构皮浸到石灰水中十几分钟即可蒸料。以前，也有用木灰与黑皮以 1∶1 的比例相混合的方法。

（5）蒸煮。全村人合用一口锅（图 7-2），一次可蒸料两三千斤（干料），蒸料时先在锅内插入数根木杆，形成气眼，将构皮放入锅内，放好后摇动木杆，之后将木杆取出，在锅上放上稻草，之后用泥密封起来。需蒸煮 15 天左右。蒸好以后还可以晒干保存，可用两年。

（6）去皮。将蒸好的皮取出，进行去黑皮处理。具体方法是：每次取一小部分构皮，放于石板上，用木棒捶打，并用手抖去黑皮；再将其放于石板上，人反复踩踏，用手抖落、摘去黑皮。

（7）清洗。将皮放在流动的清水中清洗，水大时 10 分钟即可，清洗时像洗衣服一样用手搓。然后晒干，用时再浸湿即可。

（8）砸碓。使用脚碓，将皮料打成长方形的扁片，一个扁片需十几分钟，一天砸干料 30 斤，可用七八天。脚碓上方有一根木杆，供人将胳膊搭在上面。

（9）切料。将砸好的皮子叠起放在切皮床上切，切得比较窄。切皮刀为常见的两边带把式，长 80 厘米，由于磨损，宽仅余 5.5 厘米。

（10）碾料。将切碎的料放到牛拉的碾子上碾（图 7-3）。将买来的废纸先煮一下，煮好后再用碾子碾，碾四五个小时。在碾料过程中将构皮和废纸两种原料混合。以前还有将碾好的原料进行 2—3 个月的日晒漂白的方法。①

（11）淘洗。将原料（即构皮和废纸混合料）放在长布兜里，在河水中左右摇动淘洗。每次洗五六斤干皮，大约十来分钟，洗净即可（图 7-4）。

图 7-3 碾料
注：康县李家山社，2011 年 7 月

图 7-4 洗料袋
注：康县李家山社，2011 年 7 月

（12）打槽。用木棒将纸槽里的纸浆搅拌均匀，之后用木制栅栏将纸浆压在池底，并小心地在上面放上石块。

（13）加滑水。用石臼将柏树叶捣碎，取其汁液作为滑水，不用过滤，加入纸槽中。

（14）抄纸。采用石板制的地上抄纸槽，一人抄小纸。以前是一抄一张，或一抄两张，现在已经发展为一抄三张、一抄四张。现在使用的纸帘购自四川，一抄四张。抄纸时，先在近身处用纸帘舀取少量纸浆，外倾纸帘使纸浆流过整个帘面，然后从远身处斜插入水，舀取较多量的纸浆，流过整个帘面即成。纸槽旁有跑码计数器，每抄一百张纸在湿纸块上加一张小树叶。一天抄纸 1000 次左右能抄大纸 3000 多张，小纸 5000 多张（图 7-5）。

（15）压纸。使用木榨压纸，一天抄的纸压一次即可。纸压干后形成一块一块的干纸块，要晒干时再将其喷湿。

（16）晒纸。晒纸前先用钱币在纸块的边上划一划，使其变松，再使用棕刷一张张叠压着贴于墙上，贴成一片，晒干之后成条揭下，再一张张分开即可（图 7-6）。

---

① 张永权：《康县大堡镇李家山手工制造构皮纸工艺探访》，《甘肃高师学报》，2010 年第 6 期，第 59-61 页。

图 7-5　抄纸
注：康县李家山社，2011 年 7 月

图 7-6　晒纸
注：康县李家山社，2011 年 7 月

　　李家山社虽然现在制造迷信纸，但其制造工序中，原料蒸煮时间很长，并且使用去黑皮和袋洗工艺，结合笔者搜集到的早期纸样，应该曾制造过较为精细的纸张，纸质与云南、贵州的传统棉纸类似。

第二节　西和县西高山镇朱刘河村的构皮纸制作工艺 [①]

　　西和县地处甘肃省东南部，东北接天水市秦州区，南部与康县相邻。全县平均海拔 1600 米。境内有仇池山，魏晋南北朝时为地方割据政权"仇池国"所在地。西高山镇在西和县南部，与康县接壤。从康县进入朱河、刘河村的山路较为险峻。

　　朱河、刘河村相邻，合称"朱刘河"，现在约有纸坊五六家，以产麻纸著称。而麻纸的原料是构树皮，实际上是一种皮纸。据说西和一带以前也用破麻布、麻鞋、麻绳等制作麻纸。传统的构皮纸用途主要是作包装纸，特别是水果的包装纸。因此纸张的均匀度不高，并且带有浅褐色。

　　具体的工艺流程如下。

　　（1）备料。一般是 2 月份砍料，砍两年生的枝条，属于春料。也有向别人

购买，一公斤 1 元左右。要造纸时，将晒干的构皮先水浸泡软。

（2）蒸煮。将泡好的构皮用清水蒸煮 2 天，再在水中浸泡（图 7-7）。

（3）沤灰。将料浆上石灰后马上蒸料。

（4）灰蒸。灰蒸 2 天，然后洗净。一次可蒸料 1000 斤，可用七八天。然后洗去石灰。

（5）砸碓。不用碾子，使用脚碓将构皮碓成皮饼（图 7-8）。

图 7-7　蒸煮锅
注：西和刘河村，2011 年 7 月

图 7-8　脚碓
注：西和朱河村，2011 年 7 月

（6）切皮。将叠好的皮饼使用切皮刀切细。切皮刀长 81 厘米，宽 14 厘米。

（7）捣料。将切好的料放在石槽中，用木杵舂捣，使纤维更加分散。

（8）抄纸。使用地坑式的抄纸槽（暗槽），一人抄小纸，一抄一张，纸帘既有本地的也有陕西的。纸槽旁有灶，用于取暖。抄案旁也有跑码计数器。纸浆中并不加滑水，水槽里的水呈红色，是由于时间较长未换，已有一年半近两年（朱河村）。抄纸方法与李家山社的方法相反，先从远身处用纸帘舀取少量纸浆，使纸浆流过整个帘面，然后从近身处斜插入水，舀取较多量的纸浆，外倾流过整个帘面（图 7-9）。现在刘河村、朱河村都出现改良生产大纸的趋势。大纸的纸帘为铝合金框内加纱布（图 7-10），采用两人抬帘的抄纸法，由于暗槽需要一个人蹲着操作，因此有的人家将暗槽改为明槽。

刘河村的造纸季节是每年 8 月份至次年 4 月份。夏季不抄纸，因为水热，纸浆上翻，难以成纸。而朱河村全年都抄纸，据说纸槽中纸浆少一些就不会出现纸浆上翻的情况。

（9）压纸。使用"丫"字形木杆，一端插在抄案边的墙洞中，中间以湿纸块作为支点，另一端一点点加上石块等重物将湿纸块中的水榨出。

（10）晒纸。使用高粱秆做的晒纸刷，将湿纸一张张贴在墙上自然晒干。

该地的原料处理采用加清水、加石灰水的二次蒸煮的方法，较为少见。而且纸帘的尺寸较小。从工序来看较为简单，纸张也比较粗糙，带有一些原始的特征。

图 7-9　抄纸
注：西和朱河村，2011 年 7 月

图 7-10　大纸纸帘
注：西和朱河村，2011 年 7 月

甘肃南部的康县与西和县，正好位于中国南北分界线的秦岭山脉的西端，而其造纸技术，分别体现了南北造纸的一些特点。由于陇南与手工造纸的中心之一四川相邻接，因此其造纸工艺也会受到其影响。在康县构皮纸的制造工艺中，可以看到南方造纸工艺的特征。四川以生产竹纸而著称，而以前也生产皮纸，康县当地山上有小片竹林，但不足以作为造纸原料。使用构皮是当然的选择。其纸槽设于地面以上，即所谓"明槽"，生产的纸由于是作为迷信纸，尺寸比较小，因此使用一次抄造四张的狭长纸帘，这和南方制造竹料迷信纸的纸帘相同。而且在抄纸时还使用纸药，这在南方比较常见。

位于康县大堡镇西北约 100 公里的西和县朱刘河村，则是使用地坑式纸槽，结合其压榨湿纸和晒纸的方式，很显然属于北方的造纸系统。这两个相去不远的县，却使用南北两种不同体系的造纸方式，反映了在陇南地区，秦岭山脉可能是南北造纸术的分水岭。而造成这种现象的原因，应该与它们的传播途径、气候条件等因素有关。

相比较而言，朱刘河村的造纸技术显得更为原始。首先是纸帘的尺寸。一般而言，在抄造小纸时，南方多采用一次抄造 4—6 张纸的狭长纸帘，而朱刘河村的纸帘，是迄今为止所见最小的纸帘，帘架尺寸为 35 厘米×55 厘米。纸张的尺寸，随着时代的发展，有增大的趋势，如笔者调查所见的汉代甘肃悬泉纸，其尺寸为 21 厘米×29 厘米。敦煌发现的南北朝写经用纸，一张大小约为 25 厘米×40 厘米—25 厘米×50 厘米，这与朱刘河村的纸大小尺寸相仿，而与现在北方常见的 40—50 厘米见方的斗方纸有所不同。另外，朱刘河村的打浆工具也不是北方常见的石碾，而是使用较为原始的脚碓和木杵。虽然现在使用构皮作为原料，但是却称为"麻纸"。2011 年时，当地的玉米地周围，还常常种植大麻（图 7-11）。可以想见，以前很可能使用麻为原料造纸，只是由于日常生活中麻用量的减少，造成废麻的入手比较困难，而改做皮纸。从以上特点来看，朱刘河村的造纸工艺，保留了一定的原始性，对于我们了解早期的造纸技术有一定帮助。但近年来，由于逐步开发了书法用纸，按照订货要求，纸张的尺寸发生了变化，打浆机也逐步普及。为了造大尺寸的纸，改用地上式的纸槽（图 7-12），使这个地区原有的造纸面貌发生了较大的改变。

图 7-11　大麻
注：康县-西和，2011 年 7 月

图 7-12　地上式纸槽
注：西和朱河村，2011 年 7 月

　　康县李家山社的造纸技术，从纸槽和纸帘的形制来看，应属于南方的造纸系统，但其中也出现了一些北方造纸的要素。例如使用牛拉的台上石碾来碾料，自然晒干的方法来晒纸等。但这并不一定就是来源于北方造纸系统。而更可能是与当地的农具使用以及纸张的用途——迷信纸相关。从制造工序中原料采用日晒漂白、袋洗工艺来看，可能曾经制造过比较优质的书写用纸。因此，该处的造纸技术，应该是在南方造纸技术的基础上，结合当地的自然条件，引入了一些北方造纸技术的特点。

　　甘肃的手工造纸，与其他地区一样，随着用途的变化，技术也在不断发生变化，特别是从传统的书写纸、迷信纸、包装纸向书画用纸的转变，使原有的特点逐步消失。而作为为数不多的带有早期造纸特色的实例，其在造纸技术发展史研究上具有重要价值，工艺的变化会严重削弱这一价值，是很可惜的。

第八章　东北、新疆地区的手工造纸工艺

第一节　东北地区的手工造纸工艺

　　黑龙江、吉林、辽宁（简称东三省）地处东北边陲，当地的手工造纸一般认为是由关内人移住东北时带去，但文献记载较少。[①]清人高士奇所著《扈从东巡日录》，记载了康熙二十一年（1682 年）随康熙帝东巡的沿途见闻，其中介绍松花江流域（今吉林省）土人的日用生活材料时，提到："摊他哈花上，麻布纸也。乌喇无纸，八月即雪，先秋捣敝衣中败苎，入水成毳，沥以芦帘为纸，坚如革，纫之以蔽户牖。"[②]可见当地居民已经有较为原始的造纸技术，以制造窗户纸。在民间流传的所谓 "东北八大怪"中，有"窗户纸糊在外"之说，窗户纸是东北人当时御寒的必备材料。其他造纸较早的有沈阳（清乾隆五年，1740年）、铁岭（清道光元年，1821年）、凌源（清道光年间）等。[③]随着清末大量关内人移住东北，当地对纸张的需求大为增加，多数东北地区的纸坊出现在清末民初。根据民国时期的文献记载，具体的分布地区几乎遍及东北各市县。其中又以沈阳、锦州、吉林等规模较大。

　　东北地区所产纸的纸种，与河北等北方地区的纸种基本相同，主要品种为呈文纸、（三五、三六、三八）毛头纸、成文抄纸、（三五、三六、三八）双抄纸、大号双抄纸、改连纸、红辛纸、大格方纸、黑纸、海纸等，其中毛头纸和

[①] 国民政府主席东北行辕经济委员会经济调查研究处：《东北造纸业概况》，1947 年版，第 13 页。

[②] 高士奇：《扈从东巡日录》附录，见：《丛书集成续编 227 史地类》，台北：新文丰出版社，1989 年版，第778 页。

[③] 《辽宁造纸工业史略》编委会：《辽宁造纸工业史略》，沈阳：辽宁省造纸研究所，1994 年版，第 35-44 页。

呈文纸的产量较大。用途为写账簿、契约文书、执照以及包装用、糊窗、糊酒篓、裁衣用、烧纸等，主要是作为生活用纸，以窗户纸为大宗。①

东北地区手工纸的工艺，也带有北方手工纸的特点。前述高士奇的《扈从东巡日录》中所介绍的当地麻布纸的制造工艺，虽然较为简略，但可以看到，主要是使用破麻布，捶捣以后，入水分散，抄制成纸，其纸帘为芦苇编成，工艺较为原始，所制之纸应比较粗糙。东北的造纸原料有破布、麻绳、蒲棍、废纸边、构皮、棉秆皮、芦苇、稻草等。其中以破布、麻绳头等废麻为主。民国时期的《锦西县志》记载了改连纸的制造方法，大致是："碾碎旧绳，用石灰沤三四日，取出蒸之，蒸毕净洗成绒，和以水，置锅内煮之，令沸。然后置水池中，以竹屉抄漉，层层叠置，抄毕揭取糊墙上，晒干成纸。"②

早期的文献，对于工艺的记载都比较简略，从中难以看出其工艺特点。而东北地区的手工造纸，由于受机制纸以及河北等地输入手工纸的排挤，早已消失，无从考察其具体操作工艺。在 20 世纪八九十年代出版的地方文史资料和造纸史著作中，可以看到一些对当地传统造纸工艺的介绍。

盖县（今盖州）是新中国成立前造纸业最发达的县，据资料记载③，1930年盖县手工纸坊共有 8 家，生产过程如下。首先将旧麻绳、麻屑等原料用刀切碎，装蒸锅（直径 1 米）蒸 30 分钟左右，投入少许石灰，3 小时后停火出料，洗涤后经石碾子处理。石碾子的构造，半径 2 米许的盘子，盘外缘有水沟，宽、深皆 0.33 米，铺满石块，水沟处有 3 个圆形半径 0.67 米的小辊子，分别与三匹马相连，马拉辊子旋转时，将水沟中的屑麻碾碎后挤净，送抄纸房。抄纸用滤槽（深 0.83 米，宽 1.17 米，长 1.33 米许）可投料 7.8 千克，加水搅拌，次日抄纸。滤槽内间隔有可前后移动的格子，使沉淀的麻屑蓄积起来，以便随时使用。捞纸时双手持抄帘两端，舀起适当屑水。反转到旁边的木板上，反复数十次，保持堆积的滤屑适量，及时取出贴在干燥壁上干燥。这是大开抄纸法。小片需在抄纸帘中央隔以布片，每次捞纸两片。

干燥法。干燥壁夏季为风墙、冬季为火墙，火墙构造底宽 1 米，上宽 0.67米，长 4 米左右，砖筑外涂白灰，墙中央有火口通火烘墙；风墙设在空阔的场院内，外形和大墙相仿，其构造为宽 0.33 米，长 8 米，壁间中空，以利通风。

民国时期本溪的义升泉纸坊，主要生产毛头纸，原料为废旧麻绳头，主要

---

① 见：玉福：《东三省之旧式制纸业》，《中东半月刊》，1931 年第 2 卷第 8 号，第 5-6 页等文献。
② 郭逵等：《锦西县志》卷二，张鉴唐、刘焕文修，民国十八年（1929 年）铅印本。
③ 《辽宁造纸工业史略》编委会：《辽宁造纸工业史略》，沈阳：辽宁省造纸研究所，1994 年版，第 35-36 页。

工序如下。①

（1）切绳。切绳工一手抓起一缕麻绳头，放在砧墩上，另一手持锋利的刀斧将原料切垛成 2 公分（1 公分=1 厘米）长的麻屑。切绳工的手工活很讲分寸，更要加倍小心，稍一疏忽，就容易切掉手指。

（2）破麻。破麻就是用石碾把麻屑碾压成纤维。旧时造纸作坊的动力主要是兽力。义升泉纸坊用两匹骡马拉动两只像碾盘一般的轮形石碾，周而复始地运行在圆周轨槽中。轨槽用石头镶底，木头镶边。槽中均匀地填入适量麻屑并加入适量的水，碾压至一定时间，待麻屑破成纤维时取出。

（3）靠细麻。在碾成的纤维中放入适量的石灰，一定时间后上锅蒸。出锅后，经发酵一定时间取出洗灰。这一过程经石灰的腐蚀作用和漂白作用，使纤维变得既细又软且白。

（4）打线。将靠好的细麻放在贮有清水的线池内，然后开始打线。打线，就是搅纸浆。这时，每人手持一个线杆，在池内来回搅捞，目的是使细纤维均匀地松散开。

打线过程很辛苦，一气要打三千个数。为了步调一致，解除疲劳，工匠们时常唱起劳动号子。这种劳动号子很朴实，用数数方式计算打线次数，唱起来很动听。例如，开始一段："搅一哟，搅二哟，搅了三四，搅了五儿六，搅了七儿八九搅到一十。"这样就数了一个十，即搅了十杆。然后二十、三十地数下去，数到三千为一气活，一个线池的纸浆也就搅好了。第二天便可以操纸。

（5）操纸。这是纸的成形过程，很讲究技术。一般说，只有操晒纸工在当时被称为纸匠。操纸时分线操作，每线两人，一人捞纸一人晒纸。捞纸工用竹帘在线池里将纸浆分别捞成一张一张湿漉漉的薄厚均匀的纸铺子，一张压一张地扣作一摞，这叫贴铺子。然后用铺石压铺子，经一夜时间，才能一张张揭下来。晒纸工将压好的铺子一张张揭下来，贴于用石灰抹平的墙上。墙冬季生火，暖季朝阳即可。经烘晒干燥以后，便可揭下一张张毛头纸了。

盖州与本溪的毛头纸制造工艺，基本与山西等地的麻纸工艺相同。其中，盖州的制法在浆灰之前，先要蒸 30 分钟，再加石灰，应该是为了加快纤维的软化，便于石灰水的渗透。本溪的制法中，在加石灰之前，先要破麻，即用石碾碾料，应该也是为了使纤维更加分散，便于石灰水渗透。但在石灰蒸麻以后，应该还有一道碾麻的工序，才能下线（陷坑，即地坑式纸槽）搅拌。而打线时

① 于学志：《本溪县造纸厂今昔》，见：中国人民政治协商会议辽宁省本溪县委员会文史资料研究委员会：《本溪县文史资料》（第 2 辑），1987 年版，第 66-67 页。

所唱的号子，也和山西临汾等地的搅涵歌很相似。因此，东北的麻纸制造工艺，应该与其他北方地区的工艺有一定的渊源。但东北的麻纸工艺也有一些地方特点，如干纸工艺中，较多地出现了火墙与日晒干燥并用的现象。除上述两处，凌源等地也有日晒和火墙干燥并存的情况，这与北方大多数地区使用院墙或室外晒纸墙自然晒干的方法不同，应该与当地的气候有关。东北地区，虽然夏季气温较高，适合日晒干燥的方法，但其他季节气温较低，冰点以下的日数较多，室外操作困难，同时自然干燥时间较长。使用室内火墙晒纸，与南方多雨地区火墙晒纸的原因有所不同，主要是便于低温季节造纸。同时，当地木柴等燃料获取便捷，冬季生火取暖较为普遍可能也是原因。

值得注意的是，东北地区从民国初年到伪满统治时期，随着日本人、朝鲜人的增加，日本纸、朝鲜纸的需求逐渐增加，由于日本、朝鲜产手工纸的输入不足，在辽阳建立了朝鲜纸制造工场，在沈阳、大连建立了日本纸的制造工场。[①]因而在东北，尤其是辽宁的一些地区有日本、朝鲜的手工造纸技术传入，但相对独立，并未显示出对当地传统的麻纸制造技术有何影响。

1929 年春，朝鲜人金天一由朝鲜平安北道迁居辽阳，生产高丽纸。主要原料是桑树皮，辅助原料是葵花杆，原料来源于河北省滦县及浙江等地。造纸过程是把晾干的原料，通过脚踩、手搓、刀子切制成碎状，放入大锅中蒸煮，煮好后进行洗浆，洗浆时是用豆腐包布将粗浆包好、洗净，再用叩解打碎，把打好的浆放入木槽内，用特制的竹帘在浆槽内捞取纸浆，然后晾干或烘干成纸。[②]

东北地区的手工造纸，随着清末至民国时期关内人的大量移入，曾经遍布东北各市县。但是所制造的纸张，主要是日常生活用纸，满足本地的需要，很少销往其他地区，一旦本地销路受到影响，就会难以为继。东北地区森林资源极为丰富，民国时期，以木材为主要原料的机械造纸技术引入以后，迅速发展。如 1928 年，辽宁手工纸和机制纸的产量各占 50%，到 1943 年，机制纸上升到 90%。[③]新中国成立以后，东北地区更是成为我国重要的造纸基地，加速了当地机制纸取代手工纸的过程。同时，人们生活习惯的改变、替代材料的出现，也加速了手工纸的消亡，如玻璃窗的普及逐步取代糊窗纸。另外，河北、山东等地手工纸的大量输入，也会对本地手工纸的生产有抑制作用。远至浙江奉化，到 20 世纪 80 年代还有手工生产防风纸销往东北地区，填补了

---

① 国民政府主席东北行辕经济委员会经济调查研究处：《东北造纸业概况》，1947 年版，第 16 页。

② 郭洪仁：《辽阳市志》第三卷，北京：中国社会出版社，2002 年版，第 206 页。

③ 《辽宁造纸工业史略》编委会：《辽宁造纸工业史略》，沈阳：辽宁省造纸研究所，1994 年版，第 37 页。

当地手工纸停产以后留下的缺口。这些都造成了东北地区的手工纸在工艺和产品上缺乏特色，东北生产的手工纸对其他地区的影响很小，并且较早地退出了历史舞台。

第二节 新疆地区的手工造纸工艺

新疆，地处我国西北边陲，幅员辽阔，是一个多民族的地区。由于新疆地区历史上曾经为汉、柔然、突厥、吐蕃、回鹘、蒙古等民族政权所控制，因此，其历史文化与技术呈现了多姿多彩的面貌。体现在手工造纸方面也是如此。

新疆与甘肃一样，是我国出土古纸最多的地区之一。甘肃出土的古纸，以两汉魏晋时期的遗址出土较多，而敦煌石室遗书，又集中反映了从南北朝时期至北宋的以佛教文献为主的古代文献的面貌。而新疆地区出土的古纸，虽然也有一些早期的文书等，但以隋唐时期的纸制品为多，比较著名的有楼兰文书、吐鲁番文书等。不仅有官府文件、书信、契约，还有不少生活用品和工艺品，如剪纸、鞋样，甚至纸棺等。新疆地区的早期古纸，与甘肃类似，具有我国北方地区手工造纸的特征，如主要以麻为主，魏晋时期有不少没有帘纹，隋唐时期的纸张大多具有帘纹等。而有回鹘文、吐蕃文、龟兹文等少数民族文字的文书，则大多没有帘纹，呈现了与汉文文书不同的特征。在吐鲁番文书中还出现了纸师、纸坊等字样，说明在隋唐时期，吐鲁番地区的造纸还是有一定规模的。可以认为，新疆地区古纸的面貌，一方面反映了造纸技术的发展变迁；同时也比较深刻地反映了各民族自身当时所使用的造纸工艺的特点。可以说新疆地区，既是造纸术西传的一个重要通道，后期又是各种造纸技术交汇的地方。对于新疆地区古纸及其制造技术的考察，是研究造纸技术发展、流传、演化的一个重要课题。

那么近代以后，新疆地区的手工造纸工艺又是如何呢？实际上，当时大量的书写用纸，主要来自内地。而新疆本地手工纸制造，则集中于南疆地区。例如和阗、洛浦、皮山等县，由于那里盛产桑树，因此主要出产桑皮纸。成于1911年的《新疆图志》上载："自昔回部未有书契，俪皮以代楮，所谓旁行画革者也。和阗始蒸桑皮造纸，韧厚少光洁（《西域图志》云：'纸以桑枝嫩条捣烂蒸之造成，色微带碧，其精致绵密与高丽纸相埒。'然今所见皆极粗者，或者旧法久以失传）。迪化、吐鲁番略变其法，杂用棉絮或楮皮、麦秆揉和为之（或云用棉花、苞壳蒸晾而成），大率皆粗涩不可为书。"①这里提到了迪化（今乌鲁木

① 王树枏等：《新疆图志》卷二十九，新疆通志局，活字本，1911年。

齐）和吐鲁番地区。而其原料，与南疆有所不同，主要是棉絮、楮皮及麦秆等，和北方汉族地区造纸的原料相似。在乌鲁木齐以东的奇台县，清末，就有人从西安来新疆造纸，其后又有汉人纸匠陆续流入，至新中国成立时已发展到20余家。[①] 奇台造纸以旧麻绳头、废纸为原料，经碾子碾碎以后，经淘洗二三次，即下抄纸池，用屉子（竹帘）抄出，置于木板上，再一张张贴在墙上晒干。产品有尺八纸、尺六纸、烧纸等，统称毛头纸。也有以麦草为原料，制成草纸供包装用。由此可见，奇台的手工造纸，主要是汉人所为，其技术与陕西、甘肃等西北地区的麻纸、草纸制造技术没有太大差异。同时，《新疆图志》也注意到："然观迩岁南疆掘土往往得古浮屠经卷，皆六朝以来旧物，纸理坚致，入地千余年不腐不变，岂其制造之法今弗传欤。"可见，清末民国时期，新疆汉族所造之纸，基本同其他北方地区常见的手工纸类似，主要做包装等用，与出土的佛经等用纸质量相去甚远。根据笔者对吐鲁番吐峪沟石窟寺遗址出土的纸质文书纸张的分析[②]，当时所使用的原料为麻，大多质地较紧密，不少有打磨涂布加工的痕迹，符合早期纸张的特征，但一般没有帘纹，与同时期中原地区的纸张普遍已经采用竹帘或草编帘的情况又有一定区别。现在新疆地区保留的手工造纸工艺，主要是南疆维吾尔族的桑皮纸制造工艺，也已被列入国家级非物质文化遗产。

　　南疆的桑皮纸制造，在民国时期具有重要地位，据当时的文献记载，桑皮纸产于和田各县，以皮山为最盛。传统的维吾尔族桑皮纸，可用于包装茶叶、糖果、草药、食物以及做靴子的衬里、糊天窗等。精制的桑皮纸还是维吾尔族姑娘绣花帽时必用的辅料。在绣花帽时，要隔行抽去坯布的经线和纬线，绣花后用桑皮纸搓成的小纸棍插进布坯经纬空格中，这样做出来的花帽挺括有弹性、软硬适度、吸汗，利于健康。[③]在洋纸未大量输入新疆时，磨光的桑皮纸还曾供全省使用，多用于缮写公文、印刷等。当地农民以造纸为副业，在农闲时全家动员造纸，月产可达144万张。[④]该纸色泽不甚洁白，质地较粗。每张约一尺五六寸见方，比较坚韧不易破裂，精制者还要打磨，使表面光滑。[⑤]

　　对墨玉县普恰克其镇布达村现存的桑皮纸制作工艺介绍如下。

---

① 吴仁学：《奇台造纸业》，见：中国人民政治协商会议奇台县委员会文史资料研究委员会：《奇台县文史资料》（第14辑），1988年版，第41-42页。

② 出土纸张的年代主要为南北朝至唐代。

③ 阿布都热扎克·沙依木等：《维吾尔族民间文艺与传统技艺》，北京：社会科学文献出版社，2012年版，第162页。

④《南疆特辑（一）南疆的皮纸》，《天山画报》，1949年第7期，第19页。

⑤《南疆造纸以和阗最负盛名》，《边疆》，1936年第1卷第2期，第33页。

该村现在有两户造桑皮纸，一户为吐尔孙·托合提巴柯，其父吐尔地·托合提巴柯，是桑皮纸的第 11 代传人，已经于 2014 年去世。[①]桑皮纸大致的工艺流程主要分为砍枝、浸泡、剥皮、煮料、捣料、搅拌、入模、晾晒、揭纸九个主要步骤。

（1）砍枝。将手指般粗细的桑树枝砍下，桑叶可以用于饲蚕或饲养牛羊。

（2）浸泡。将砍下来去除桑叶的桑树枝至少浸泡一晚上。

（3）剥皮。将浸泡好的桑枝外皮剥下，每五公斤桑树枝可以剥出一公斤桑树皮，一公斤桑树皮可做一般尺寸的桑皮纸二十张，剥下来的桑皮再用小刀将外层棕色的表皮刮去，取里面呈白色的内皮（图 8-1）。

图 8-1　刮皮

注：墨玉布达村，2015 年 8 月

（4）煮料。在大铁锅中盛满水，待水烧开沸腾之后把剥好的桑皮放入锅中煮，边煮边用粗木棍搅拌，一直到树皮煮熟变软，约需 4—5 小时，在煮料的过程中还要加入如沙土状的胡杨碱（图 8-2）。

（5）捣料。将煮好的树皮捞出，将其放在扁平的石板上用一种木质榔头反复捶打（图 8-3），直至将桑树皮捶打成泥饼为止（一般 2 小时左右可捶打 8 公斤桑树皮）；木榔头里打入许多铁钉，主要是为了减少捶打时的磨损。

图 8-2　蒸煮锅

注：墨玉布达村，2015 年 8 月

图 8-3　捶打

注：墨玉布达村，2015 年 8 月

① 2015 年 8 月调查。

图 8-4　搅拌
注：墨玉布达村，2015 年 8 月

（6）搅拌。将捶好的料放入塑料桶中，用顶部为十字架形的木棒不断搅拌，使其均匀地溶入水中，做成纸浆（图 8-4）。

（7）入模。在塑料板制作的大池中放入固定式纸帘（也称模具），将制作好的纸浆用勺子一勺勺倒入纸帘中，再用顶部十字架形的木棒不断搅拌，使纸浆均匀遍布在纸帘中，待纸浆均匀后，再将纸帘抬出水面，在水分不断滤出时，将纸帘上的杂质剔除干净，并用纸浆将纸面较薄处补平，随后水平移出纸槽（图 8-5）。

（8）晾晒。把已有湿浆的纸帘拿到空地边，朝有太阳方向斜放晾晒，使阳光可以充分照射到纸帘上。视天气情况，晾晒一个小时以上，纸浆在纸帘上就晒干成纸。夏天一天晾晒的成品较多，一年造纸的高峰期集中于阳光充足的夏天，造纸量的多少与天气的阴晴有很大的关系。现在冬天一般不造纸，主要是气温低，不易干燥（图 8-6）。

图 8-5　入模
注：墨玉布达村，2015 年 8 月

图 8-6　晒纸
注：墨玉布达村，2015 年 8 月

（9）揭纸。纸在帘上晒干发白后，就用手沿纸帘的边部，慢慢把纸揭下来，一张张揭下来以后把纸叠好，并以 50 张为一组（图 8-7）。

用于浇纸的纸帘大小不一，所见的传统纸帘，帘面尺寸长约 45—60 厘米，宽约 40—45 厘米，深约 6 厘米。现在最常用的一种纸帘长 87 厘米，宽 43 厘米，这一尺寸的纸数量最多，由此得出，该种尺寸的纸在现

阶段的应用范围比较广。一天快的话可
以做 100 张，一家人一年做 5000 张左
右，主要作书画纸。如果有需求，一年
最多可以做 20 000 张，但需要附近的乡
亲来帮忙。

图 8-7　揭纸

注：墨玉布达村，2015 年 8 月

　　笔者所见的和田桑皮纸制造，就纸张
的质地而言，与传统纸相比变化不大，但
其工艺与文献记载及以往的工艺相比较，已
经发生了一些变化。主要体现在一些工序和
设备上。图 8-8 至图 8-11 为传统桑皮纸制造
的情景。

图 8-8　搓桑皮

注：新疆和阗（今和田），选自
《天山画报》，1949 年第 7 期

图 8-9　煮桑皮

注：新疆和阗（今和田），选自
《天山画报》，1949 年第 7 期

图 8-10　捣纸浆

注：新疆和阗（今和田），选自
《天山画报》，1949 年第 7 期

图 8-11　造纸

注：新疆和阗（今和田），选自
《天山画报》，1949 年第 7 期

例如文献记载，在桑皮蒸煮好以后，还有发酵工序，这一工序现在已经不单独进行，但煮好放置时还是有一定程度的发酵。

传统工具主要有：木锤，砸桑皮用；木盆，盛纸浆用；木碗，捞纸时分纸浆用；模型（维语称架子）是长一尺六寸、宽一尺四寸的一长方形木架，一面蒙以土纱布，用来筛纸；锅，铁质，煮桑皮用。[1]

用于浇纸的纸帘帘面，传统上使用手工织造的棉布，现在虽仍有使用，但更多的则是使用塑料窗纱。传统上浇纸是在一个长约100厘米、宽60厘米、深约70厘米的水坑中进行，人蹲在坑边。现在已经改为地面上长约2米多、宽1.3米的大型塑料水槽。与之相应，原来纸浆搅拌是在一个水坑边半埋在地下的木桶中进行，便于蹲在水坑边浇纸时舀取纸浆，现在则是在地面上的塑料桶中搅拌。

传统的和田桑皮纸制造，体现了维吾尔族造纸的特点，与北方其他地区的造纸工艺有着明显的区别，甚至可以说是分属不同的体系。

首先，就蒸煮方法而言，主要是采用放在铁锅中煮的方法，并且加入胡杨碱，而不是采用北方常见的石灰腌浸后隔水蒸的方法。

图8-12　传统浇纸入模

注：墨玉布达村，2007年9月（汪自强提供）

和田桑皮纸制造最有特色的是纸张成形技术。是在一个小水坑中使用固定式纸帘浇纸。地坑式纸槽是北方造纸的特征之一，但一般的北方纸槽由纸槽和站坑两个坑组成，便于纸工在坑边直立抄纸。同时还设有抄案和暖手火炉，较为复杂。但和田的纸坑形制非常简单，只是一个小水坑，仅容一张纸帘大小。纸工需蹲在坑边造纸。由于使用浇纸法成形，纸帘不必插入水中，所以操作尚不算太费力（图8-12）。

和田桑皮纸的工艺，与中国西藏（藏族）、中国云南（傣族）、不丹、印度锡金邦等地的工艺有相似之处，如使用草木灰蒸煮、在坑中浇纸等。应该属于同一体系。新疆的手工造纸工艺，其来源比较复杂，从保留至今的纸质文物来看，早

---

[1] 中国科学院民族研究所新疆少数民族社会历史调查组：《和田专区农业、手工业调查报告》，1963年版，第20页。

期北疆地区受汉族影响较深，其造纸工艺也应与汉族工艺相似，但在南疆地区，受吐蕃影响较深，其纸张也带有一定的藏纸特征，使用浇纸法。[①]从和田桑皮纸的传统工艺来看，无论是工具设备，还是制造工艺，均显得较为原始。

近年来这种较为原始的工艺在各处均有所变化，特别是纸槽的形制，有从地下抬高至地面的趋势，如傣族的浇纸法，纸槽已经改为地面的浅水槽，纸工蹲坐在槽边浇纸（图 8-13），有的还改为固定纸帘的抄纸法。而在缅甸、我国西藏等地也改为地上式纸槽，人直立浇纸。和田桑皮纸的成形方式也是这一趋势的体现，一方面可以减轻劳动强度，更重要的是，使用地上纸槽，便于浇造更大尺幅的纸张，满足书画用纸大型化的需要。

图 8-13 傣族地上式浇纸槽
注：云南勐海曼召村，2008 年 8 月

和田地区的桑皮纸制造工艺，是目前硕果仅存的维吾尔族手工造纸工艺，具有较为鲜明的特色。随着社会的发展，纸张用途的变化，工艺的发展变化也是必然的趋势。但作为手工造纸技术变迁的实物例证，在手工纸的改良和发展的同时，对传统工艺、设备的保护也需要加以注意。

---

① 李晓岑：《浇纸法与抄纸法：中国大陆保存的两种不同造纸技术体系》，《自然辩证法通讯》，2011 年第 33 卷第 5 期，第 76-82 页。

第九章　北方传统造纸工艺研究

　　北方地区造纸历史悠久，但随着造纸中心的南移，该地区长期主要以生产中低档纸为主，其制作工艺常常被忽视。特别是民国以来，北方的造纸工艺退化更为严重，主要表现为大量掺杂废机制纸、玻璃丝等非传统造纸原料，使用打浆机等机械设备，以及仿造南方的宣纸等书画纸，逐步失去了北方传统造纸工艺的一些特征，削弱了北方手工造纸工艺的价值。为了弥补这一缺憾，尽可能还原传统工艺的面貌，这里主要根据历史文献，结合笔者实地调查的结果，对北方各类手工纸的传统工艺作一些探讨。

第一节　北方麻纸的传统制作工艺

　　麻纸是最能体现北方特色的纸种。受皮纸和竹纸的排挤，南方有历史渊源的麻纸制造早已绝迹，考察麻纸的传统制造工艺，必须要研究北方的麻纸制造。考虑到麻纸在造纸术发明早期所占据的重要地位，对于北方麻纸制造工艺的分析研究，对早期造纸技术的研究也具有重要意义。

　　麻纸制造与皮纸、竹纸、草纸制造有一个很大的不同是一般不使用直接从植物采取的纤维原料，而是使用废麻绳、破麻布、麻鞋等再生麻纤维。一方面，使用废旧材料可以节省造纸成本；更重要的是这些麻纤维，在制造麻制品前均已经过浸沤处理，去除了大部分的果胶、木质素、淀粉等纤维素以外的成分，使得造纸过程相对容易。这也是造纸术发明的重要条件。潘吉星先生在其《中国造纸技术史稿》中为了探讨早期的纸张制造方法，曾使用破麻布为原料进行模拟试验。通过将所成之纸与古纸对比，得出结论：早期麻纸的制作工序一般应包括草木灰水浸渍和蒸煮的工艺。[①]而缺少灰浸、蒸煮，则纸张粗厚发硬，松散易裂，难以称为真正意义上的纸。笔者也曾与日本学者合作，使用大麻纤维为原料，分别采用水浸、木灰液浸、纯碱液浸，不加以蒸煮即打浆造纸的方法，试制了一些麻纸，结果显示，不经过蒸煮，也可以造出麻纸，而碱液的浸渍，对所成的纸张质地影响较大，同时随后打浆的程度也对纸质有明显影响。由此可知，碱液的浸渍（1 天以上），即碱对纸料的化学作用，对于纸张的制造有重要意义。

关于麻纸传统工艺的早期记录不多，这主要是由于明代以前，具体介绍纸张制造的文献极少，而明清时期，麻纸已经不占重要地位，关于纸张制造的文献多以介绍皮纸和竹纸为主。

据《西安县志略》[②]记载："县属有造毛头纸厂三处，其制法用旧线、麻绳头，刀碎之，以石碾合水压糜，凡绳头一百二十勖（斤），剂石灰十勖，极火力熬之，复用碾压者，再置水池中，纸工二人搅以木棍二三千手，捞以竹帘，出即成纸，黏于石灰墙上，风曝干，冬令则黏于火墙壁。"

虽然所用篇幅不多，但介绍了麻纸制造的主要工序，即剁麻—碾麻—蒸麻—碾料—抄纸—晒纸。

民国时期的文献中，也有介绍麻纸制造的，如 1942 年《陕西省之纸业与造纸试验》中介绍凤翔县纸坊村的麻纸制造：

> 至于制造情形，每家槽户，均备切碎斧一把，附木架一具，兼筑木轴狭沟碾一盘，用牲畜拉驶，另建蒸锅、石灰池及抄煮池等。晒纸时仍贴平墙壁上，洗料乃在泉水坑及河流中，作时将原料用水浸若干时，取出后，切成寸许，然后放于碾沟中和水碾之。经过一日，取出盛于筛内，置水流中用脚榨洗，复置于池内加入石灰，堆集十日（但在冬季必须三十日）再置于蒸锅中，蒸煮一日，再经洗涤及碾碎工作，即成纸料。最后将纸料放于池中捞纸。该村中有纸户十余家，设有两槽，每槽每日可出报纸四百张，出斤纸六百至八百张。所出之纸，尚洁白匀细。[③]

潘吉星先生曾在 1965 年 8—9 月，至该村调查了白麻纸的制造，可参见

① 潘吉星：《中国造纸技术史稿》，北京：文物出版社，1979 年版，第 38-42 页。
② 段盛梓等：《西安县志略》卷十一，雷飞鹏等修，清宣统三年（1911 年）石印本。
③ 陕西省政府建设厅：《陕西省之纸业与造纸试验》，1942 年版，第 5 页。

《中国造纸技术史稿》中的相关调查报告。[①]主要的生产流程为:

浸料→切麻→头碾→洗泥→浆灰→二碾→沃料→蒸煮→洗灰→三碾→净洗→打槽→捞→压榨→晒纸→揭纸→计数→包装。

与民国时的流程大致相同。苏俊杰在 2007 年 10 月也对纸坊村进行了实地调查,采访了刘算、刘华、李之超等老人。据称,当地在 1958 年之前基本停止了麻纸的生产,潘吉星先生来纸坊村恢复麻纸生产,试验完成后,村里也没有继续生产麻纸。据刘华称,自潘吉星先生考察回京后,县政府曾经拨专款协助合作社纸厂生产书画纸(非麻纸),但也没有持续很长时间。而在村中,只能看到碾料用的碾盘等。除了潘吉星先生著作中的照片以外,在民国时期的刊物中,也可以看到该村的造纸情形(图 9-1)。[②]

(a) 碾纸　　　　　　　　(b) 晒纸

图 9-1　纸坊村的造纸

在本书第三章中,笔者已经根据实地调查、结合文献介绍了山西麻纸的制作工艺,这里不再重复。除了山西、陕西以外,河北、河南、山东、甘肃等地也有麻纸制造,其工艺也大同小异。现在所见硕果仅存的几处麻纸制造,与传统工艺相比,除了有的掺用废纸、使用电动碾碾料以外,变化不大。下面结合各地的传统麻纸制造工艺,来谈谈麻纸制造的一些特点。

与其他纸种的制造工序相比,北方麻纸制造的特点表现在以下几个方面。

(1)剁麻。又称切麻。由于麻纸的原料多来自麻绳、麻鞋、麻布、渔网等

---

① 潘吉星:《中国造纸技术史稿》,北京:文物出版社,1979 年版,第 221-228 页。
②《陕西农村状况:农村工作》,《农村复兴委员会会报》,1933 年第 5 期,第 10 页。

废麻。因此，需要对形态各异的原料加以切断、整理。各种不同形态的麻料，其切料方法也有所不同，可见相关调查材料①。一般分粗切和细切两步，以常见的绳为例，先要切为二尺以内的小段，然后再拆散绳股进行细切。切料的长短也有讲究，传统方法一般切成长度在 1 厘米以内，约 5—10 毫米，而要砍到 5 毫米以下，则相对费工而有难度。纤维砍得越短，后续的碾料、抄纸工序会容易些，而且在抄纸时不容易沉底，但砍得过短，也会影响纸张的强度。笔者所见有些地方是砍为 1—2 厘米的小段，这和笔者所见汉代麻纸中残留的麻绳、麻布、麻纤维束的长度相仿。

蒸煮处理前的剁料，是麻纸特有的工序，与北方皮纸在蒸煮、碓料以后的切皮有所不同。这主要是由于麻原料的形态各异，需要先进行整理。同时经过剁料，对于石灰的渗透和碾料都有诸多便利。不便之处是在以后的蒸煮、洗料中要防止纤维的损失。

（2）蒸麻。从近代的文献和笔者的调查来看，对于麻料的蒸煮，普遍采用石灰浆作为碱性蒸煮剂、一次蒸煮的方法。这和皮纸一次蒸煮与二次蒸煮并存、石灰和草木灰并用的情况有所不同。这主要是与麻料已经在制造麻绳、麻布等生产生活用品前经过沤制，纤维分离分散程度较好有关。那么，为什么还要进行石灰蒸煮呢？其主要功用在于：①进一步软化原料、分散纤维，便于碾料；②清除纤维素以外的杂质，提高成纸的白度。日常生活使用的麻制品一般都只是经过水浸发酵沤麻，因此呈黄棕色，如果不能去除其中的有色物质，将影响纸张的书写等性能。同时麻制品中的麻料纤维并未充分分散，常常可见纤维束。需要通过蒸煮，使纤维便于分散，造出的纸张质地更加细腻均匀。

石灰作为一种消毒杀菌的材料，早在战国时期的文献中即有记载。② 而作为一种建筑材料，早在 4000 年前的黄河上游的齐家文化遗址中，就已经有了以石灰岩燔烧的石灰，且那时的石灰似乎已广泛用于墙体的涂饰和地面的涂敷。并且发现了汉代的石灰窑，对石灰的性质也逐步了解。③因此，使用石灰作为碱性蒸煮剂也就不奇怪了。

（3）洗麻。洗料是手工造纸的必要环节（图 9-2）。麻纸的洗料，一来是为了洗去麻制品在使用过程中积存的污垢，便于后续处理。因此，在蒸煮以前就

---

① 潘吉星：《中国造纸技术史稿》，北京：文物出版社，1979 年版，第 223-224 页。
② 《周礼·秋官·司寇》载："赤友氏掌除墙屋，以蜃炭攻之，以灰洒毒之，凡隙屋，除其狸虫。"郑玄注，贾公彦疏：《周礼注疏》卷三十七，上海：上海古籍出版社，1990 年版，第 557 页。
③ 容志毅：《中国古代石灰的燔烧及应用论略》，《自然科学史研究》，2011 年第 30 卷第 1 期，第 45-54 页。

图 9-2　洗料

注：内蒙古萨拉齐，1941 年，出自
《华北交通档案》

需要洗麻。而石灰蒸煮以后，洗料则是为了洗去残余的石灰。在麻纸的制造过程中，洗料常常与碾料相结合，这是一个特色。如初碾以后，即进行洗料以便洗去污物。石灰蒸完以后，有些地方是将洗料与碾料同时进行，边碾边往碾槽中加入清水，以洗去石灰等；有些地方则是在石灰蒸好以后洗一次，碾好以后再洗一次。洗料的方法一种是放在竹筐里加水清洗，或是放在布兜中清洗，也有放在洗料池"罗柜"里清洗的。

（4）碾料。麻纸的碾料，一般使用设于地上的大型碌碡，有较深的碾槽，根据笔者的测量，直径一般在 6 米左右，碾料的石砣直径约 1 米，相应地，碾槽的深度为 35—45 厘米。由牛马等牲畜拉动碾砣。这种地碾在贵州的竹纸制造中也可以看到。不过是由水力驱动，形制略小。[①]在麻纸制造中，使用这种带有深槽的地碾，除了是利用当地的农具以外，主要是和麻料的形态有关。麻料在处理之初，就需要将其切断成 1 厘米左右的小段，无论是前期为了使麻纤维分散、石灰浆渗透的初碾、二碾，还是石灰蒸煮后的三碾，都要防止碾料过程中麻料的飞散，这种深槽的构造，既可以起到这个作用，也便于加水。在碾料分散纤维的同时，清洗去污。有的地方，如山西襄汾、沁源等地，蒸料前，还将石灰和麻料加水在碾上一起碾，使二者拌和更加均匀。贵州地区使用的碌碡，也是作为分散较老竹料的打浆工具，可以加水碾料，经初碾、细碾以后就可以下槽抄纸了。北方制造皮纸时，虽然也使用石碾，但一般是农家常用来破碎谷物或去皮用的小型石辊碾，在一个直径约 1.5 米的较小的圆台上进行，主要作用是蒸煮后初步碾压分散纤维、便于去除表层黑皮。打浆工序则另外由碓来完成。

从世界范围来看，麻纸制造的分布区域还是非常广的。首先，在造纸术西传的公元八世纪中叶，我国主要的造纸原料为麻和桑、楮等韧皮纤维。麻纸仍占有重要地位，无论是日本、韩国的早期手工纸，还是中亚等地区的手工纸，

[①]　如贵阳市乌当区香纸沟、铜仁市碧江区寨桂村等地的竹纸制造中，均使用水轮驱动的地碾。

均以麻纸为主，日韩等地区后来逐步使用楮皮、雁皮、三桠等韧皮纤维。而西亚、南亚、以及欧洲等大部分地区在使用木浆造纸之前，仍主要使用亚麻、大麻、黄麻等麻纤维。对这些地区的麻纸制造技术的考察也有助于对我国麻纸制造工艺特点的理解。

西亚、南亚和欧洲国家麻纸的原料，和我国情形基本相同，主要是使用破布、旧绳索、废麻袋等麻制品的再生纤维，很少采用直接取自植物的纤维。由于在上述地区使用棉制品也比较广泛，因此，棉纤维也被用作纸张原料。

以达德·亨特（Dard Hunter）记载的印度地区（以下简称印度）的麻纸制造工艺为例。[①]

麻料主要有大麻、亚麻和黄麻等，大麻和黄麻原料主要来自废麻绳、麻袋、渔网等。使用宽刃的手斧将其在木砧上切碎后，在地上摊晒两天，然后使用木棒捶打，使之分散，并除去出现的污物。然后用布包好浸入流动的溪水中，直到硬结的污物软化并被洗出。初步洗净的纤维放入注水的陶制或水泥制容器中 3—4 天，用脚踩以便于后续处理，然后使用脚碓碓打，再加入草木灰与石灰继续碓打。打好以后堆放在木制平台上，这一过程在干旱季节要持续几个月，雨季只需一个月，有助于草木灰与石灰效用的发挥，因此时间可以缩短。而且在干燥的天气，需要保持料堆的潮湿，堆腌到一定程度，将原料重新放到碓下充分碓打，使之柔软并起绒。随后用布包好，再次放到溪水或池塘中充分清洗，直到洗出的水变得清澈为止。然后将纸料堆放在木制或砌好的平台上晒干，充分干燥后放到碓下进行最后一次碓打，打好以后抟成球状便于储藏。造纸时，将原料放在陶制的开口罐中赤脚踩，就像南欧酿葡萄酒时踩葡萄的方法。经过这次踩料和最后的清洗，放到纸槽中分散均匀即可抄纸。

亚麻的处理方法也与之类似，包括切碎→碓打→清洗→拌灰（草木灰和石灰）→碓打（36 小时）→日晒（1 个月）→清洗→碓打（2 天）→踩料（和水）→抄纸。

与中国现在所见的传统造麻纸法相比，印度的传统麻纸原料处理一般不使用蒸煮的方法，而是加上草木灰和石灰等碱性助剂堆腌起来，实现原料纤维的疏解。同时打浆主要使用脚碓，所费的时间长。当然也有不少相似之处，如首先由于使用废麻，需要进行整理、切碎，便于后续处理。然后洗去污物，进行初次碾料（碓料），有时还要和上石灰等碱性物质碓碾，以便渗透。经过蒸煮

---

① Hunter D，Papermaking by Hand in India，New York：Pynson Printers，1939，pp.22-23.

（或是堆腌）以后，再进行粗碾和细碾。除了打浆工具以及是否需要蒸煮有所不同以外，整个工序流程基本相同，特别是需要多次碓碾打浆，这是与皮纸制造不同的地方。

西方的麻纸制造，与印度的麻纸制造相似，对于废麻等原料，用刀切割以后，也不采用蒸煮的方法，而是加水堆腌，主要依靠发酵作用使原料软化疏解，再通过水碓碓打，打浆过程要比印度简单。

第二节　北方皮纸的传统制作工艺

皮纸在我国手工纸中占有重要地位，从高档的书画用纸，到低档的迷信纸、卫生纸，均有采用皮料制造的。无论是在北方还是南方，都有相当规模的皮纸制造。而且在邻近的日本、韩国、泰国等国家，皮纸也是主要的手工纸种。可以说皮纸是亚洲地区具有代表性的手工纸。由于韧皮纤维一般较长，纸张柔韧性好，所以皮纸的用途广泛。我国北方地区是皮纸的发源地，分布区域广。如果要探讨皮纸的传统制造工艺，比较手工造纸工艺的区域特点，北方的皮纸制造工艺具有很高的研究价值。

可用于造纸的韧皮纤维种类繁多，如楮皮、桑皮、青檀皮、三桠皮、雁皮等，北方用于制造皮纸的韧皮纤维，主要取自构皮（即楮皮）和桑皮，与南方相比，相对单一。皮纸一般使用直接从植物采取的原料，因此其制浆处理要比麻纸使用的再生纤维略微复杂。

首先是皮料的采收与前处理。在北方，一般是在冬季砍条。一方面这样对植物生长影响较小，同时皮料的质量也较高，成纸较白，如构皮中的"冬构""白构"。而春季采收的皮料则质量较低，而且会影响植物的再生力，如构皮中的"春构""黑构"。也有的将前者称为"蒸皮"，后者称为"芽皮"。[①]皮料的采取方法可以是砍条以后直接剥皮，如春天砍下的枝条比较容易剥皮，所以一般不用蒸煮。也可以将枝条蒸熟以后再剥，这主要是由于冬天砍下的枝条皮附着较紧，不易剥下，所以常常要蒸煮一下。蒸枝条的方法也有多种，一般可以捆好放在锅中直接水煮，这种方法在日本也可以看到。在北方地区还有一种比较简便易行的方法，如西安长安县（现长安区）贺家村的蒸法为：将构树砍下放

---

① 薛友三：《白草坪的净瓢纸》，见：中国人民政治协商会议鲁山县委员会文史资料研究委员会：《鲁山文史资料》（第3辑），1987年版，第101-102页。

在五寸厚的石板上，下用柴火烧热，上注以水，则水化成蒸气，将皮层冲开，名曰"冲皮"，再用手剥下。[①]河南嵩县、鲁山，以及笔者调查的济源等地的方法也类似，大致是将构树枝条砍下打成捆，在地下挖一个大坑，将成捆的枝条放在坑内，上面盖土，坑的一端筑火坑与构梢坑相连。火坑内堆鹅卵石，或是在构梢坑边筑石墙，再以火烧石，待石头烧红以后，用水浇石头，产生大量的蒸汽，窜入构梢坑内，把构树枝条蒸熟即可剥皮。此后再加石灰浆蒸煮三天，洗去石灰后晒干即成构皮穰。[②]这种方法现在已基本绝迹。

位于陕西省东南部、秦巴山区的旬阳县，清代就生产构穰，即构皮。所产构穰，除少量在本地加工造纸以外（图 9-3），主要经安康到西安运往关中如蒲城等地销售。直到民国仍很兴旺，是当地最大的一宗土产。乾隆四十七年（1782 年）的《洵阳县志》中有一篇邓传安的《榖作穰说》[③]，较为详细地记载了构穰加工的过程，其文如下：

图 9-3 旬阳县纸厂牌记
（缪延丰提供）

　　榖之利用也薄，树之者先烧薙以美土疆，春殖其苗而冬取其材，所谓仲冬斩阳木也。其抢材也，必继长增高，迟至三年之后，而季材不可用也。取成材而余老根，以为滋生之本也。然所谓穰者，非干也，皮也。而干之燥也，皮不能脱，故伐木于山，而浸之于水，加巨石其上，虑其外强而中干也。旬日而始出之，欲其沦肌而浃肤也。无所取之，取诸剥之利也。然皮虽脱，而犹有黑白粗细之杂焉。蹴之以足，欲其粗黑之去也。渍以石灰，欲其质之变更也。无所取之，取诸洁白也。而渍之不可以久也，久则色过白而质几于化，无所用也。故黑浊之色竭，而青白次之，则适可而止矣。然必蒸之而后柔也。其蒸之也，不于室而于野。盖甑崇于人，编以竹、抟以泥、布以

① 潘吉星：《中国造纸技术史稿》，北京：文物出版社，1979 年版，第 240 页。
② 潘振洲：《白河造纸》，见：中国人民政治协商会议嵩县委员会文史资料委员会：《嵩县文史资料》（第三、四辑），1989 年版，第 157-158 页。
③ 邓梦琴：《洵阳县志》卷十一，乾隆四十八年（1783 年）修，清同治九年（1870 年）增刻本。

灰，与实二黼厚半寸唇寸者异也。是故火之以眠其炎也，水之以眠其济也，竹箪隔之，以眠其气之上也。蒸之浮，浮而无所谓，释之溲，溲也，夫质之生，渍于灰而未休于气，是故脆，脆故欲其柔也，气也者，柔之征也，夫质之熟，隔于水而休于气，是故柔，柔故欲其埶也，软也者，埶之征也，既蒸矣，沃之以水，清其灰而盠之、而挥之、而沃之、而复蒸之，质愈柔而色愈白矣。于是昼暴诸日，待干而收之。其穰既成，然后以木为架，旁植以虡，置穰其上，小简大结，理而束之，善者在外，败者在内，既包乎外，不见其内，非是虽善，亦弗可与为良矣，引而伸之，欲其直也，转而折之，欲其齐也，束之劚之，欲其坚也，束之而坚，则无患也。束之而易，则及其引重致远也，恐自其易者先脱。若苟自其易者先脱，则是以巨为细也。置而摇之而不迤，则内外一也。积之如崇墉，以待质剂，凡此者皆以为纸材也。然一事焉而工聚焉者，纸为多。而穰之作纸有三等之数，白如玉细如绵，所谓茧纸凝霜也，谓之一等；白而微黑，细而微粗，施之陈元犹不愧后素之质，谓之二等；黑而粗，比之敝布鱼网所煮者，殆有不及而无过焉，谓之三等。纸谓之三等之数。

由此可见，其主要过程为在冬季砍下树干，在池中水浸十日左右，然后剥皮，再用脚踩去除外层黑皮和粗皮，然后以石灰水浸渍。再蒸两次。第一次蒸煮以后要洗去石灰再蒸，使构穰更加柔软洁白。蒸后还要在太阳下晒干。可见，有些地方传统的皮料前处理不仅止于剥皮，还包括加石灰浆的蒸煮、晒干，这样，造纸户在造纸时只需加碱水再蒸煮一次即可。在贵州的印江等地，也有类似的做法，即一次和石灰水蒸料以后，经过踏踩、清洗后晒干保存，需要造纸时，取出部分再加草木灰蒸煮。

传统上皮料的加工也有以水浸发酵、脚踩去渣，可不用蒸煮，桑皮也同样如此，如晋南的阳城地区，清代的曹升秀有诗《渗皮行》描述冬季水浸、脚踩桑皮的方法及其艰辛 [1]：

渗皮行

孔寨居民多以造纸为业，春收桑皮，冬日付之清流，以足踩踏去其渣滓，然后蒸而用之，名曰渗皮，作渗皮行。

一溪寒水腻如油，满滩乱石咽寒流。土人渗皮习旧业，以石围水水力柔。

---

① 赖昌期：《阳城县志》卷十七，清同治十三年（1874年）刊本。

初阳闪闪照溪口，肩扛力运挟以肘。持来一例付清流，镇以大石皮不走。一日二日皮尚坚，三日五日皮如绵。方之捞土事更苦，喻以病涉犹堪怜。多人运石石不起，皮石沈在浪花底。手执皮团等儿戏，半付清流半篮里。复踏层冰更挽皮，皮中带水水带泥。剔污刷垢皮始净，皮未净时力已疲。冬暄负背背不热，野火炙手手欲裂。短衣原不耐风寒，枵腹岂能敌冰雪。吁嗟乎！渗皮之苦苦莫逃，皮利难渗皮力劳。风寒岂不畏龟手，营营原止为钱刀。冬月渗皮春抄纸，贫无常业聊复尔。富能积钱置恒产，贫难托命饥欲死。吁嗟乎！渗皮之苦实苦辛，只为口腹累其身。试看踏雪履冰客，半是拖腰折臂人。

　　用于造纸植物的韧皮纤维素含量一般较高，纤维易于疏解，所以制造普通皮纸的工艺也并不是太复杂。如云南的傣族在制造皮纸时，只是将剥下的皮料浸软以后，加上灶灰（即草木灰）煮上几小时，洗净后即可用木槌打浆造纸。北方皮纸的制造工艺，一般分成两类，一类是比较粗糙的皮纸，主要是使用石灰浸渍、一次蒸煮的方法；另一类是使用石灰、草木灰二次蒸煮的方法，相对比较精细。前者如笔者考察时所见的曲阜纸坊村的桑皮纸、迁安毛头纸的制造，是制造日常生活用纸，如一般的书写、裱糊、包装用纸的方法。后者如笔者在高平永录村所见到的桑皮纸制法，是制造书画、高档书写用纸的方法。而西安北张村的构皮纸制法则比较特别，在石灰水加草木灰蒸煮之前，还要用清水蒸煮一次，中间还要借助一些发酵作用。蒸煮方法和次数的多寡，在一定程度上决定了纤维分散的难易程度和所成纸张的白度和柔软程度，对于纸质有明显影响。当然，仅凭此来判断纸张的精粗，也不免带有片面性。因为纤维的分散，还与打浆的程度有关。一定时间的发酵，与蒸煮的作用类似。而纸张白度的提高，除了使用多次蒸煮的方法，还可以将原料日晒雨淋以天然漂白。使用何种蒸煮剂，对于纸质也有影响。但从造纸工效考虑，蒸煮次数无疑可以作为一个工艺精粗程度判断的相对依据。

　　在《中国实业志·山东省》中介绍了山东桑皮纸的一般制法：

　　　　桑皮纸之制造，先将桑皮浸渍水中，使十分浸透，同时以水及石灰，置入一方池中，使完全化合，成为石灰水后，始将浸透之桑皮，移置于该石灰水池中，每日搅拌一次，使其尽量发酵，二三日后，即将桑皮取出，置于锅内，用火蒸之，蒸熟后用石墩砸去表皮，即成瓤子。再将瓤子取出，置于有日光通空气之地箔上，用水洒之，使之漂白，待水干时，继续洒之，约五六日晒干后，即将干瓤存储，以备造纸之用。若行缲纸工程，即将该干穰用水浸透，用木制之砸穰器具，砸平成长条饼状，然后用刀切成碎片，入石槽内盛以适量之水，以手碎之成粥状，移入缫纸池中，由缫纸者，手扶缫纸竹帘，捞出原料，水从帘眼漏去，帘上即为湿纸一张，是后将帘倾倒，湿纸置于缫纸案上，反复工作，将第二张湿纸叠上，渐叠渐高，变成湿纸一堆，至停止工作时，取石一方，压于缫案上之湿纸堆上，以压出其所含水分，继经晒纸工人，将纸堆之纸，逐张揭开，贴于日光下之石灰墙上，待纸干后揭下，加以整理，合一百九十张为一刀，合六十刀为一捆，包扎完整，即可上市销售。[①]

上述的制法，仍是石灰一次蒸煮的方法，与我们所见到的曲阜的桑皮纸制法大致相同，只是在石灰水蒸煮后，使用多次浇水日晒的方法，来提高纤维的白度，这与宣纸、连史纸的原料使用日光漂白的方法有相似之处，但时间较短，应该也是制造书写用纸的方法。

以上是桑皮纸的制造方法，构皮纸的制法以陕南白皮纸的制法比较典型[②]：

（1）窖条。制造皮纸所用之构树皮，分为两种：春二三月所砍之构树，名曰芽条，秋九十月所砍者，曰窖条，窖条所制之纸，较用芽条所制者色白，因窖条表面之一层褐色表皮，经冲洗浆灰等各手续后甚易除去之。秦岭高原所生之构树，为二公尺（1 公尺=1 米）左右之灌木，每年生长一次，于九十月间将其树干整个砍下，根部露于地面约二寸许，第二年新枝即自此长出。

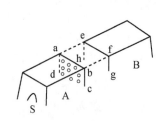

图 9-4　《陕南纸业》原文图 1

（2）冲条。冲条所用之窖，如图 9-4 所示：A 为窖之主要部分，用石块砌成，上覆以细砂。abcd 为窖之后壁，留有空隙，两侧及前壁均用泥封闭，再将窖条堆于离后壁约二公尺之 B 处，高度与窖同，除 efgh 前壁为开口外，其他三面亦均用泥土封闭。从 S 口生火，将石烧至透红，约一昼夜，泼水于烧红之石上，即将窖之上端封闭，S 口堵塞，A B 间之空隙在生火前已用树木架好，两侧及上端均用泥土封闭，故所发生之蒸气，经 abcd 空隙，而入 B 部，喷于构条之上，使皮与干脱离，冲三日后，将 B 部毁去，乃取出窖条。

① 实业部国际贸易局：《中国实业志·山东省》，实业部国际贸易局，1934 年版，第 547-548（辛）页。
② 刘拓、刘荣藻、刘盛钦：《陕南纸业》，《科学》，1940 年第 12 期，第 863-871 页。又见于：刘咸：《造纸》，上海：中国科学社，1941 年版，第 27-45 页。

（3）泡条。冲过之窖条，置于流水中，以巨石压之，泡半月至数月不等。

（4）去皮。窖条经过冲泡后，用手将其皮撕下，以便应用。

（5）晒皮。撕下之皮，铺于地上，经日光晒干，需时约六七日。

（6）泡皮。此步手续，与泡条大致相同，泡成丝状即得。

（7）浆灰。泡过之皮，置于池中，以石灰①浆浸之，池大小不一，普通多为三公尺上，二公尺宽，二公尺深，所用石灰之量，约皮一百斤，石灰百五十斤，浆灰所需时间，为十五日左右。

（8）发酵。浆毕之皮，堆于池旁七八日，使其尽量发酵。

（9）蒸料。蒸料所用之灶，形如图 9-5 所示：B 为灶之主体，圆柱形，高五六公尺，直径五公尺左右，用青石砌成，D 为铁锅，C 为火口，A 为甑，用竹条编成，涂以泥土石灰，甑之四周以石子及泥土围住，蒸时锅中盛水，将构皮叠于甑内，最上层以泥土封闭，从 C 口烧火，蒸两昼夜始止，E 口直通锅内，以备添水之用。

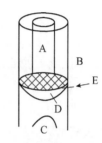

图 9-5　《陕南纸业》原文图 2

（10）冷却。置空气中自然冷却之。

（11）洗料。于流水中洗之，以除去石灰，至洗液为清水而止。

（12）发酵。堆于空场上六七日即可。

（13）踩料。发酵后之料，置于斜放地面之木板上，用脚来回踩踩，使构皮表面之褐色表皮，与内皮分离，然后将皮提于手中，轻轻振动之，使残渣脱落。

（14）晒皮。铺于河滩晒干之。

（15）洗料。盛于竹筐内，用流水冲洗，以除去泥土及残渣。

（16）摘渣。黏于皮面，尚未除去之残渣，用手摘去之。

（17）泡料。复于河中泡之，约一日即得。

（18）打解。用脚碓打解之，使纤维松解。

（19）切料。皮料经打解后，叠于木凳上，约七寸高，用绳捆紧，以刀切之，使其长度约二三分。

（20）杵料。于纸槽旁之地上，掘一长宽各约一公尺，深约一公尺五之坑，四周及底部砌以石板，将切好之料置于其中，加水少许，用丁字形木棒杵之，

---

① 原注：石灰为本地河中之青石烧成，石灰品质良否，视青石而定，青石分为三种即白广子、沙广子、蓝广子，其中以白广子所烧成之石灰最佳。

使成烂泥状。

（21）下料。杵好之料，下于抄纸槽，每千张约需熟料十八斤。抄纸槽长两公尺，宽一公尺三，深约一公尺，四周及底部均用青石砌成，底部用石灰等作成曲形，如图9-6所示：

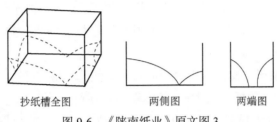

抄纸槽全图　　　　　两侧图　　　　　两端图

图9-6　《陕南纸业》原文图3

（22）抄纸。抄纸帘为用油煎煮过之竹篾制成，帘下附以木架，抄纸时先将帘之上端入浆中小半，再将其下端入浆中一大半，然后又将上端入浆小半，抄纸手续，即告完成，于是自帘上揭开抄成之纸，置于木板上，叠至千张时，乃压榨以去其水分。

（23）晒纸。纸叠压后，逐张揭开，贴于墙上，借日光晒干之。

这里，对具有北方特色的冲条工艺介绍比较详细，与前面介绍的河南一些地方的工艺类似。剥下的皮料使用的是北方常见的石灰水浸一次蒸煮法，石灰水腌浸的时间长达15天，并且石灰的用量较大。在石灰蒸煮前后，各有一次发酵过程，第一次应该是为了充分发挥石灰的碱性作用，第二次则是在蒸煮、清洗后，为了充分去除残留石灰的灰性，使原料软化，易于打浆。在脚碓打浆之前，使用脚踩的方法以去除褐色表皮，这一工序，在甘肃康县李家山社的构皮纸制造工艺中也存在（第七章），与北方曲阜、迁安等地桑皮纸制造中使用辊碾、碌碡碾料的作用相似。值得注意的是，其杵料，即纸浆拌和过程也是在纸槽边的一个地坑中完成，结合纸槽结构、油煎竹丝制作纸帘和日光晒纸的工艺，均反映了地处秦岭南麓的陕南镇安等地制造皮纸的方法，为较典型的北方皮纸制造法。

皮纸的制造工艺，南北方的差异并不是很大，在石灰腌料蒸煮、碓料、切皮、布袋洗料等方面均比较相似，特别是布袋洗料工艺，是南北方皮纸、草纸洗料均采用的方法。只是北方在皮料黑皮的去除方面相对粗糙些，多使用碌碡或是石碾碾压、脚踩的方法使表层黑皮与内皮分离，再清洗去除。而南方有的地方在剥皮以后即将黑皮去除，成为白皮晒干储藏待用。另外北方皮纸抄造时很少使用纸药，目前所见，仅有河南济源、河北涉县 ①、山西高平采用一种叫"茪"的树叶。因此在碓料以后，常使用特制的切皮刀将皮料切成 2 厘米左右的小条，再放到袋中清洗。这主要是防止纤维过长，在纸浆中相互缠绕成团，影响纸张的均匀度。南方由于多使用纸药，不少地区碓料以后并不用切皮。少数有切皮工艺的，其使用的切皮刀形制与北方的相同。

如果将中国的皮纸制造工艺与亚洲其他地区的皮纸工艺相比较，则可以看到有明显的差异。在蒸煮剂方面，我国除了傣族等一些少数民族使用草木灰直接蒸煮以外，一般均首先使用石灰水腌浸、蒸煮的方法。石灰作为一种重要的建筑材料在我国使用广泛，其溶于水生成的氢氧化钙是一种强碱，适合作为造纸原料的蒸煮剂。但是氢氧化钙在水中的溶解度有限，影响了效果的发挥，同时氢氧化钙吸收了空气中的二氧化碳会生产不溶于水的碳酸钙，使原料纤维发硬，需要充分清洗，这也是有时需要再用草木灰蒸煮或发酵的原因之一。而在日本、韩国等国家，传统上大多使用草木灰作为蒸煮剂一次蒸煮，较少使用石灰。但其纸张相对来说颜色呈淡米色，纯白的较少。

将北方的皮纸与麻纸的制造工艺相比较，更可以看出原料的不同对造纸工艺的影响。麻和其他皮料由于纤维较长，为了防止抄纸时纤维自相缠绕成团、影响纸张的均匀度，一般均需要将原料切短，即切料。但切料在整个工序中的前后位置不同。剉麻一般是原料处理的第一步。而切皮则是在蒸煮、碓料以后，处于原料处理的最后阶段。日本平安时代有造纸工艺记录的文献《延喜式》（927 年）《图书寮式·造纸条》中记录各种纸的日工作量时，麻纸工序包括择、截、舂、成纸，榖皮（即楮皮）工序包括煮、择、截、舂、成纸；斐皮工序包括煮、择、截、舂、成纸；苦参包括择、截、舂、成纸。②值得注意的是，麻纸没有提到蒸煮工序，而截的步骤相应靠前。皮纸原料有蒸煮工序，切料在此之后。其原因依笔者的推测，主要还是由于原料的形态不同。麻料一般是破布、麻绳等废麻，形态各异，如果不先整理切碎，不利于石灰的渗透和蒸煮效果的发挥，也不利于碾料。当然切碎对于后续的处理也会有一些不方便的地方。而皮料形态单一呈条状，利于打捆蒸煮、清洗和打浆。因此一般在最后袋洗之前才将其切碎。另外，麻料的蒸煮，几乎都是采用石灰水一次蒸煮的方法，按

---

① 太行五专署办公室：《涉县合漳村的纸业调查》，见：晋冀鲁豫边区财政经济史编辑组，山西、河北、山东、河南省档案馆：《抗日战争时期晋冀鲁豫边区财政经济史资料选编》（第 2 辑），北京：中国财政经济出版社，1990 年版，第 254-258 页。

② 関義城：和漢紙文献類聚：古代·中世编，京都：思文阁，1976 年版，第 12-13 页。

《延喜式》的记载以及笔者的模拟试验，即使不蒸煮也是可以造出麻纸的。西方使用破麻布造纸，一般就是使用加水堆腌发酵的方法，而前面所介绍的印度造麻纸则是加碱堆腌、日晒漂白。由此是否可以大胆推测，在早期的麻纸制造中，可能主要采用生料法制造，一般纸张比较粗糙疏松，因此成纸以后，对表面进行打磨砑光处理比较普遍。如果需要得到较为洁白、细腻、均匀的纸张，可以依次采用水浸、灰浸放置发酵、日晒漂白的方法，这和后期竹纸制造中生料法的情形类似。与麻纸制造使用的废麻相比，皮纸由于直接使用植物原料，果胶、淀粉等含量较多，因此一般要经过蒸煮处理，有的还需要二次蒸煮。有日本学者还根据《延喜式》中各种原料加工的工效，计算出造纸各个工序所费的时间[1]，结果表明破布、麻料的舂捣时间要远远大于楮皮，并认为这是麻料逐步被皮料取代的原因之一。这一结果与印度传统麻纸制造的情形一致，可能和未经蒸煮有关。同时从现在所见的麻纸制作工艺来看，即使经过一次蒸煮，麻料的打浆过程仍比皮料费时，有的还要经三次碾料。这应该与原料性质、蒸煮程度、打浆方式均有关系。

第三节　北方草纸、竹纸、再生纸的传统制作工艺

一、草纸

草纸的概念比较模糊，一般是形容其粗糙，主要供迷信、包装、拭秽之用，并非一定由通常意义上的草类植物制成。例如在南方的贵州地区，也把作为生活用纸的竹纸称为草纸。而在江浙地区，以前则将卫生纸称为草纸，多由竹、稻草制成。在北方地区，草纸的主要原料为麦草、稻草、蒲草，西北地区还常使用芨芨草、马连草（又称马兰草）等。草纸的用途主要是作包装纸、卫生纸，还在建筑时掺入石灰中，以增强石灰的黏合力。

草纸的制作遍及北方各省，其制作工艺一般比较简单，如山西太原附近的兰村、纸房、赤桥的草纸，原料一般是稻草与麦草，据称其中稻草适合造纸，因为其纤维较长，易于抄碾，但质粗而不美；麦草则与之相反。所以制草纸时常将二者以 4∶1 之比掺和使用，具体制法为[2]：

---

① 湯山賢一：古代料紙論ノート—「延喜式」にみる製紙工程をめぐって、正倉院紀要、2010（32），72-84.
② 应魁：《兰村纸房赤桥三村之草纸调查》，《新农村》，1933 年第 3-4 期，第 209-222 页。

（1）蒸：将原料先置石灰水的池里，再三搅拌，务使湿遍。捞出稍干之，蒸于锅炉。其锅炉十分简单，即于就地掘炉置锅。蒸时将原料放于锅上及附近地上，蒸至稻秸变为金黄色则已。通常须时二十余天。蒸成后再清水内洗去石灰质，联成小团，是为第一次。[①]

（2）碾：该碾粗于碾米之碾，而其形式相同。碾时将小团稍湿置之碾上，徐徐加水，碾成糊状。但不过分的碾，以防纤维质之破坏。

（3）打洗：这步工作，俗语叫作"打跎"，就是二次洗原料上的石灰。把碾成的糊状，装入纱布袋内，在清流中打洗，务将石灰质洗净为止。

（4）抄：将洗净之原料，置于家中水池之内，搅匀后，用细密的帘子，其形如三张草纸横置之状，两手握着，入池前后一再摇摆。然两手务须保持平均，否则所出的草纸，不是不正，就是厚薄不匀。提出后，将帘反置于身边之台上，徐徐取帘，纸便放在台上。如是再抄再垒，垒成厚层，然后以木板压去水分，则草纸便成。这是全部最要的工作，所谓池上的大师父，就全凭抄时竹帘入池能否保持平均。

（5）洒（应为晒——笔者注）：把抄好的草纸，一张一张地揭在墙上。这揭纸的墙，有的就利用房屋的墙，有的就特意于小邱之阳作专揭纸的墙。这种墙，多半为中空，以备冬季揭纸时生火。晒干后即行整刀，以便出售。

1934 年前后，河北新城造草纸的方法为 [②]：将麦秸和石灰置釜中蒸之，六日夜止火，三日后，入碾轧碎，水滤去灰，和蒲花入池搅匀，以竹帘抄起，去帘压之，两次晾于日下，自和灰至晾干十余日而成纸。这里值得注意的是，在麦秸中需要加入蒲花。

关于草纸制造的图像资料较少，在 1940 年的《北支》摄影杂志中，有京包线新保安堡（今属张家口怀来）的草纸制造图片及介绍（图 9-7）[③]，其工序

---

① 据王晋风《晋阳古城手工业撷珍》（杜锦华：《晋阳文史资料》（第六辑）太原：政协太原市晋源区文史资料委员会，2002 年版）记载，新建村（即原纸房村）蒸料的具体工艺如下。将原料（稻草、麦秸）堆放一定数量（约不足 10 吨），放在固定的清水和河水池旁，然后将白石灰适量放入水池中，使水把白灰蒸发。待沸腾后，将草料投放池中浸泡，再用人工踩、踏或用木制工具挤压，使灰水与草料全部均匀搅拌，然后用铁耙从水池中将草料打捞出池，整整齐齐地垛在留有注水口、火道的大铁锅上。草垛为圆形，直径为 6—8 米，高度为 4 米左右。每天通过注水口灌注清水，直至将铁锅灌满水为止。草料蒸发时间均为 15—20 天，每天用煤炭添火，锅内加水，并且用一块 20—25 公斤的方块石搬起来砸下去，这样反复砸，直至蒸汽从草垛上面冒出，再将顶部熟草用铁耙慢慢翻下，放置在草垛的周围，以熟草养生草为目的。就这样反复工作，直至草垛全部蒸熟为止。
② 王树枏等：《新城县志》卷二十三，张雨苍等修，1935 年版；见黄成助：《新城县志 1—2》，台湾：成文出版社，1968 年版，第 958 页。
③《草紙をつくる》，《北支》，1940 年第 12 期，第 19-20 页。

为：①将小麦秆用石灰水浸过以后堆叠起来，底下烧火蒸煮；②用水洗过后，与分散后的蒲穗相混合，用马拉的臼碾碎；③将碾好的料放入水中，用长二尺五寸、宽约一尺的帘子捞起，形成湿的草纸；④贴到专用的墙上，排列起来日光晒干。

　　(a) 腌料　　　　　　　(b) 剥蒲绒

　　(c) 抄纸　　　　　　(d) 晒纸　　　　　　(e) 整理

图 9-7　草纸的制造（原照片出自《华北交通档案》，1940 年 9 月）

陕西南部的商县，在民国时期制稻秆厚黄纸的方法为：制造时先将成束稻秆，用石灰汁浸湿，取出后置于圆形蒸锅中蒸之，锅之直径约长一丈，用石筑成，中间架以木棍，每棍间隔约五六寸，棍上置稻，下燃草末，温度约为摄氏六十度，蒸煮约一日夜，即取出堆放十余日，使其充分发酵，然后放于河流中洗涤之，再用大石碌碾碎，继复装于麻袋内，置河流中用棍捣洗之，最后将此料置于木制之抄纸池中，用较粗竹帘捞纸出后，贴于墙上晒干，所得纸样与大张报纸相等。

在南方地区，也有草纸的制造，但与上述北方草纸的制法有所不同。比较典型的如浙江富阳、桐庐一带使用稻草制造坑边纸的技术。[①]其法为：

将干燥之稻草置于露天之下，用水泼湿，逐渐堆叠，上面覆以干燥之稻

---

① 胡余暄：《浙江桐庐县草纸业概况》，《中国建设》，1936 年第 14 卷第 3 期，第 45-54 页；荣蚁：《草纸之制造及改良法》，《中国纸业》，1941 年第 3 期，第 13-18 页。

草，使其发热，待一周或十日之后，移至直径约十尺深约八寸石块砌成之踏料塘内，用牛践踏，使其软熟，也可以用水碓舂打。主要是为了便于吸收石灰水。

然后用石灰和水调浆，其用量根据气温和腌料时间长短而定，约在原料重量的 30%—40%，也有多至 50%的。将草浆透，复叠积成堆，以稻草盖之，主要是防止干燥或雨水冲去石灰。待草料发热而熟烂，夏季须三四星期，冬季则要五六星期，也要防止过熟而成泥状。也可以两星期以后翻堆，使内外发酵均匀。料腌熟后，再移至踏料塘中，用牛踏成细末，或用踏碓、水碓舂成细末如泥状。

将草料装入布袋之内，在溪水之中，用圆木耙放入袋内搅拌、冲洗草料，除去灰质，至水清为度。袋为土布所制，袋孔过细，则草中的泥状物（淀粉质）和细纤维不能漂净，湿纸难以分离且较黄。袋孔过大则纤维损失大。洗好以后将料挑回，投入槽中，即可抄纸。

槽有木槽石槽之分，木槽深度约二尺。木槽之下有一四脚架，石槽以石板五面砌成。原料入槽，加水适量，搅拌均匀，即可用帘抄纸。所用之帘，其上横行并列成四格，即一次可抄草纸四张。抄时先抄一次，出水后帘放置于水面，手指往下轻压，将纸层略浮起，使其下部纸面光滑，然后持起再抄水一层，速向近身处流去，使上部纸面也得平滑而易于揭开。抄成之纸，逐张堆叠于置有竹帘之木架上，待至相当数量时，即移至榨床榨去其水分，即成纸坯。

将纸坯交由女工钳开纸角，五张叠成一户，移铺于草地上，借日光晒干，收回堆积榨紧，用砂石或镶有铁片的纸刨磨去其边缘，九十或八十余张为一刀，十二刀为一捆，捆缚成件，加盖牌号，便可出售了。

根据笔者的调查，传统草纸的制造在北方已经消失，而其市场，已经基本被机制纸、掺加了大量废纸的皮纸、麻纸所取代。例如前面所介绍的山东郯城，原先使用麦秆，但现在则改用制浆更为简单的废纸和废棉。

与南方的草纸制作技术相比，北方的草纸制造有以下特点。

（1）原料多样，主要是稻草与麦草，或稻草与麦草混用。也有使用莜麦秸、马兰草、芨芨草的。南方则是主要使用稻草，少量有麦草，近代也有用龙须草，但总体而言品种不算太多。这固然与南方稻作农业较为发达有关，同时，南方竹资源较为丰富，在包装、卫生纸领域，竹纸可以满足相当一部分需要。而北方主要使用麻、皮料，来源有限，需要充分利用当地的各种草类资源，以弥补日常生活用纸原料不足的问题。而在麻、皮中掺用废纸，主要也是出于这种原因。

（2）有不少地方，如河北定县、新城、徐水、肃宁，山西浑源，山东惠民、曹县、潍坊、聊城、齐河①等地在使用麦草造纸时还要加入蒲绒。蒲绒又称蒲花，取自香蒲的果穗。香蒲（学名 *Typha latifolia* L.②），多年生草本植物，多生在沼泽地带，在西北地区大量生长。其叶子狭长，花穗上部生雄花，下部生雌花，雌花密集成棒状。成熟的果穗俗称蒲棒，有絮状绒毛。香蒲叶可供制绳和编席用，也可以供造纸。但在北方传统手工造纸中，较少使用其茎叶，而是使用蒲棒中的绒毛。据说主要是作为配料，增加纤维的黏性。蒲绒至今还是枕头、靠垫的重要填充材料。地处淮河流域的江苏宿迁、安徽蚌埠等地以前在造土纸时也加入蒲绒。③与蒲绒相似的还有芦苇缨，又称苇穗，河北唐县、山东泰安及民国时期的绥远等地在造纸时均有使用。④⑤

（3）在原料的处理过程中，多采用石灰水浸渍蒸煮的方法，而且蒸煮的时间较长，一般均在一周以上。而南方多使用石灰水浸渍后堆腌发酵的生料法，不必蒸煮。在南方的竹纸制造中，发酵也是必不可少的一个工序。这应与南方气温较高，易于发酵有关，而且对于大量生产的草纸而言，发酵处理可以省去大量的燃料消耗。

（4）纤维的疏解过程，北方一般使用石碾碾料，这是北方造纸的特色之一。而南方则是用牛踏或碓打的方法，牛踏是南方草纸制造的特点。洗料的过程，南北方均使用布袋清洗的方法。

（5）草纸的干燥方法，在北方与其他麻纸、皮纸相同，均采用墙上晒干的方法，而南方，则与低档竹纸的干燥方法类似，即放在草地或石滩上晒干。

① 王树枏等：《新城县志》，张雨苍等修，1935 年版；刘鸿书：《徐水县新志》，刘延昌修，1932 年版；张世文：《定县农村工业调查》，成都：四川民族出版社，1991 年版，第 181 页；中国人民政治协商会议山西省浑源县委员会：《浑源文史资料·晋商专辑》，2006 年版，第 125 页；山东省曹县地方志编纂委员会：《曹县志》，北京：中华书局，2000 年版，第 246 页；山东省潍坊市寒亭区史志编纂委员会：《寒亭区志》，济南：齐鲁书社，1992 年版，第 271 页；山东省聊城市地方史志编纂委员会：《聊城市志》，济南：齐鲁书社，1999 年版，第 213 页；中国人民政治协商会议河北省涿鹿县委员会文史资料征集委员会：《涿鹿文史资料》（第 3 辑），1990 版，第 5 页。

② 孙宝明、李钟凯：《中国造纸植物原料志》，北京：轻工业出版社，1959 年版，第 131 页。应指宽叶香蒲。此外常见的还有东方香蒲（*Typha orientalis* Presl）。

③ 宿城镇志办公室：《解放前我县的手工业》，见：宿迁县政协文史资料研究委员会：《宿迁文史资料》（第 6 辑），1985 年，第 22 页；蚌埠市地方志编纂委员会：《蚌埠市志》，北京：方志出版社，1995 版，第 287 页。

④ 绥远通志馆：《绥远通志稿》（第三册），呼和浩特：内蒙古人民出版社，2007 年版，第 425-426 页。

⑤ 张孝琳：《唐县志》，石家庄：河北人民出版社，1999 年版，第 250 页；苗种培：《建国前的泰安工业》，见：政协山东省泰安市泰山区文史资料委员会：《泰山区文史资料》（第 2 辑），1990 年版，第 54 页。

总体而言，北方的草纸制造，与北方其他原料纸张的制造方法差别不大，体现了北方地区手工造纸的共同特点。而南方的草纸制造则较有自身特色，这也是南方造纸技术多样性的体现。陕南商县的草纸制造，融合了南北方草纸制造方法的特点，即石灰短时间蒸料、堆腌发酵、石碾碾料、墙上晒干。

二、竹纸

北方的竹纸制造比较少见，这与北方地区竹资源不够丰富有关，见诸文献的有陕西南部秦巴山区的定远（今镇巴县）、旬阳、镇安、山阳、河南嵩县等地，山西稷山的竹纸也很有名。陕南的镇巴与四川接壤，旬阳与湖北接壤，均处于秦岭以南，严格来说，已经属于南方地区，其竹纸制造受南方邻近省份的影响较大，但也有一些自身的特点。

在清代道光二年（1822 年）严如煜的《三省边防备览·山货》中，记载了陕南定远西乡巴山生产熟料竹纸的方法，其具体做法为①：

> 纸厂则于夏至前后十日内砍取，竹初解箨尚未分枝者，过此二十日即老嫩不匀，不堪用。其竹名木竹，粗者如杯，细者如指。于此二十日内，将山场所有新竹一并砍取，名剁料。于近厂处开一池，引水灌入。池深二三尺，不拘大小。将竹尽数堆放池内，十日后方可用，其料须供一年之用。倘池小竹多，不能堆放，则于林深阴湿处堆放。有水则不坏，无水则间有坏者。从水内取出，剁作一尺四五寸长，用木棍砸至扁碎，篾条捆缚成把，每捆围圆二尺六七寸至三尺不等。另开石灰池，用石灰搅成灰浆，将笋捆置灰浆内蘸透，随蘸随剁，逐层堆砌如墙。候十余日灰浆吃透，去篾条上大木甑。其甑用木攒成。竹篾箍紧，底径九尺，口径七尺，高丈许。每甑可装竹料六七百捆，蒸四五日，昼夜不断火。甑旁开一水塘，引活水，可灌可放。竹料蒸过后，入水塘放水冲浸两三日，俟灰气泡净，竹料如麻皮，复入甑内用碱水煮三日夜，以铁钩捞起，仍入水塘，淘一两日，碱水淘净。每甑用黄豆五升白米五升磨成米浆，将竹料加米浆拌匀，又入甑内再蒸七八日，即成纸料。取出纸料先下踏槽，其槽就地开成，数人赤脚细踏后捞起下纸槽。槽亦开于地下，以二人持大竹棍搅极匀，然后用竹帘揭纸。帘之大小，就所做纸之大小为定。竹帘一扇揭纸一层，逐层

---

① 严如煜：《三省边防备览》卷九，道光十年（1830 年）来鹿堂刊本。

夹叠，叠至尺许厚，即紧压。候压至三寸许则水压净，逐张揭起，上焙墙焙干。其焙墙用竹片编成，大如墙壁，灰泥搪平，两扇对靠，中烧木柴，烤热焙纸。如细白纸每甑纸料入槽后，再以白米二升磨成汁搅入，揭纸即细紧。如做黄表纸，加姜黄末即黄色。其纸大者名二则纸，其次名圆边、毛边纸。

除了前面所说的灰蒸、碱煮等工艺以外，还须加入由黄豆和白米各 5 升磨成的浆，再蒸七八日，与江西造关山纸的方法比较相似，是一种制中高档竹纸的方法。比较有趣的是该处抄纸槽也开于地下，属北方常见的地坑式纸槽。当地的竹纸制作工艺、设备融入了南北造纸体系各自的特点，可以推测，其竹纸的制作技术主要来自南方，但也结合了当地的气候特点做了一些改进。

民国时期的文献也记载了西乡县的竹纸制造。[①]

（1）南乡杏儿埂之纸业：在洋城南，相距约七十余里之杏儿埂有专作火纸（点火用）之大纸厂两处，原料系采用附近八角营所产之竹子。火纸作法，系将普通竹子，截成三尺长短，置于水力发动之碓下压碎，分捆成束，置于池内，隔层加洒石灰，经三四个月取出，放于锅内，蒸煮七日夜，覆置于碓下碎之，洗净后即成纸料。该项纸料经过石灰作用，即成现烧煮之灰黄色。最后将料和于抄纸池内，如法抄纸，复于池中另加滑水若干，以增加其胶性，其数量以池水不粘竹帘为准。关于滑水之制法，亦有加以叙明俾供造纸参考之价值，原该地生产二种植物，土名小滑，所开之花，与棉花相似，结桃亦无若何用途，纸户即利用此种植物截去其根，洗净后，压取浆汁，即为滑水，该处每一造纸厂，均设抄纸池两个，每日产纸三万余张，张幅甚小，面积约十六平方寸，每帘每次可捞纸九张，按现价每池每日所售纸价为十二元五角左右。

（2）南区山中纸业：西乡之南山，以迄镇巴县境，产纸甚丰，故该地居民多有采用幼竹作原料制造皮纸者。其制造法于每年五月初将幼竹截下（若至小暑节以后，竹老即不能应用）放于臭水池中，经过两天，取出按节截短，再用人工碎之分捆成束，置于石灰池中，每捆竹子约用石灰一斤。经过五日取出，堆集地上，使之发酵，再过五日，放于锅中，蒸煮三日，复取出用碓压碎，再浸于碱水池中三日，每二百捆约用碱十

---

① 陕西省政府建设厅：《陕西省之纸业与造纸试验》，1942 年版，第 4 页。原文"西镇县"应为"西乡县"。

斤。复取出堆集三天，再用低温度（即小火）蒸五日，洗净后即成纸料，即可入池抄纸。

二者的方法虽然都是使用熟料法，但也略有不同。前者可能使用较老的竹子，故在长时间石灰腌浸以后，还要经过一周时间的蒸煮。并且在抄纸时使用纸药。而后者则较为讲究，使用嫩竹，并且采用石灰腌浸蒸煮，再加碱水腌浸蒸煮的二次蒸煮法，与清代严如煜的《三省边防备览》中所述竹纸的制法类似，但有所简化，所制竹纸应可作为书写用纸。

在陕南东部的旬阳县双河，也生产以竹为原料的火纸，主要供迷信、包装、花炮加工之用，是一种低档纸。

具体制造方法为 [1]：在每年秋冬季节选收熟的上等竹麻（山竹、家竹均可），先用石磙将竹麻压破，也叫溜麻；集成小捆，放入麻池加水和石灰，大约需一年时间，而且每隔两三个月还要摇麻一次，使石灰渗入麻捆，使竹麻腐蚀成为纤维，也叫浆麻；再捞出放在蒸麻灶上加温，也叫冲麻；然后把灰浆洗净并晒干，用铁对头粉碎成细料，加水糅合，也叫踩槽；根据每槽产纸的多寡，把踩好的细料放入纸槽，并加适量的洋桃汁搅拌均匀，也叫发槽；然后用竹帘捞成火纸（竹帘分六格，即一次可捞六张，也有九格的），把捞出的湿纸累摞起来，五千张纸为一樽，六樽为一案纸，由牵纸工把垒在一起的纸分牵成张；再转干纸工晒干或烘干，去掉残缺，按每百张打上红色记号，每五千张为一片；最后由拾杂工压缩成块，磨光加盖彩色招牌和"足数五千"字样方可出厂销售。这是较为典型的北方竹料火纸的制造方法。将竹料称为竹麻，可能与早期造纸多使用麻有关。在甘肃的西和县等地，虽然使用皮料造纸，仍将制成的纸称为麻纸。在这里，麻已经成为造纸原料的代称。另外，处理过程中黄褐色的竹丝，也和麻有几分相似。在陕南相邻的四川，也将竹料称为竹麻。

在北方地区，常使用石碾对造纸原料，如构皮、桑皮等进行碾压处理，用石磙压竹麻，也带有一定的北方造纸特征。由于是在秋冬季砍竹，因此竹料较老，需要长时间的灰浸，辅以加温处理。至于具体的纸槽形制等，则不可详考。从纸帘的形制等而言，和南方地区生产小张迷信纸的方法相似。

河南嵩县白河乡民国时期同样生产以竹为原料的火纸，制法为 [2]：先将竹子

[1] 孙启昌：《双河火纸工业》，见：中国人民政治协商会议陕西省旬阳县委员会文史资料研究委员会：《旬阳县文史资料》（第 1 辑），1988 年版，第 86-93 页。

[2] 潘振洲：《白河造纸》，见：中国人民政治协商会议嵩县委员会文史资料委员会：《嵩县文史资料》（第三、四辑），1989 年版，第 157-160 页。

砸裂，截成五尺长的段落，捆成碗口粗的捆，放入一米多深的大坑内，一层竹子一层石灰，比例为 1：1。大坑一次能放竹子两万斤。放好后引水入坑。沤三个月后，取出蒸半个月，就成熟料。把熟料放在水中洗去灰渣，放入水碓中砸成碎末，再放入陷坑，加一些洋桃水，即可捞纸。当地同样也有以构皮为原料的白绵纸制造。白绵纸的捞晒与火纸生产工艺相同，捞纸时同样需要加入纸药。

嵩县的火纸抄造明确是在陷坑之中，具有明显的北方特征。但在抄纸过程中，和旬阳一样，普遍使用纸药，这与一般的北方皮、麻纸制作工艺有所不同。而当地的皮纸制造也使用纸药，反映了其造纸工艺与南方的工艺具有一定的联系。

北方的竹纸制造，由于原料的关系，在制浆过程中，与南方竹纸的制造有不少相似之处，而与皮、麻纸的制造有所不同。主要体现在设置较长的石灰水腌浸发酵时间，有的长达三四个月。并且在石灰浆蒸煮以后，有的还要加碱进行二次蒸煮。但北方的竹纸制造，也体现了一些北方造纸的特点，如在地坑式纸槽中抄纸。另外，在清代民国，南方大部分地区生产迷信、包装等低档火纸时，多已采用石灰腌浸发酵为主的生料法；而北方地区，则仍普遍采用熟料法，这种情形，与草纸的制造有些相似。对于竹纸这种富于南方特色的纸种在北方地区制造工艺的考察，有助于我们了解手工造纸技术的南北交流，以及因地制宜加以本土化的过程。特别是对于陕西、河南的南部与四川、湖北接壤区域竹纸制造工艺，值得进一步考察分析。

三、再生纸

北方地区传统造纸中的一个特点是较多地利用废纸作为造纸原料。再生纸又称还魂纸、宿纸，我国制造再生纸的历史悠久。从发现的实物来看，至少在北宋时期即有再生纸的使用，在国家博物馆收藏的北宋乾德五年（967 年）写本《救诸众生苦难经》中，即发现麻料中掺有故纸碎片。[1]从技术和经济的角度，再生纸的出现年代应该更早。宋应星的《天工开物》中也有再生纸的记载："近世阔幅者，名大四连。一时书文贵重，其废纸洗去朱墨污秽，浸烂入槽再造，全省从前煮浸之力，依然成纸，耗亦不多。"[2]再生纸的制造地点，一般在城市

---

[1] 潘吉星：《中国造纸技术史稿》，北京：文物出版社，1979年版，第94页。

[2] 宋应星：《天工开物》，钟广言注释，广州：广东人民出版社，1976年版，第327页。

或其周边，原因不外乎废纸的来源比较丰富。在清光绪年间（1885 年）日本人井上陈政的《清国制纸法》中，记载了江南苏州城中造还魂纸的方法，其法为 [①]：将收集的废纸和纸屑按纸类区分，放入大锅之中，注入热水，一般是十斤纸加三十斤热水，密闭蒸数日后，用棍棒捣碎，取出纸浆，移入缸中抄纸。抄好之纸贴在木板上晒干。

在北方地区，也有再生纸的生产。例如北京的白纸坊，至民国时期，还有手工造纸。白纸坊地名历史悠久，金、元设"坊"以后，即有此名。[②]明朝张爵的《京师五城坊巷胡同集》中也有白纸坊之名，清初张远的《隩志》中称："南城诸坊，白纸坊最大……白纸坊居民今尚以造纸为业，此坊所由名也。"[③]

据文献记载 [④]，民国时期，白纸坊主要生产再生纸，其原料为废纸（烂纸），买来的废纸首先要放到大水池中水浸一两天，浸烂以后，就放在驴拉的碾子上碾两个小时，使其成为黑黄色的碎末，称为"麻"，再用大木桶盛起，到井边去洗。"洗麻"的过程由两个人担任，是放在一个直径约四尺的圆形扁荆条筐中，下面还要衬一块麻布以防纤维流失。先将井水倒入筐中，洗麻时用手臂翻动纸浆，约洗两个小时洗净大部分泥土等污物，纸浆呈浅灰色，再装入木桶中成为纸料。抄纸是在室内一个石砌成的边长四五尺、深约二尺的方池中进行，称为"限"。纸料放入池中以后再加水用木棍搅开。在料中还要加入菖蒲的碎末，其作用是使纸张"发宣"易于揭取。抄纸使用木框的竹帘，竹帘是由竹丝经油炸用细马尾编成。捞纸时工人站在"限"旁的一个坑中，用纸帘捞起纸浆以后，将上面的薄层反转放在木板上。一桶料倒在池中称为一"限"，由清晨做到晚九点，大张可出 600 张，小张七八百张乃至更多。在站坑边有一个小洞以生煤火，上置热水盆，每抄一张暖一下手。抄好的湿纸叠在一起用石块压起来压干，第二天用小车推到作坊自砌的墙边，用长刷揭起湿纸刷到墙上晒干。大张一天可刷 700 张左右。所制的纸最粗的叫"豆儿纸"，做厕用，或是包熟肉、糊盒子。此外还有糊墙打底用的"黑抄子纸"和糊窗户用的"白抄子纸"。愈白的纸，原料也要愈洁净，还要加入高丽纸或宣纸零头，增加强度（图 9-8）。

---

① 井上陈政：《清国制纸法》，东京纸博物馆藏抄本，1952 年。

② 王克昌：《北京的白纸坊》，见：中国人民政治协商会议北京市委员会文史资料研究委员会：《文史资料选编》（第 18 辑），北京：北京出版社，1983 年版，第 248-250 页。

③ 于敏中：《日下旧闻考》卷六十，见《日下旧闻考》（第 3 册），北京：北京古籍出版社，1981 年版，第 990 页。

④ 风：《北京的手工造纸业：白纸坊是他们的大本营》，《三六九画报》，1942 年第 15 卷第 8 期，第 19 页。

（a）碾料　　　　　　　　　　　（b）洗料

（c）抄纸　　　　　　　　　　　（d）晒纸

图 9-8　20 世纪 40 年代北京再生纸的制造

注：（a）（b）（d）出自《华北交通档案》；（c）出自 The Hedda Morrison Photographs of China

　　再生纸的制作工艺一般均较为简单，由于废纸的纤维，已经经过蒸煮、打浆等处理，所以再次造纸时，只需将纤维加以分散，除去污物、墨迹等即可。如前面所述苏州清代的还魂纸制造，主要是靠蒸煮和洗涤达到上述目的。北方地区的再生纸制造，则一般不加蒸煮，直接浸水以后，碾碎即可（图 9-9）。至于所成纸的质量，则与废纸的原料相关。如果为皮、麻原料，则再生纸仍能维持较好的纸质。笔者在日本山梨县市川大门考察当地画仙纸（一种仿宣纸）的制造时，见到其中的主要成分除稻草、龙须草的浆板以外，还掺用三桠皮纸，主要来源于以前废旧档案，据说这样制成的纸可以接近宣纸的晕墨效果。以皮、麻为主要原料的我国北方地区，同样有制造再生纸的传统。而在以竹为主要原料的南方地区，由于竹纤维来源丰富、竹纸的强度较低，因此再生纸的制造不是那么普遍。正如宋应星在《天工开物》中所说："江南竹贱之国，不以为然。北方即寸条片角在地，随手拾取再造，名曰还魂纸。"①近年来，在北方地区，由于废麻原料的短缺，以及桑、楮等皮料处理的劳动力成本较高，许多地方改以废纸为原料生产手工纸，如陕西佳县、山东郯城等，更多的则是在皮、麻原料中掺用废纸。

(a) 废纸的洗料　　　　　　　　　　　(b) 抄纸

图 9-9　草纸（废纸再生纸）的制造

注：开封，1941 年 4 月，出自《华北交通档案》

以废纸和皮、麻相掺和造纸，在民国时期就很常见，如陕西的南郑、城固，甘肃的兰州、平凉、永昌等地。而近年来，在北方地区这种现象更为普遍，反而使用纯皮和纯麻的较为少见了。这主要是由于劳动力成本的提高，以及北方手工纸，现在主要是作为包装、裱糊、烧纸等，对纸的要求不高。

---

① 宋应星：《天工开物》，钟广言注释，广州：广东人民出版社，1976 年版，第 327 页。

第十章　北方手工造纸工艺的特点

北方麻纸、皮纸，以及草纸、竹纸的传统制作工艺，特别是在工序上各有其特色，与南方类似纸种的制作工艺比较，可以看到一些不同之处。同时，也应该看到，经过长时间的发展，北方地区手工造纸工艺，在造纸原料、打浆工具、抄纸工艺、晒纸方法等方面形成了一些共同之处，构成了北方手工造纸工艺的特点。对于北方造纸工艺特点的探讨是后续开展价值分析、确定保护措施的基础。

第一节　造纸原料

北方地区主要的手工纸品种是构皮纸、桑皮纸和麻纸，采用构皮、桑皮、麻作为造纸原料。构皮纸生产，通常采用野生构皮为原料（图 10-1）。北方地区构树分布普遍，数量众多，可以直接砍伐剥取构皮，无须专门培育。桑皮纸生产，通常依附于养蚕植桑业，蚕桑业的发展为造纸者提供了丰富的桑皮，满足其对原料的需求。麻纸生产所采用的麻绳、麻布等原料则是废旧的生活用品（图 10-2）。由此可见，在北方手工纸生产过程中，并不对原料进行专门的种植和培养，这与南方竹纸生产存在不同。

这样的原料选择，一方面是传统工艺延续的自然结果。麻纸是最早产生的手工纸品种之一，《后汉书》记载："伦乃造意，用树肤、麻头及敝布、鱼网以为纸。"[1]其中，麻头、敝布、鱼（渔）网等均为麻料。在古代，大麻、苎麻是主要的纺织原料，因此生产麻纸并不直接使用麻，而是采用废弃的麻绳、麻

---

① 范晔：《后汉书》卷七十八，北京：中华书局，2007 年版，第 735 页。

鞋、麻布等，造麻纸其实是对麻料的再利用。这样的原料选择，在北方地区得以保留。

图 10-1　构皮
注：陕西洋县，2011 年 7 月

图 10-2　麻绳
注：河北迁安，2009 年 1 月

　　另一方面，也与北方手工纸生产作为农村副业的地位有关。在北方地区，手工纸生产大多只在农闲时候进行，是农民贴补家用的手段，并不是主要的谋生方式，因此对此项生产的投入比较有限。如若造纸生产要求对原料进行专门的培育和种植，例如南方竹纸生产往往需培育竹林，则需消耗大量的精力和资金。而作为农村副业，生产者往往投入较少，因此更倾向于采用废旧生活用品、其他行业副产品或野生植物造纸。

　　由于没有进行专门的原料培植，北方手工纸生产原料得不到保障，受外部因素影响较大。蚕桑业的发展行情直接影响桑皮的供应。在蚕桑业较为兴旺的时期，桑皮来源充足，能满足桑皮纸生产的需求。一旦蚕桑业衰落，造纸所需的桑皮便可能出现供应不足的情况。河北迁安地区曾经是养蚕植桑中心，也是北方重要的桑皮纸产地。清《树桑养蚕要略》记载："近时京东如迁安等处，遍地皆桑，迁安桑皮纸久著称。"[1]但是随着蚕桑业的衰落，迁安桑皮纸生产也面临原料匮乏的困境，开始引入纸边等作为原料。麻纸生产，也有类似的问题。随着生活方式的转变，麻制品逐渐退出人们的日常生活，造纸所需的废旧麻绳、麻布等来源减少，有的生产者不得不使用新麻代替，但新麻价格较高，导致生产成本上升，使原本营利空间有限的麻纸生产雪上加霜。

　　传统造纸原料供应不足，价格上升，导致生产成本提高，是北方手工纸面

---

[1] 佚名：《树桑养蚕要略》，清光绪莲池书局，光绪十四年（1888 年）刻本。

临的普遍难题。为求生存，生产者开始大量使用来源充足又价格低廉的废纸作为原料，还有地区开始采用玻璃丝、安全网等人造纤维进行造纸。这种造纸原料的转变，不仅降低了纸张质量，也直接导致了工艺的变质，这也是近几十年来北方手工纸工艺迅速退化、消亡的原因之一。

第二节　打浆工具

打浆处理是造纸过程中必不可少的工序，打浆的原理是用机械力将纤维细胞壁和纤维束打碎，将过长纤维切短，提高纤维的柔软性和可塑性。[1]打浆工具可以分为两类，一类是依靠击打的力量将纤维的细胞壁打碎，另一类则是依靠碾压作用。前一种打浆工具主要包括石臼、木槌、脚碓和水碓，后一种则主要指石碾和水碾，其中水碓和水碾见于南方地区。北方地区主要采用石臼、木槌、脚碓、石碾等较为简便的工具进行打浆，多依靠人力和畜力。

石臼由臼槽和木杵两部分组成，打浆时将原料放入臼槽内，人手持木杵反复舂击。石臼最早用于粮食加工，后被引入造纸生产。《湘州记》中有"耒阳县北有汉黄门蔡伦宅。宅西有一石臼，云是伦舂纸臼也"[2]的记载，《湘州记》为晋人庾仲雍所撰，附会的成分居多，难以证明蔡伦已使用石臼打浆，但可以看出在魏晋南北朝时期，石臼已应用到造纸生产之中，而且在造纸术发明初期，也很有可能使用石臼打浆。陕西地区传统手工纸生产中，仍然使用石臼进行打浆。木槌（图10-3）也是一种简单的打浆工具，打浆时将原料放于案板上，工人手持木槌反复敲打即可，山西孟门地区仍使用木槌进行打浆。石臼和木槌的区别在于，石臼打浆需先将原料切碎，木槌则不要求对原料进行切碎处理。

不管是石臼还是木槌，都需要依靠人的臂力，劳动强度大。为减轻工人的负担，便发展出了脚碓（图10-4）。与石臼一样，脚碓最早也是农具，之后被引入造纸生产，但具体时间尚不清楚，有学者认为东汉时已经采用脚碓舂捣原料。[3]目前，北方部分手工造纸生产地点依然保存了脚碓打浆工艺。

① 潘吉星：《中国造纸史》，上海：上海人民出版社，2009年版，第24页。

② 刘纬毅：《汉唐方志辑佚》，北京：北京图书馆出版社，1997年版，第332页。

③ 潘吉星：《中国造纸史》，上海：上海人民出版社，2009年版，第112-129页。

图 10-3　木槌
注：山西孟门，2010 年 7 月

图 10-4　脚碓
注：河南济源，2018 年 6 月

　　石碾主要是通过碾压和摩擦作用来实现原料的碎解。与其他打浆工具类似，石碾的使用也是引用农具的结果。石碾的产生要晚于脚碓，汉以前的文献中没有说到碾，南北朝以后才提到碾。碾有碢碾、辊碾两种。[①]在造纸生产中，碢碾（图 10-5、图 10-6）是对已切碎的原料进行碾压，分散纤维，主要用于麻料的碎解；辊碾（图 10-7）不仅可以分散纤维，还可以帮助去除皮料外表的黑皮，常见于皮纸产区。这两类石碾借助畜力，减轻了人的体力消耗。

图 10-5　碢碾
注：山西沁源，2012 年 9 月

图 10-6　碢碾
注：山西（《北支》，1942 年第 10 期）

　　南方地区不仅有依靠人力打浆的木槌、脚碓等工具，而且发展出了水碓、水碾等依靠水力驱动的打浆设备，减轻了造纸工人的负担。相比于水碓、水碾等打浆工具，北方地区所采用的工具结构较为简单，制作相对容易，便于造纸

―――――――――――
① 章楷：《中国古代农机具》，北京：人民出版社，1985 年版，第 89-92 页。

图 10-7　辊碾

注：甘肃康县，2011 年 7 月

者置备。

上述不同工具，在一定程度上反映出了我国造纸生产中打浆工艺的发展历史——由最早的单纯依靠人力，发展到人力、机械力、畜力并用，最终发展到完全依靠水力。打浆工作所需劳动力逐渐减少，将生产者从繁重的体力劳动中解放出来。

除了极少数地区以外，北方手工纸最终未能发展到水力打浆的阶段，呈现出了与南方造纸工艺不同的发展趋势，是多种因素共同导致的。其一，受自然环境的限制，北方地区大多缺乏充足的水力资源，不具备发展水力打浆的条件，因此转而向依靠人力和畜力打浆的方向发展。其二，受造纸原料处理难易程度的影响。北方所常用的桑皮、构皮都属于韧皮纤维，纤维素含量高，处理难度小。而麻绳、麻布等废旧麻制品，由于已经经过沤泡等前期处理，也降低了处理难度。相比之下，南方手工纸普遍使用的竹料，处理更为复杂，需大量劳动力，因此有发展水力打浆的内在动力。其三，受生产规模的影响，北方手工纸多作为农村副业，在资金等方面相对紧张，难以置备水碓、水碾等大型打浆设备。而石碾等工具在北方地区是普遍使用的农具，因此生产者可以一器多用，降低了置备工具的成本。

虽然北方手工纸原料处理难度小，但在打浆过程中却普遍存在处理不精的情况。例如在皮纸生产中，往往存在黑皮去除不净的现象，导致所产纸张表面存在黑斑，影响美观和均匀度。这种现象是因为打浆工具较为简单，更多是由于需求的原因，造纸工人未认真去除黑皮导致的，因为在一些优质北方纸张的制造过程中，通过人工多次洗料、踩料、拣选等工艺，仍能得到较为纯净的纸料。

第三节　抄纸工艺

纸槽和纸帘是抄纸过程中的两种关键工具。北方手工造纸生产中所使用的地坑式抄纸槽和小型床架式纸帘体现了北方地区手工造纸工艺的独特性，在抄纸过程中一般不使用纸药，也是北方造纸工艺的特点。

1. 纸槽形制

纸槽是抄纸时必不可少的设备，用于盛放纸浆，供工人抄纸。经过长时间的发展演变，不同的地区形成了不同的纸槽结构。北方普遍采用的地坑式抄纸槽（图 10-8、图 10-9），其形制为长方形的深坑，一般深度在一米以上，坑的四周和底部铺有石板，接缝处用石灰抹平。纸槽旁有一个小型抄纸坑（或称站坑、站窝），深度约 80 厘米，供抄纸工人站在其中抄纸。一般在站坑的右边，有一抄案，供堆叠湿纸之用。在抄案上方的墙面上，留有方形凹槽，主要是在榨去湿纸堆水分时插压杆。站坑的左边大多设置小煤炉，上面架有小铁锅盛放温水，供冬天抄纸时暖手。这样形制的纸槽，是北方手工纸工艺区别于其他造纸工艺的重要标志。在不同地区，地坑式抄纸槽还有一些小差异。如山西沁源、河南济源等地，在抄纸站坑对面，即纸槽的另一侧，还设置有一个小站坑。在纸料入槽之后，纸槽两端各站一人，配合搅拌，以改善搅拌的效果，提高效率。在湖北郧阳，抄纸坑侧面还有放皮料的小坑（图 10-10）。

关于地坑式纸槽的形成原因，陈大川认为这种纸槽是较为原始的纸槽形式，提出真正纸发明的当时，或发明前驱的纸，拟出于土坑的可能比出于流动河水的可能性大。[1]结构简单的地坑式纸槽多见于使用浇纸法的地区，如印度锡金和我国新疆地区，造纸时工人蹲在纸槽边操作。由于是将纸浆调匀以后由上而下浇在纸帘上，操作比较方便。美国学者达德·亨特以及我国学者李晓岑等均认为，浇纸法是最早的造纸方法。[2][3]这种结构简单的地坑式纸槽与浇纸法相结合，应是一种最古老的纸张成形方法。另外，潘吉星 [4]、戴家璋 [5]以及陈大川等学者认为，纸张的起源，与漂絮、沤麻技术有一定关联性。实际上，沤麻产生的麻纤维残渣沉积在池底，干燥后自然可形成纤维交织的薄片。纺织工艺中植物纤维的处理过程，在某种程度上可能刺激了纸张的产生。植物纤维的处理，一般在坑（或称池）中进行，时至今日，造纸过程中皮料、竹料的腌浸发酵过程也是如此。挖坑以容水，以便纸料纤维的分散、纸张的成形。

---

① 陈大川：《造纸史周边》，南投：台湾省政府文化处，1998 年版，第 33-42 页。

② Hunter D，Papermaking：the History and Technique of an Ancient Craft，New York：Dover Publications，1978，pp.78-83.

③ 李晓岑：《浇纸法与抄纸法：中国大陆保存的两种不同造纸技术体系》，《自然辩证法通讯》，2011 年第 33 卷第 5 期，第 76-82 页。

④ 潘吉星：《中国造纸史》，上海：上海人民出版社，2009 年版，第 49-51 页。

⑤ 戴家璋：《中国造纸技术简史》，北京：中国轻工业出版社，1994 年版，第 48-49 页。

图 10-8　地坑式抄纸槽
注：陕西柞水，2011 年 7 月

图 10-9　抄毛头纸
注：选自《中华造纸艺术画谱》
（*Art de faire le papier à la Chine*，1775）

图 10-10　地坑式抄纸槽
注：湖北郧阳，2017 年 10 月

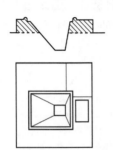

图 10-11　印度地坑式抄纸槽
注：马哈拉施特拉邦，奥兰加巴德

随着造纸技术的进步，纸张的成形方式也发生了一系列变化，特别是由浇纸法向抄纸法的变化，为了更加便于操作，逐渐衍生出形式多样的纸槽形制。上述简单的地坑式纸槽，在一些使用抄纸法的地区也有保留，体现了这样一种演化的过渡状态。根据亨特在 20 世纪初对印度半岛的田野调查，有的地区的纸槽形制是在地下挖一土坑，四周用木头、陶土等砌成，人蹲坐在坑旁进行操作（图 10-11）[①]，即陈大川所说的蹬式抄纸。由于抄纸法与浇纸法不同，需要人向前倾，将纸帘插入纸槽以捞起纸浆，因此这种低矮的地坑式纸槽导致工人工作时较为费力。[②]为了对此加以改进，使抄纸更加舒适，就需要缩小工人与纸槽间的高度差。由此便出现了两种不同的改进方法：其一，提高纸槽的高度；其二，降低抄纸工人的位置。

为提高纸槽高度，可将其由地面以下改设于地面以上。开始时纸槽高度较低，工人或坐或跪在旁边造纸。如我国的云南傣族地区的手工造纸，虽然也使用浇纸法，但却是在地面上建一个或临时用竹竿和塑料布搭设一个高度在 20—30 厘米的水池，工人坐在水池边，有时脚浸在水池中，以求姿势舒展，然后取一团纸浆在帘面上和水调开，搅匀后提起，在纸帘上形成湿纸膜。而贵州黎平地扪的侗族造纸，则干脆不用纸槽，直接将纸浆浇在悬吊的纸帘上（图 10-12）。云南耿马的傣族造纸，虽然仍采用浇纸法，纸槽高度已达 70 厘米左右，便于工人站立操作（图 10-13）。这体现了浇纸法的演变趋势，即不断提高纸槽（纸帘）的高度，以求造纸时的舒适。抄纸法的纸槽变化同样如此。18 世纪以前的日本，抄纸槽低矮，底部紧贴地面，抄纸工跪在木凳上弯身抄纸（图 10-14）。[③]随后纸槽高度不断增加，直到高达工人腰部，工人可以站立着抄纸。这是目前最常见的一种纸槽，不仅遍及中国各地，而且在日本、韩国、东南亚以及西方各国的手工纸生产中得到广泛采用。在德国 1568 年出版的《百工图咏》中，也已经采用这种方式。[④]这是书籍中最早反映抄纸的图像材料（图 10-15）。可以想见，在大部分造纸地区，早已采用这种地上的纸槽。

另一种改进方式，即是降低造纸工人的位置。为了达到这一目的，便在纸槽旁再挖一个小的抄纸坑，以供工人站在其中抄纸，这就是目前北方地区常见的地坑式抄纸槽。这种纸槽主要分布在河北、山东、山西、陕西、甘肃各省，

① Hunter D，Papermaking by Hand in India. New York：Pynson Printers，1939.

② Premchand N，Off the Deckle Edge：a Papermaking Journey through India，New Castle：Oak Knoll Press，1995，pp.32.

③ 関義城：古今紙漉紙屋図絵，東京：木耳社，1975 年版，第 22 页。

④ Hunter D，Papermaking through Eighteen Centuries，New York：William Edwin Rudge，1930，pp.117.

我国南方地区，除了湖北的郧阳等与陕南邻近地区以外，一般并不采用。无独有偶，在使用地坑式纸槽的印度，除了蹲式抄纸槽以外，也有这种类似形制的带站坑的地下抄纸槽。[1]

图 10-12　贵州黎平侗族的悬吊式浇纸
（2015 年 10 月）

图 10-13　云南耿马傣族浇纸槽
（2015 年 11 月）

图 10-14　日本早期抄纸槽（1784 年）

图 10-15　欧洲早期抄纸槽（1568 年）

地坑式的抄纸槽，实现了立身抄纸，降低了工人的劳动强度，体现了工艺进步的一面，但是也存在一定的局限性。高于地面的抄纸槽便于工人走动，可以允许两人合作抄造大纸，满足高级书画用纸的需要。而地坑式的抄纸槽只能生产单人抄的小纸，限制了纸张的尺幅。可以说地坑式的抄纸槽属于纸槽发展

---

① Premchand N，Off the Deckle Edge：a Papermaking Journey through India，New Castle：Oak Knoll Press，1995，pp.32.

的中间阶段，尚未完全成熟。

此类纸槽在印度等地得到保存（图 10-16），可能与上述地区长期使用浇纸法有关。而之所以能在北方地区保留下来，没有完全被高于地面的抄纸槽所取代，一方面是由于这种纸槽很好地适应了北方地区的环境。北方冬季气候寒冷，如若纸槽位于地面以上，冬季时纸浆容易结冰，无法抄纸，而这种地坑式的抄纸槽有效地避免了这一问题。北方手工造纸作为一种农村副业，需利用冬季农闲时间进行生产，保证纸浆冬季不结冰十分重要。此外，夏季气候炎热，纸浆容易变质。地坑式的纸槽起到了降温的作用，在一定程度上能缓解这一问题。传统纸槽用石板砌成、石灰抹缝，在保持纸浆不变质方面效果较好，但目前多用砖和水泥砌纸槽，据说使得效果大打折扣。

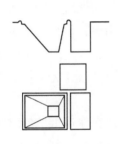

图 10-16　印度地坑式抄纸槽
注：马哈拉施特拉邦，奥兰加巴德

另一方面，这也是北方手工纸的产品定位所决定的。宋元时期，造纸中心南移之后，北方手工纸便开始向着粗放化的趋势发展。产品主要作为日常生活用纸，不需要太大尺幅，一人抄纸也能满足需要，改革动力不足。因此，这类地坑式的抄纸槽在北方地区一直得以保留并广泛使用。

近年来，北方地区也开始出现向高于地面的抄纸槽进行转变的情况。在山西临县和陕西佳县地区，出现了两种纸槽之间的过渡形式。山西临县开始使用半地下式的纸槽。虽然还保留了抄纸坑，纸槽大部分也依然位于地下，但纸槽口沿并非与地面齐平，而是高于地面 35 厘米左右（图 10-17）。陕西佳县的纸槽则已完全位于地面之上。通过佳县纸槽结构图（图 10-18）可以看出，佳县地区的抄纸槽虽然位于地面以上，但由于左右两边有石质台面阻隔，在纸槽一侧形成了长方形抄纸坑。抄纸工人在抄纸时需要先登上台阶，再下到抄纸坑中抄纸。该纸槽形制与地坑式纸槽类似，不是成熟的地上式抄纸槽。

图 10-17 半地下式抄纸槽
注：山西临县，2012 年 9 月

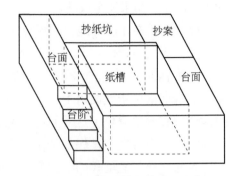

图 10-18 陕西佳县地上式
抄纸槽结构图

从形制判断，临县和佳县这两类纸槽均处于从地坑式抄纸槽向高于地面的抄纸槽过渡的阶段。由于临县、佳县地处黄土高原，传统的房屋形式为窑洞，抄纸的纸坊也为窑洞。窑洞具有冬暖夏凉的优点，因此冬季窑洞内温度也不会特别低。再加上目前生产萎缩，两地冬季已不再抄纸，无须担心纸浆冬季是否会结冰。因此出现了这种过渡的纸槽形制。

陕西佳县造纸生产者为了免去挖坑的工作，在建造纸槽的时候，直接在地面上用砖石垒成，但仍然仿照了原先地坑式抄纸槽的形制，在左右两侧砌成了台面和石阶。这种设计使得抄纸工人在抄纸时活动不便，不如南方常见的高于地面的抄纸槽，形制尚未成熟。

除山西临县、陕西佳县地区出现这种纸槽形制的变化之外，甘肃西和、陕西柞水、山西定襄以及河北迁安、肃宁等地，已经有造纸生产者开始使用高于地面的抄纸槽。如在陕西柞水，除了传统的地坑式纸槽，同时也可以看到一种仿地坑式纸槽。与佳县有所不同的是，柞水的纸槽构造更为简单，完全位于地面之上，没有两侧的台面。与地坑式纸槽相似，在纸槽一边人站立抄纸处，右边靠墙设有抄案，左边有暖手的火炉。而山西定襄、河北迁安的有些纸槽，则已经与南方的抄纸槽无异。这种转变主要是出于生产书画纸的需要，是对其他地区纸槽形制的模仿，不是北方固有的纸槽类型。

由此可以看出，手工纸纸槽经历了从地坑式抄纸槽向高于地面的抄纸槽发展的过程。南方地区率先实现了这种转变，北方地区由于受到气候条件等因素的影响，转变较为迟缓，但最终也向着同一个方向发展。

2. 纸帘

目前除个别少数民族地区之外，我国手工纸生产普遍采用床架式纸帘。所谓床架式纸帘，有别于帘框一体的固定式纸帘，竹帘可以与帘床分离，便于湿纸的转移。床架式纸帘的产生，极大地提高了抄纸效率，是造纸工艺的一次飞跃。北方地区所使用的纸帘，相比于南方地区，尺寸更小，形制较为单一，以单人手端帘为主。其结构如图 10-19 所示。①

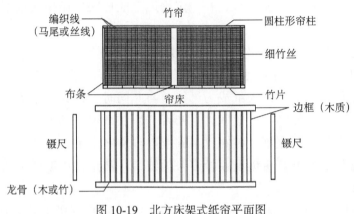

图 10-19　北方床架式纸帘平面图

　　如图 10-19 所示，北方纸帘主要由竹帘和帘床两部分组成，并配有两根长方形木条，俗称镊尺（或写作捏尺），用于固定竹帘和帘床。竹帘由细竹丝编成，北方地区传统多采用马尾作经线，南方则使用丝线，但目前北方纸帘使用丝线的情况已较为普遍。竹帘的上端有一根圆柱形竹竿，称为帘柱，下纸时工人可以手持帘柱将竹帘提起。竹帘下端为长条形竹片。竹帘左右两侧边缘处包裹布条，以免竹丝磨损。北方常见的一抄二型纸帘，往往在竹帘中间部分加一块布条，抄纸时布条处纸浆无法停留不会形成湿纸，这样一张竹帘就可以同时形成两张湿纸。帘床由边框和龙骨两部分组成。边框为木质，多采用杉木、松木等，因为此类木材较为轻便，遇水后又不易腐烂。龙骨起到支撑竹帘的作用，多为木质，呈三棱形，也有地区使用细竹竿。龙骨数量没有具体限制，根据纸帘大小而有不同。虽然北方各地纸帘存在一定差异，但结构相同，大多由竹帘、帘床、镊尺三部分组成。

　　总体而言，北方手工纸生产中所使用的纸帘普遍较小，具有一定的原始性。纸张产生早期，仅作为裱糊、包装等生活用纸及普通书写纸，对纸张尺幅要求不大。受纸张用途的影响和技术水平的制约，床架式纸帘产生初期，纸帘

---

① 虽然北方不同地区所使用的纸帘在尺寸、形制等方面存在一定的差别，但其主要结构类似，主要为单人手端帘。此处以陕西西安北张地区所使用的一抄二型手端帘为参照，绘制北方地区床架式纸帘结构图。

尺寸普遍较小。遗憾的是，由于缺乏早期纸帘的实物资料，只能通过对古纸的测量，结合现存纸帘实物，来推断其形制。魏晋南北朝时期古纸尺幅大约为（23—27 厘米）×（40—55 厘米），呈长方形。[①]根据实地调查了解，目前甘肃西和县西高山镇使用的一种纸帘帘面尺幅为 30 厘米×50 厘米，其大小与魏晋南北朝时期古纸尺寸相一致，在一定程度上能反映出床架式纸帘产生初期时的形制。

随着造纸工艺的发展和纸张质量的改善，纸张开始应用于书画创作当中。纸张用途的扩大，对大幅纸张的需求也开始出现，促进了制帘技术的进步。纸帘尺寸不断加大，使抄制大纸成为可能。与此同时，社会对小幅生活用纸的需求并未降低，为提高生产效率，生产者开始在纸帘中部加分隔用的布条，以便一次能够抄出两张纸。并在此基础上逐步发展出了一抄三、一抄四的纸帘。目前常见的大型纸帘以及一抄多张的纸帘，都是在小型纸帘的基础上发展而来的。

纸张使用范围的扩展以及对纸张需求的多元，不仅促进了手工造纸工艺的进步，也使手工纸帘向着多样化的趋势发展。这一点在南方地区比较明显，南方纸帘形制则较为丰富，端帘、扛帘、吊帘等多种纸帘并存。但北方地区纸帘种类比较单一，以单人端帘为主，仅河北迁安地区在生产红辛纸和书画纸时使用双人扛帘。红辛纸是清末时迁安人李显庭[②]三入朝鲜学习高丽纸生产工艺而产生的[③]，书画纸则是 20 世纪 70 年代仿照宣纸工艺产生的。这两种使用双人扛帘的生产工艺都是对其他地区造纸工艺的模仿，不属于北方地区传统造纸工艺。因此，北方地区最典型的手工纸纸帘为单人端帘。由于单人端帘完全依靠抄纸工人的双臂，纸帘不可能过大，否则工人难以操作，因此北方地区纸帘尺寸普遍较小。

这种纸帘形制与北方手工纸的产品定位密切相关，北方手工纸主要用途为日常书写用纸、生活用纸和丧葬用纸。这些用途对于纸张尺幅要求不大，小型

---

① 潘吉星：《中国造纸技术史稿》，北京：文物出版社，1979 版，第 64 页。

② 对李显庭三入朝鲜学习造纸技术这一事件的记载多见于河北唐山地区文史资料和地方志材料中，参见：马咏春：《造纸实业家李显庭》，见：中国人民政治协商会议唐山市委员会教科文工作委员会：《唐山文史资料》（第 6 辑），1989 年版，第 101-105 页。

马咏春《显记纸厂的创始人——李显庭》，《河北造纸》，1988 年第 1 期，第 26-30 页。

③ 亨特曾对朝鲜传统造纸工艺进行调查，并有关于朝鲜纸帘结构和抄纸方法的照片资料，从中可以看出朝鲜半岛地区采用的是双人扛帘。

Hunter D，Papermaking：the History and Technique of an Ancient Craft，New York：Dover Publications，1978，pp.94-97.

端帘所抄出的纸张能够满足要求，因此纸帘改革动力不足。在用途和工艺的双重影响下，北方地区保留了传统的小型手端帘，并形成了目前这种纸帘形制较为单一的局面（表 10-1）。

表 10-1 中国北方地区纸帘使用情况一览表

产地		纸帘类型	纸帘尺幅/厘米²	纸张品种	产品用途
甘肃	康县	端帘	83×26	构皮纸	丧葬用纸
	西和	端帘	50×30	构皮纸	包装、书画
陕西	长安	端帘	88×37	构皮纸	书写、裱糊、包装
	柞水	端帘	57×48	构皮纸	裱糊、作衬垫
	佳县	端帘	92×59	麻纸	糊窗、糊吊顶棚、丧葬用纸
山西	定襄	端帘	104×47	麻纸	糊窗、糊吊顶棚、书写
	襄汾	端帘	78×70	麻笺	书画
	沁源	端帘	103×47	麻纸	糊窗、糊吊顶棚、书写、丧葬用纸
	临县	端帘	91×58	麻纸	糊窗、糊吊顶棚、丧葬用纸
	孟门	端帘	87×22	桑皮纸	丧葬用纸
山东	曲阜	端帘	79×43	桑皮纸	裱糊
	阳谷	端帘	98×48	麻纸	包装、丧葬用纸
	郯城	端帘	90×40	黄纸	丧葬用纸
河北	迁安	端帘	109×53	毛头纸	包装、裱糊
	迁安	扛帘	110×104	红辛纸	糊窗、书画
	迁安	扛帘		书画纸	书画
	肃宁	端帘	90×60	毛头纸	包装
河南	济源	端帘	80×43	白棉纸	书写、包装
新疆	墨玉	端帘	41×37 等	桑皮纸	包装、裱糊、书写等

除形制之外，北方纸帘的制作工艺也比较独特。常见北方手工纸纸帘的竹丝相对较粗，其直径一般为 1.0—1.3 毫米，而南方纸帘所用竹丝则较细，以福建连城的连史纸纸帘为例，其所用纸帘的竹丝直径仅 0.75 毫米。北方地区多使用马尾将竹丝编织在一起，而南方地区一般使用丝线。此外，北方制作纸帘时，在剖好竹丝之后，将热油浇到竹丝上，晾干后再进行编帘，或者将竹丝放入油锅中炸。但南方则是在纸帘编织好以后，在纸帘的正反两面涂刷大漆，涂漆之后再用炭火将漆烤干。这两类不同的处理方法都是为了使纸帘遇水后不易糟朽，增加纸帘的使用寿命。

北方手工纸帘所具有的形制传统、种类单一、制法独特等特点，不仅与产品定位、编帘技术有关，还与当地所采用的手工造纸工艺密不可分。手工造纸技术是一个有机的整体，各个生产步骤之间联系紧密，所选用的纸帘与整个造纸工艺密切相关。一方面，北方地区以麻和皮等长纤维原料为造纸原料，在这种情况下，如果所用纸帘的竹丝直径过细，容易导致抄纸时滤水不畅，难以成纸。而南方地区多采用竹料造纸，纤维本身较短，因此有条件使用细帘抄纸。另一方面，北方地区采用地坑式的抄纸槽，只允许一人抄小纸，这也限制了纸帘形制的发展。南方地区纸槽位于地面以上，抄纸的操作空间较大，两名工人配合抄纸较为容易，使双人扛帘的产生存在可能。在多重原因的共同影响下，北方地区形成了以小型单人手端帘为主的纸帘类型，与南方手工纸纸帘存在明显差异，是北方手工造纸工艺独特性的体现。

3. 纸药

纸药是从植物中提取的一种黏液，又称滑液或滑水，多数是取植物的根、茎或叶浸泡溶解于水，在抄纸前加入纸浆中搅匀。纸药不仅在我国手工纸生产中普遍使用，还被日本、韩国等亚洲国家采用。但西方抄纸过程中并不使用纸药，也因此导致了东西方造纸工艺上的差异。可以说纸药的采用是亚洲手工纸工艺的特点。纸药的功用主要有两方面：一是作为悬浮剂，纸药与纸浆混合，能使纸浆中的纤维悬浮，均匀分散，这样抄造出来的纸就比较均匀；二是作为"滑汁"，能防止抄造出来的纸页间相互粘连。[①]纸药的使用，使得湿纸分离更为容易，因此采用床架式纸帘进行抄纸普遍使用纸药。但北方手工纸生产过程中却一般不使用纸药，在这种情况下，只有抄造较厚的纸张，才能使湿纸相互分离。而且在麻、皮等长纤维的制料过程中，一般都有剁麻和切皮的过程，主要也是为了防止纤维过长而出现缠绕成团，难以均匀分散。

北方地区不使用纸药，一方面可能是纸药出现之前古老工艺的延续，但也可能是由于工艺的退化。虽然纸药的出现时间尚有争议，但肯定已有相当长的历史。有学者认为纸药的发明不早于唐代，而普遍使用则可能在两宋时期。[②]北方地区作为传统的造纸中心，生产过诸多高质量的纸张品种，部分地区应该也曾掌握纸药制作和使用的方法。现在不使用纸药，可能是由于产品仅为日常生产用纸，比较粗厚，无须使用纸药亦能抄造。为了操作简便，便省去加入纸药这一环节。不再制作和使用纸药，也是北方手工纸向着粗放化趋势发展的一种体现。当然，在北方的少数地区，还有使用纸药的，如山西的高平、河南的济源，在制造皮纸的传统工艺中，需要加入一种叫"莞"的纸药，而河南部分竹

---

① 张秉伦、方晓阳、樊嘉禄：《中国传统工艺全集·造纸与印刷》，郑州：大象出版社，2005 年版，第 25 页。
② 张秉伦、方晓阳、樊嘉禄：《中国传统工艺全集·造纸与印刷》，郑州：大象出版社，2005 年版，第 28 页。

纸产区也要在竹浆中加入洋桃水。北方地区使用纸药，主要是两种情况，一是为了制造较薄的优质纸；二是靠近南方纸产区，特别是竹纸产区。

第四节 晒纸方法

晒纸是造纸的最后一道重要工序，直接影响到纸张的平滑程度和成纸率的高低。有自然晒干、火力烘干、阴干等多种方法，不同地区所采用的方法也不尽相同。自然干燥的晒纸方法是北方地区手工造纸工艺的标志之一，晒纸时工人将湿纸贴于院墙或专门的晒纸墙上，借助日光晒干（图10-20）。

采用晒纸墙进行的晒纸方法由来已久，如前所述，唐代皇甫枚的《三水小牍》中有关于河北地区纸坊晒纸情况的记载："唐文德戊申岁，钜鹿郡南和县街北有纸坊，长垣悉曝纸。忽有旋风自西来，卷壁纸略尽，直上穿云，如飞雪焉。"[①]其中所提到的"长垣"就是指专门用来晒纸的晒纸墙。这类晒纸墙通常需要较为宽敞的场地，为满足纸坊晒纸的需要，一般会并

图 10-20 晾晒纸
注：选自《中华造纸艺术画谱》

排设有数堵晒纸墙。这种晒纸墙早期为土坯墙，后由砖石垒成，两侧均要涂石灰，以保证墙面平滑。为了避免沙尘和雨淋，有的晒纸墙顶部还会搭放秸秆，形成顶棚。这类晒纸墙在河北迁安地区的纸坊中仍在使用（图10-21）。

除使用专门的晒纸墙外，北方地区造纸生产者还直接利用院墙进行晒纸（图 10-22）。元人许有孚的诗作《侍兄赴圭塘》中有"山客荷囊多药草，溪人抄纸满邻墙"[②]的诗句，反映了当时在河南安阳地区存在将湿纸贴于院墙上进行干燥的情况。目前，在山西、山东、陕西等地，依然能够看到类似的情景。这种将湿纸贴于普通院墙的方法，无须特地筑墙，只要将院墙表面加以抹平即可，

① 皇甫枚：《三水小牍》，北京：中华书局，1958年版，第4页。
② 陈衍：《元诗纪事》，上海：上海古籍出版社，1987年版，第302页。

较为简便，可能先于晒纸墙而出现。但也有可能是造纸者出于节约成本的考虑，对晒纸墙所做的一种简化。现在北方地区的一些造纸作坊便存在因生产规模缩小而不再建造和使用晒纸墙的情况。

（a）　　　　　　　　　　（b）

图 10-21　晒纸墙

注：（a）河北迁安，2009 年 8 月；（b）北京天宁寺附近，1941 年 6 月，出自《华北交通档案》

（a）　　　　　　　　　　（b）

图 10-22　院墙晒纸

注：（a）北京五塔寺，1944 年 8 月；（b）天津独流，1940 年 3 月，出自《华北交通档案》

　　根据历史图片显示，在山西省的部分地区，还有将黄土层的土壁稍加平整，在其上晒纸的方法。①一望过去，蔚为壮观。

　　不论是使用何种晒纸墙，这种晒纸方法都需要借助日光，受天气影响较大，而且花费时间较长。在此基础上便发展出了借助火力加热的晒纸墙，也称为火焙。火焙虽然提高了工作效率，但需要消耗大量燃料，生产成本比较高。这种火焙在多雨的南方地区比较常见，北方地区一般不采用。但也有特例，山西临县地区在造纸最繁盛的时期，冬季抄纸时曾经使用火焙，但夏季仍然采用自然晒干的方法。一方面是由于冬季天气寒冷，另一方面也是为了加快纸张的干燥速度，由于当时临县地区纸张产量大，只有用快速干燥的方法才能满足晒纸需要。但随着当地手工造纸业的衰落，现在已不再使用火焙。此外，河南济源等地也曾有采用火焙的。

北方地区普遍采用自然晒干的方法，既得益于北方晴朗干燥的气候，也是出于降低成本的考虑。北方手工纸坊规模普遍较小，使用火焙不光要专门建造，还要消耗燃料。采用自然晒干的方法不仅免除了燃料的成本，院墙晒纸还省去建造晒纸墙的麻烦，适合小规模经营的纸坊。北方手工纸生产普遍日产量不大，一般为数百到一千张左右。虽然自然晒干耗时较多，但足以满足晒纸需要。室外借助日光干燥的晒纸方法容易受沙尘污染，降低纸张质量。但由于北方手工纸产品多为日常生活用纸，对纸张要求不高，因此自然晒干的方法在北方地区被广泛采用。

第十一章　北方手工造纸工艺的价值

北方传统手工造纸工艺历史悠久，从造纸术产生之初一直延续至今。在漫长的传承过程中，发展出一系列独特的工艺特点，形成了独立的工艺体系。作为传统手工业，北方手工纸生产一直在地区生活中扮演着重要角色，融入了当地的日常生活。

但是由于北方手工纸多属于中低端产品，所能带来的经济效益有限，因此，长期以来，对于北方传统手工造纸工艺的价值认识不到位。对于北方手工纸的评价，比较常见的一种倾向是仅从产品出发，认为其质量低劣，理应被市场淘汰，以此否认北方手工纸的价值。在这种观点的左右下，北方传统手工造纸工艺一直未能得到足够重视，这也加速了现代社会条件下北方手工纸的消亡。

因此，为了避免北方手工造纸工艺的消亡，对其所具有的价值进行深入分析显得十分必要。价值分析可以说是北方传统手工造纸工艺保护工作得以顺利进行的基础和保障。鉴于北方手工造纸地点分散，如若进行全面保护，不仅工作难度大，而且所需保护成本高，在现有条件下，难以有效实施。因此，进行有针对性的重点保护工作就显得非常必要。对北方手工纸工艺价值的清晰认识，有助于确定保护工作的重点，为保护工作提供指导。只有在对其价值进行分析的基础上，才能判断北方手工造纸工艺哪些方面是重要的、值得保护的。

随着非物质文化遗产这一概念的提出，北方造纸工艺作为传统手工技艺，被纳入到非物质文化遗产的范围内，传统造纸工艺的价值也逐渐受到重视。因此，对北方手工纸价值的分析，不应仅仅局限在产品层面，可以从非遗的角度入手，对其传统工艺加以阐释。

根据对北方手工造纸工艺的发展历史、传播途径、工艺特点、产品用途等内容的分析，结合非物质文化遗产的相关理论，可以大致将北方传统手工造纸工艺的价值概括为四方面，即历史价值、文化价值、科学价值和实用价值。

第一节　历史价值

北方地区是造纸术的发源地，北方手工造纸工艺经历了从造纸工艺产生到繁盛再到衰落的全过程，可以看作造纸工艺发展史的缩影。北方地区传统手工造纸工艺承载了丰富的历史信息，具有重要的历史价值。

1. 反映了早期造纸工艺技术水平

虽然北方手工造纸工艺已经历了两千年的发展，不可能完全保持最初的工艺形态。但通过对其工艺特点的分析可以发现，相比于南方成熟的竹纸工艺，北方手工纸工艺在工具和制作方法上均具有一定的局限性，并没有发展到手工造纸技术的最高阶段，保留了部分原始要素，为推断造纸术产生初期的形态提供了便利。因此，通过对现有北方手工造纸工艺的研究，可以增进对早期造纸工艺水平的认识。

此外，作为一个复合的工艺体系，北方手工纸工艺保留了不同发展阶段的工具。由于北方地区范围广阔，造纸地点分布零散，不同地区情况各异，各地根据实际需求，选择最适合的工具进行生产，因此便出现了不同发展阶段的工具并存的现象。通过对同一类型的工具加以排比，可以大致勾勒出该工具的演变历程。

2. 能够补充史籍中对北方造纸工艺记载的不足

对于北方手工造纸工艺，现有史料记载比较有限。一般是对蔡伦造纸这一事件的记述，其中会涉及造纸原料、工具等信息，但都比较简略。此外，还有对北方所产名纸的品评。这些零星的记载难以反映工艺全貌。目前能看到的北方地区古纸，也多是作为古籍、书画的载体，保存在博物馆中。虽然从这些文字和实物材料中能够了解北方手工纸的部分情况。但这些名纸、书画用纸并不代表北方手工纸的全部。

自从宋元时期造纸中心南移之后，北方地区在造纸生产中失去了核心地位，开始向着粗放化的趋势发展，产品以生活用纸为主，这样的生产格局一直延续至今。可以说，相比于书画纸，这类日用产品及相关工艺才是北方传统造纸工艺的核心。但是史料中对这类普通生活用纸的记载颇少，仅散见于地方志材料中，在文字记载方面存在明显缺失。就实物资料而言，不同于书画用纸，生活用纸多属于消耗性产品，难以流传。再加上纸张本身难以保存，仅在西北干旱地区偶然有古纸材料出土。在文字资料和实物资料缺乏的情况下，对现有北方手工造纸工艺的调查研究是了解历史上该工艺发展情况的重要方式。对其深入研究，能够增进对北方手工造纸发展史的理解，补充史料记载的不足，以便对北方手工纸有更全面的认识。

传承至今的北方传统手工造纸工艺承载了丰富的历史信息，为探索造纸工艺发展和生产力进步提供了丰富的资料，补充了历史记载的不足，使人们能够更真实、全面、生动地了解北方手工造纸工艺的发展和演变。

第二节　文化价值

纸张的发明是人类文明进程的里程碑。纸张以其轻便、廉价的特点取代了简帛等书写材料，极大地促进了文化的发展和传播，并深入日常生活的各个方面，成为必不可少的生活用品，对人们生活产生了深远的影响。手工造纸工艺所具有的文化价值不容小觑。就北方传统手工造纸工艺而言，其中所包含的文化价值主要体现在如下三方面。

1. 北方手工造纸工艺带有明显的地域文化特色

在北方地区产生、发展并传承至今的区域特征，既典型地代表了该地域的特色，是该地域的产物，也与该地域息息相关；离开了该地域，便失去了其赖以存在的土壤和条件。[1]如果离开北方这一区域范围，它将重新与其他地区的区域环境相适应，产生新的工艺，也就不能再称为北方工艺。北方传统手工造纸工艺所具有的地域文化特色主要表现在工艺和产品两方面。

北方手工纸工艺所选用的原料和使用的工具很多都受到当地环境的影响和制约，体现了长期以来造纸工人在适应自然环境方面的努力。正确处理与自然的关系是传统工艺持续发展的基础。日本民艺大师柳宗悦指出工艺是以自然为中心的产物，工艺源于大自然所给予的材料，没有材料就无工艺可言。[2]北方地区特定的区域环境为北方手工纸生产提供了必要的原料，并影响了工具的形制和使用，形成了独特的北方手工纸工艺体系。

---

① 王文章：《非物质文化遗产概论》，北京：文化艺术出版社，2006 年版，第 68 页。
② 柳宗悦：《工艺之道》，徐艺乙译，桂林：广西师范大学出版社，2011 年版，第 16、40 页。

　　产品方面，北方手工纸已完全融入当地居民的生活之中。北方手工纸多作为日常生活用纸，普遍用于包装、糊顶棚、糊窗、裱糊物品以及丧葬用纸等多方面，与北方地区生活习惯密切相关。例如，陕北地区传统的居住形式是窑洞，居民习惯使用当地制作的麻纸糊窗和顶棚；山西高平的桑皮纸是当地糊制戏剧头盔的必备材料。可以说手工纸已经成为当地特有的居住文化的一部分。这种与当地日常生活所建立起来的联系，使北方手工纸成为区域文化的重要元素。

　　北方手工造纸工艺是在特定区域条件下发展起来的，是适应当地自然环境的结果，其产品深入居民日常生活的各个方面，带有显著的地域文化特征。

2. 北方手工造纸工艺是文化多样性的体现

　　北方手工造纸工艺作为非物质文化遗产，是在北方地区形成并发展起来的传统工艺，与南方手工纸工艺存在明显的差异，呈现出不同的发展趋势。北方地区的麻纸和皮纸生产工艺，与南方竹纸技术、草纸技术以及以宣纸为代表的混合原料纸的生产技术并存，共同构成了我国手工造纸工艺体系。通过对不同的工艺进行分析可以看出我国手工造纸原料品种繁多，工艺流程复杂多样，产品种类丰富多元，是我国手工造纸技术充分发展和成熟的体现。正是不同地区的造纸工艺均保持了其所在区域的地域特征，才使得我国手工纸工艺如此丰富多样。手工纸生产一直以来是我国农村地区的一大产业，与人们的生活密切相关，手工纸工艺的多样性是我国文化多样性的具体体现。

　　但是这种多样性正在受到严重的冲击。随着生活方式的转变，手工纸逐渐退出人们的日常生活，仅在书画等方面得以保留。因此社会普遍比较重视宣纸等书画用纸，而忽略对其他手工纸的研究和保护。在这种情况下，以生产生活用纸为主的北方手工纸工艺未能受到足够重视。为赢得市场，甚至出现各地纷纷仿制宣纸的状况，手工纸的地域特征越来越弱化。出现了仅从产品用途出发，以市场作为衡量标准的倾向。长此以往，手工纸工艺将逐渐趋同。这不仅是对手工纸工艺多样性的冲击，也是对文化多样性的挑战。

3. 北方手工造纸工艺的传播，体现了文化间的交流

　　北方地区是造纸术的发源地，造纸术产生之后，开始由中心地点向四周传播。通过工匠之间有意识地相互学习和交流，造纸工艺传播到世界各地。这种过程，也将带有北方地域特征的文化带到其他地区，使得不同文化之间产生了交流和碰撞。

　　造纸术的传播方式众多，人员的整体迁移、技术工人的流动以及个人的单独行为都可能导致工艺的传播。通过各种不同方式，造纸工艺不仅被带到南方地区，也逐步实现了外传。

造纸术的传播过程并不是工艺的简单复制过程，源于北方地区的造纸工艺，在传播到其他区域后，和当地自然环境、文化、习俗相结合，形成了各种新的工艺体系，带上了当地文化的烙印。由于在不同地区，结合当地自然和文化条件，造纸工艺以不同的方式得到继承，最终形成了丰富多元的造纸工艺体系。通过对不同造纸工艺体系的工艺流程和工具设备等方面加以对比，可以研究工艺背后的文化传播与变迁过程。

造纸工艺最早向东传到朝鲜半岛地区，并借由朝鲜传至日本。北方手工纸工艺是朝鲜半岛、日本造纸工艺形成发展的基础，两个地区结合当地环境，独立发展，形成各自独特的造纸工艺体系。造纸工艺向南最早传入越南地区，美国学者达德·亨特对包括越南在内的中南半岛地区进行实地调查，认为当地的工艺与中国造纸工艺十分相似，应属于同一工艺体系。[①]公元 7 世纪中叶以后，印度已掌握造纸工艺。印度半岛地区使用地坑式的抄纸槽，与北方纸槽相类似，但显得更为原始，可能是早期的造纸工艺传入之后未加改进的结果。造纸术的西传一般认为是唐朝与大食之间的怛罗斯之役导致的。由于当时纸药并没有传入阿拉伯地区，因此西方手工纸生产时为了使湿纸能够分离，抄纸时在湿纸间加放毛毡。这是东西方造纸工艺的显著区别。

通过对早期造纸术外传的历史加以梳理，可以看出，北方传统手工造纸工艺是传播的主体。相比于出现较晚的南方竹纸生产工艺，北方传统麻纸和皮纸技术对其他国家和地区的影响更加广泛。在北方手工纸工艺的基础上，其他国家和地区结合当地条件形成了带有各自特点的造纸工艺。

第三节　科学价值

作为一项古老的工艺，传统手工造纸技术本身含有丰富的科技因素，具有突出的科学价值。造纸技术史一直是科技史研究的重要组成部分。具体而言，北方手工造纸工艺所具有的科学价值主要表现在以下两方面。

1. 北方手工造纸工艺本身具有科学内涵

造纸术的产生，其工艺本身蕴含了宝贵的科学内涵。先民选用破布、渔

---

① Hunter D, Papermaking in Indo-China, Chillicothe: Mountain House Press, 1947, pp.42-43.

网、树皮等为原料，使用简单的工具对原料进行处理，提取植物纤维并致其帚化，然后再使用纸帘抄纸使纤维交织在一起，纤维之间通过氢键结合，形成纸张。虽然手工造纸工艺发展至今，已形成众多体系，在原料的选择、工具的使用以及处理方法等方面各有不同，但其中所遵循的基本原理是不变的。即使现代机器造纸，其所遵循的原理，依然与手工纸技术相一致。

手工造纸工艺具有重要的科学价值，但至今为止，对其认识却远远不够。造纸工人自己只是按照传统方法操作，并不了解技术背后的科学内涵，只知其然不知其所以然。因此应注重对造纸工艺科学内涵的探讨。开展传统造纸工艺科学研究，一方面可以对其中一些独特工艺做出科学的解释；另一方面，通过科学研究，可以理清造纸的各个阶段对纸张的理化性能、耐久性等的影响，对传统造纸工艺的改良提供指导。[①]在这一方面，已有学者对原料蒸煮剂[②]以及漂白方法[③]与纸张的耐久性之间的关系做过相关研究。

但由于北方手工纸主要为生活用纸，产品的影响力十分有限，一直以来未能得到应有重视。虽然目前已相继展开非遗的普查和记录工作，但是未对工艺背后的科学原理进行深入探讨，尚无相关北方手工造纸工艺科学研究的成果出现。对北方手工纸工艺的科学内涵存在认识不足的问题。

2. 北方传统手工造纸工艺能够增进对古纸的认识

科学分析一直以来是认识古纸的主要方法。随着西北地区灞桥纸、居延金关纸、扶风中颜纸、敦煌马圈湾纸、放马滩纸地图、甘肃悬泉纸等一批疑似西汉古纸材料的相继出土，相关工作陆续展开。潘吉星[④]、王菊华[⑤]、刘仁庆[⑥]、李晓岑[⑦]等学者分别对上述古纸进行分析，以探讨造纸术的起源和早期发展。与此同时应该注意到，对传统手工造纸工艺的研究，也能够增进对古纸特性的认识，两者的启发是相互的。

博物馆等文博机构保存有大量的纸本书法、绘画以及古籍等纸质文物。对这类文物的研究，除了关注其所表现的内容，还可以从载体即纸张角度入手进

① 陈刚：《传统造纸工艺的科学研究与保护》，见：中国文化遗产研究院：《文化遗产保护科技发展国际研讨会论文集——中国文物研究所成立七十周年纪念》，北京：科学出版社，2007 年版，第 198-202 页。

② Inaba M, Chen G, Uyeda T, et al, "The effect of cooking agents on the permanence of washi（Part Ⅱ）", Restaurator, 2002（2），pp.133-144.

③ 苏俊杰：《连史纸制作技艺保护研究》，复旦大学硕士学位论文，2008 年。

④ 潘吉星：《中国科学技术史：造纸与印刷卷》，北京：科学出版社，1998 年版，第 57-71 页。

⑤ 王菊华等：《中国古代造纸工程技术史》，太原：山西教育出版社，2006 年版，第 46-78 页。

⑥ 刘仁庆、胡玉熹：《我国古纸的初步研究》，《文物》，1976 年第 5 期，第 74-79 页。

⑦ 李晓岑：《陕西扶风出土汉代中颜纸的初步研究》，《文物》，2012 年第 7 期，第 93-96 页。

行深入分析。对纸张除进行形态观察、纤维分析之外，还可以结合造纸工艺加以探讨，以增进对纸质文物的认识，为文物断代提供依据。对传统手工造纸工艺的研究，能够为文物学研究提供新的视角。

北方手工造纸工艺以麻纸和皮纸工艺为主，麻纸和皮纸也是重要的古代书画用纸品种。麻纸是我国最早应用于书画的纸种。至隋、唐、五代，法书用纸也仍以麻纸居主要地位。唐、宋时期的绘画家，也一改过去在绢上作画的习惯，用皮纸作画的情形明显增加。[①]而宋元时期的书籍印刷用纸，麻纸和皮纸占有很大比例。如前文所说，北方手工造纸工艺在一定程度上反映了造纸术的早期发展情况，对研究古代书画纸、印刷用纸有一定的借鉴意义。通过对该工艺的研究，尤其是传统麻纸生产工艺的研究，可以从生产过程角度入手，理解和认识古纸，从而对其特性产生更全面深入的了解，为文物的分析研究提供佐证。这是北方手工造纸工艺的科学价值的具体体现。

第四节　实用价值

北方传统手工造纸工艺，作为一种生产性产业，其产品的实用价值即纸张的功能，是该产业得以延续的基础。对其实用价值的分析，不仅要关注现有功能的分析，也要注重对新功能的开发。

1. 作为日常生活用纸

长久以来，北方手工纸一直作为日常生活用纸，用于包装、裱糊、糊窗、衬垫等方面或作为丧葬用纸。由于和居民的日常生活息息相关，北方手工纸生产曾是重要的农村副业。但随着生活方式的转变，北方手工纸原有的功能开始萎缩。一方面，塑料制品的出现，取代手工纸成为新的包装材料；另一方面，随着居住条件的变化，房屋多采用玻璃窗，使用手工纸糊窗的民居已不多见；此外，机制冥纸以其低廉的价格，对手工冥纸造成了巨大冲击。

种种原因导致北方手工纸原有的实用价值不断降低，仅在部分地区，由于传统生活方式的延续，手工纸依然作为糊窗、裱糊之用。目前，仍有地区的生产者习惯在清明节之前做一批冥纸，自家用来祭奠祖先。由于手工纸的特性是其他材料或机制纸难以取代的，因此在一些特定用途方面依然有需求。北方手工纸作为传统日常生活用纸，实用价值虽不断萎缩，但并未完全消亡。这也是

① 潘吉星：《中国造纸技术史稿》，北京：文物出版社，1979年版，第190-202页。

北方传统手工造纸工艺能够持续至今的内在动力。

2. 发展书画用纸

随着北方手工纸原有功能的萎缩，传统产品失去市场竞争力。为了摆脱这一困境，生产者开始根据市场需求，进行技术改良，生产书画用纸。北方地区在生产书画纸的过程中，对宣纸进行模仿，改革纸张尺幅，但在原料方面仍然使用北方当地传统造纸原料。这些使用麻、桑皮、构皮制造的书画纸具有与宣纸不同的书画效果。满足了书画创作者多元化的创作需求，受到不少艺术家的喜爱。

手工纸生产者主动进行的技术改良与书画创作者对纸张需求的多样化，两者共同作用，使得北方手工纸在发展书画用纸方面具有广阔的前景。例如河北迁安生产的以桑皮为主要原料的迁安书画纸曾与安徽宣纸并称"南宣北迁"。但由于产品性能和知名度等原因，北方手工纸在书画纸市场中一直未能占据核心地位。如果能够提高其产品质量，北方手工纸可以满足文化用纸的需要。

20 世纪 80 年代，河北迁安、山西襄汾等地开始创制书画纸。目前，山西高平、陕西柞水、甘肃西和等地的造纸生产者也都开始尝试生产书画用纸，也获得了一定的市场认可。说明北方手工纸在原有功能的基础上，发展出了新的功能，被赋予了新的实用价值。

3. 开发文物修复用纸

我国保存有大量的纸质文物，对之进行保护和修复是一项重要任务。在纸质文物修复过程中要求修复用纸与文物本体相匹配。保存至今的纸本书画、古籍等文物中，不乏麻纸或皮纸类文物。而北方地区采用麻、桑皮、构皮等韧性强的纤维为原料，并且具有悠久的生产传统，保留了传统生产工艺，对之加以适当的改良，可以为文物修复提供材料。

北方手工纸作为修复用纸，不仅限于古籍、书画等纸质文物修复方面，也可用于古建筑棚壁等的修复。北方手工纸原有功能之一是在房屋建筑中用于糊顶棚，只是随着房屋形式的改变，这一功能已萎缩。在古建筑保护过程中，需要对建筑棚壁进行修复，常常要用到手工纸。[①]对于北方地区的古建筑，很可能曾经采用当地的手工纸材料。在修复过程中，如果选用当地生产的手工纸，则更能够符合修复用纸和文物本体相匹配的原则。北方手工纸在建筑棚壁修复中的应用，其实是北方手工纸原有实用功能的延续。

---

① 王时伟：《倦勤斋研究与保护》，北京：紫禁城出版社，2010 年版，第 153-170、231-238 页。

目前文物修复用纸或采用存留下来的老纸，或到市场上购买的新手工纸，中国国家图书馆也为各个修复单位统一下发修复用纸，以便于修复人员根据文物特征寻找合适的纸品。由于文物本身种类繁多，个体差异性很大，因此可能会存在难以找到匹配纸张的情况。在这种情况下，根据文物本身纸张的性质、颜色、厚薄、帘纹订制专门的纸张可能是最理想的解决方案。但由于一次所需的修复用纸量不大，大规模的手工纸厂可能不愿提供类似服务。北方手工纸作坊生产规模较小，有条件提供定制服务，可根据文物修复工作的不同需要生产出与之相适应的纸张，为纸质文物的修复提供材料。这既能解决文物修复用纸短缺的问题，也能为手工纸生产者打开销路。

作为一种实用性的产品，北方手工纸只有找到适合自己的发展空间才能在现在社会中生存。上述实用价值，可以算作是北方手工造纸工艺得以生存的基础。只有沿着实用化的方向发展，北方手工纸才能最终实现自主发展。

第五节　价值评估

北方传统手工造纸工艺具有历史价值、文化价值、科学价值和实用价值，是重要的非物质文化遗产。但遗憾的是，根据对北方手工纸现状的调查，并非所有地区遗留下来的造纸工艺都完全体现了上述价值。对北方现存手工造纸工艺进行价值评估，是确定保护工作重点的前提。

价值评估面临的问题主要有三个方面：一是全面认定研究对象的价值；二是精确描述该价值；三是整合和区分不同的价值，以使它们能够为不同的利益相关者提供不同的问题解决方案。[1]上文中已对北方传统手工造纸工艺的价值加以分析，在价值评估过程中如何进行认定和描述，则需要从历史记载、造纸原料、工具设备、相关物质遗存和产品等多方面入手。根据上述要素，可以制定北方手工造纸工艺价值评估框架（图11-1）。

文献调查是田野调查前所进行的案头准备工作，是对该地点造纸工艺发展历史以及技术源流的回顾。田野调查过程中，对当地居民的采访也能增进对该地造纸工艺源流和发展历程的认识，但要注意鉴别口述史材料的真实性，不能将口耳相传的传说与史实等同起来。

---

① 黄明玉：《文化遗产的价值评估及记录建档》，复旦大学博士学位论文，2009 年，第 41 页。

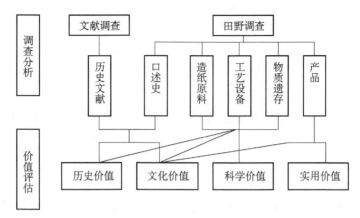

图 11-1　北方手工造纸工艺价值评估框架图

造纸过程中所使用的造纸原料、工具设备以及纸坊遗址等相关物质遗存，直接反映了手工造纸工艺的具体情况。是否保留了传统的原料和工具，工艺体系与其他地区造纸工艺的关系，以及所体现出的技术水平，是评价北方手工造纸工艺历史价值、文化价值和科学价值的重要标准。

此外，造纸地点目前是否仍在生产，其产品在市场中的地位等因素，也是衡量北方手工纸工艺实用价值的直接标准。

从图 11-1 中可以看出，北方手工造纸工艺价值评估的各个要素，所体现出的价值相互交织和重叠，难以明确切割。为了便于实际工作的开展，可以将上述要素加以限定，并将其具体化，由此，可以制定一个简单的北方手工造纸工艺价值评估表（表 11-1）。

表 11-1　北方手工造纸工艺价值评估表

	历史价值	文化价值	科学价值	实用价值
文献整理（历史文献、口述史）	是否具有悠久历史	是否曾向其他地区传播	是否有较为完整而细致的技术记录	用途的广泛性和重要性
造纸原料	是否仍然使用传统原料		原料的代表性与独特性	
工艺设备	是否完整保留传统工艺设备	是否存在与其他地区工艺的交流	是否具有较高的技术内涵	
相关遗存	是否具有悠久历史		是否能反映技术内涵	
产品	传统纸张实物留存的状况	是否仍对当地居民生活产生影响	是否具有代表性和科学研究价值	是否仍在生产和使用

表 11-1 共对北方手工造纸工艺的四类价值提出五项评价指标，如果每项指

标按"好、较好、一般、较差、差、无"划分为六个等级，依次评为"5 分、4 分、3 分、2 分、1 分、0 分"。则每项指标评分满分为五分，总分满分为一百分。表中提示了对各类价值评估时重点应该考虑的方面，当然，空格处并不一定意味着无此项价值。根据各地具体情况不同，可依照各项指标加以评分，由此评判各地造纸工艺所具有价值的高低。但由于各项指标没有严格的客观标准，因此在评价过程中，应最大限度地减少主观因素的影响，以免影响对各地工艺的价值评价。

目前北方手工造纸工艺保护工作任务繁重，由于人力、物力等客观条件的限制，难以做到全面保护，有针对性地加以重点保护是较为现实可行的方法。因此，对北方手工造纸工艺进行价值评估，显得尤为重要。

第十二章　北方手工造纸工艺的保护

北方传统手工造纸工艺作为重要的非物质文化遗产，长久以来对其价值认识不足，这也导致相应的保护工作不到位。现代社会条件下，北方手工纸生存和发展都面临种种困难。如果不及时采取有效措施，北方手工纸将面临彻底消亡的危险。

本章通过对北方手工纸业现状的调查，对现存问题进行梳理。在此基础上，结合非物质文化遗产保护的相关理论，对北方手工纸生存模式进行分析，试图针对性地提出保护建议，以期北方手工纸能够真正实现持久发展。

第一节　北方手工造纸工艺现状及问题

通过前面的田野调查了解到，北方手工造纸业存在行业萎缩、工艺变质、产品质量下降等诸多问题，严重威胁北方手工纸的长久发展，甚至会导致工艺的彻底消亡。下面从北方手工纸的产销情形、传承状况、产品质量以及保护政策等方面入手，对行业现状进行梳理，以便对北方手工纸的生存情况有全面的认识。同时分析其所面临的问题，探讨背后的原因，为保护策略的提出奠定基础。

一、生产模式多样

北方手工纸主要以中低档生活用纸为主，曾广泛应用于书写、裱糊、做衬垫、糊窗、包装、焚化等方面。随着生活方式的转变，对北方手工纸的需求日益降低。20 世纪 90 年代之后，北方手工造纸业迅速萎缩，许多地点纷纷停产，目前仅有十几个地点仍在进行生产，纸坊总数约 200 家，但大多数地点仅余几家，甚至仅存一家纸坊，随时面临彻底停产的危险。

通过对北方不同地区纸坊现状的分析，可以将北方手工造纸业的生产模式分为如下三种。

（1）小型家庭式手工作坊，并不雇佣工人，产品以丧葬用纸为主，多自产自销，仅少量销售。从这种生产模式中可以看出北方传统手工纸作为农村副业的性质。北方手工纸生产仅是家庭副业，并非固定的产业。当地百姓在农闲时从事造纸，农忙时则务农。造纸生产不是主要的谋生手段，因此造纸者的身份依旧是农民，没有专门以造纸为生的工人。生产的产品也多供自家和乡邻使用，用于销售的仅占少数。由于产品所能带来的经济收益比较低，因此在这种家庭作坊中，往往倾向于使用最简单的工具设备，降低投入，很少引进现代机械设备，保留了传统的造纸工艺。但由于这类纸坊多生产丧葬用纸，在廉价的机制丧葬用纸的冲击下，已经很少有人再选择自己生产。这种生产模式下的纸坊容易因个人因素而消亡。

（2）普通手工造纸作坊，通常雇佣一两名工人，产品以日常生活用纸为主，一般销于当地或邻近区域。在这类生产模式中，纸坊所有者虽然也掌握造纸技术，但他的身份更接近纸商而非造纸工人。纸坊所有者一般兼营纸店，负责产品的销售，生产工作则聘请造纸工人完成。这类模式，全年都进行造纸生产，在时间上不会受农业生产的影响。

这类生产模式其实是第一类的发展，是手工纸生产者在满足自身生活需要之后，寻求更多经济效益的一种转型。两种模式之间没有严格的区分，通常经济实力较为雄厚的纸坊为了壮大规模，会雇佣工人进行造纸生产；而实力弱的家庭纸坊可能停产，生产者受雇于他人的造纸作坊，成为专职造纸工人。在效益不景气的时候，手工造纸作坊的所有者也可能遣散雇佣的工人，自己充当生产者和销售者两种角色。

目前，由于手工纸用途萎缩，市场需求较小，许多小型家庭式的手工作坊纷纷停产，一个造纸点可能仅存几家手工造纸作坊，以满足当地对手工纸的少量需求。因此，这类手工造纸作坊是目前北方地区最为典型的生产模式。但是，由于手工生活用纸的需求量越来越小，再加上价格低廉，这类纸坊的生存状况堪忧。

（3）小型手工造纸厂，产品为文化用纸，可远销全国。这类生产模式是在手工造纸作坊基础上进一步发展壮大而形成的。纸槽数量、工人人数都比手工造纸作坊有所增加，而且产品也不再为日常生活用纸，而是生产文化用纸，以求进入经济效益更好的文化纸市场。这类纸厂为了降低成本、提高效益，在生产过程中往往引入现代机械设备、采用化学药品，对传统工艺进行了较大的变革。

小型手工造纸厂出现的时间比较短，近二三十年来，为了适应市场的需求，北方部分造纸生产者开始学习南方技术，生产文化用纸，这类手工造纸厂随之出现。目前，此类生产模式所获收益较高，一定程度上代表了北方手工纸生产的发展趋势。

北方手工纸行业萎缩严重、产地减少，生产模式主要为手工造纸作坊，产品以日常生活用纸为主，产品价格低廉，经济效益低。再加上原料以及劳动力成本的上升，进一步压缩了盈利空间。而且北方造纸作坊之间缺乏合作传统，在现代社会条件下，依然各自为政，不得不独自面对市场的冲击，生存状况不甚乐观。

二、传承情况堪忧

北方手工造纸行业的萎缩，也给传统造纸工艺的传承带来了问题。目前，北方手工造纸工艺的传承状况并不理想，主要表现在如下方面。

1. 工艺退化

如上文所述，目前除少数小型家庭式手工作坊之外，北方手工纸生产者开始使用现代机械设备和化学药品。由于传统造纸工艺所需劳动强度大，而目前劳动力成本不断提高，使用机械设备以降低劳动力成本、提高生产效率，成为许多生产者的选择。随着机械设备的引入，北方传统造纸工艺出现了严重的退化，在备料、制浆阶段尤为明显。打浆机、电动碾的使用取代了石臼、脚碓、石碾等传统工具，导致传统打浆工艺消失。仅在最后的抄纸、晒纸阶段保留了传统工艺流程。这种半机械化的造纸工艺已很难再称作传统手工造纸工艺。这样的变革，是传统工艺的严重退化，降低了北方手工造纸工艺所具有的历史价值、文化价值和科学价值。

除采用机械设备之外，工艺退化也表现在原料方面。北方手工纸普遍采用桑皮、构皮和麻为造纸原料。随着社会环境的变化，蚕桑业衰落，日用麻制品减少，使得北方手工纸的原料来源难以得到保障。为解决原料来源不足的问题，在造纸生产中开始大量引入机制纸边、玻璃纤维等，不仅影响了纸张质量，也导致了作为手工造纸技术核心的原料处理工艺的变质。

2. 工具制作技艺失传

工具对于传统手工艺来说，具有不可忽视的作用。工具本身是传统手工技艺的组成部分，工具的发明和改进是传统工艺自身技术革新的体现。工具是传统手工技艺的凝结，体现了传统工艺的技术内涵。造纸工具不仅是手工纸生产的重要组成，也是造纸技术的载体。但是随着传统造纸工艺的退化以及手工纸行业的萎缩，相关造纸工具制作技艺也面临失传的危险。

以纸帘为例，纸帘是造纸生产中必不可少的工具，随着造纸工艺的发展，也衍生出了纸帘制作行业。传统上，在主要的手工纸产地或周边村庄，均有制作纸帘的工匠，以满足抄纸的需求。但是在调查中得知，目前北方绝大多数造纸产地已没有纸帘生产，制帘工匠或已去世，或因年迈无法继续编帘。手工纸生产者只能将旧纸帘修补后继续使用，或从南方地区购买。纸帘制作技艺失传，给北方手工纸的特色保持和长远发展带来沉重打击。

3. 后继乏人

传统手工艺与现代化机器大生产的重要区别在于，技艺的活动或表现过程是由人来完成的，它的生存与保护需要解决人的问题，脱离了人的作用，技艺就成了最终作品。[①]"人"是传统造纸工艺传承过程中的关键因素，没有造纸工人，手工纸工艺的传承无从谈起。

由于北方传统手工纸生产多作为农村副业，造纸者由农民兼任，因此从业人员流动性较强。而手工造纸劳动繁重、经济收益低，随着进城务工机会的增多，造纸工人流失严重。目前仍在进行造纸的多为中老年人，生产能力有限，而年轻人则根本不愿从事造纸行业。北方手工造纸业面临后继无人的困境。当传统工艺无法找到年轻人来继承，那么这一工艺的消失只不过是时间早晚的问题。传承人的培养，是北方手工造纸工艺急需解决的问题。

解决这一难题，离不开政府部门的扶持。应对纸坊进行改造，改善工作环境，尽量减少造纸职业病的患病率，使工人的健康得到保证。同时，还应给予经济补助，提高造纸工人的地位和待遇。内在和外在两方面共同作用，才能够增进造纸行业对年轻人的吸引力，促进北方手工造纸工艺的传承。

---

① 蔡达峰：《"世界遗产学"研究的对象与目的》，见：复旦大学文物与博物馆学系、复旦大学文化遗产研究中心：《文化遗产研究集刊》（第3辑），上海：上海古籍出版社，2003年版，第77页。

4. 生存环境改变

随着社会经济的发展，北方手工纸的生存环境也发生了变化。一方面，高速公路、铁路等基础设施的建设，使得部分传统造纸村落需要整体迁移。另一方面，新农村建设全面开展，对自然村落进行重新规划和建设，也改变了北方手工纸传统的生存环境。

自然环境是影响传统手工艺产生、生存和发展的重要因素，对于手工造纸工艺来说，离不开充足的水源。传统造纸村落多分布在河流沿岸等水源丰富的地方。因基础设施建设等原因导致的造纸村落的迁移，会使其脱离原有生存环境，不仅会影响手工纸的持续发展，甚至会导致彻底停产。山西省吕梁市孟门镇前冯家沟村位于黄河岸边，是传统的造纸村落，生产手工桑皮纸。但是由于新建吕梁至临县（孟门）铁路支线，该村庄需进行整体搬迁，在 2010 年时已彻底停产。

现在，新农村建设正在全国农村展开，对农村进行新的建设，这本身是件好事，但是由于非物质文化遗产大部分都保存在农村地区，如果建设不当，很容易对其造成不可挽回的损失。拆旧村建新村，不对蕴含历史文化内容的有形遗存加以认真保护，承载这个村庄历史文化记忆的载体也就荡然无存。①山西盂县温池村因当地有温泉而得名，过去居民利用温泉水造纸，所生产的白麻纸称为"温池纸"。目前该村已完成新农村改造工程，家家户户都是独栋二层楼房，整齐划一。改建过程中蒸锅、洗麻池、纸槽等都已拆除，已无法找寻与造纸相关的遗迹。这些物质遗存见证了一个造纸村落的发展历程，是该村庄独特的名片和宝贵的财富，其消失甚为可惜。如果不是从年迈的人口中听到当地造纸的历史，很难将这个现代化的村落与传统手工纸联系起来。作为当地名产的"温池纸"，只停留在老人的记忆中。

三、纸张质量低下

长期以来，北方手工纸主要作为生活用纸，对纸张质量要求不高。近年来为适应市场，北方手工纸生产者开始尝试生产书画用纸。此外，随着文物修复事业的发展，修复用纸需求日渐增长，这也为北方手工纸应用于文物修复领域提供了可能。但由于北方手工纸产品外观均匀度等较差，目前市场竞争力比较

---

① 王文章：《非物质文化遗产概论》，北京：文化艺术出版社，2006 年版，第 17 页。

弱，为改善这一情况，需对北方手工纸质量进行评价和分析，寻找改良途径。

由于生活用纸属消耗性产品，对纸张耐久性没有特别要求，因此缺乏相关研究。不同于生活用纸，书画用纸和文物修复用纸等都对纸张的耐久性有较高的要求。但由于目前对北方手工纸耐久性的研究尚属空白，其原料和工艺等对纸张耐久性可能构成的影响尚不清楚。这可能对纸张在书画及文物修复领域的应用构成潜在威胁，为了摸清情况，对北方手工纸进行耐久性分析显得十分必要。

我们选取山西定襄麻纸、河北迁安红辛纸、河北迁安桑皮纸、甘肃康县构皮纸、陕西北张构皮纸等五种可用于书写的北方手工纸纸样，对其进行机械强度、pH 值以及色差值等理化性能的测试，以便对北方手工纸的耐久性做出评价。采用 105℃干热加速老化法对纸张的耐久性进行测试，老化条件依《GB/T464—2008 纸和纸板的干热加速老化》[1]进行。有研究表明，把纸样置于105℃的热恒温箱中，烘 3 天（72 小时），相当于纸在自然条件下老化 25 年[2]。

1. 色度

纸张在老化过程中会出现发黄现象，通过纸张颜色的变化，可以探讨其老化情况。加速老化后，定襄麻纸、迁安红辛纸、迁安桑皮纸、康县构皮纸、北张构皮纸五种纸样的色差值测试结果见图 12-1。

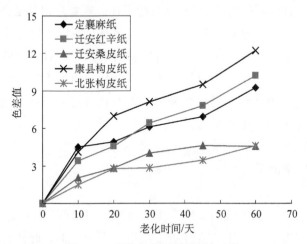

图 12-1　干热老化后纸样颜色变化

---

① 《GB/T 464—2008 纸和纸板的干热加速老化》，见：《中国轻工业标准汇编·造纸卷（下）》，北京：中国轻工业出版社，2010 年版，第 620-624 页。

② 刘仁庆、瞿耀良：《宣纸耐久性的初步研究》，《中国造纸》，1986 年第 6 期，第 32-36 页。

　　在老化过程中，各种纸样颜色均发生变化，康县构皮纸、迁安红辛纸以及定襄麻纸颜色变化较为明显，而迁安桑皮纸、北张构皮纸颜色变化较小。

　　通过对工艺调查和纸张纤维分析得知，康县构皮纸中含废纸 60%以上，定襄麻纸、迁安红辛纸制作过程中也加入废纸、纸边作原料。由于所掺入的废纸和纸边均为机制纸，由机械木浆制成，木材中含有较多的木素。木素如不除尽，成纸后易于老化，使纸变色并发脆[1]。可见原料是影响纸张变色的重要原因。

2. pH 值

　　纸张酸碱性是影响纸张耐久性的重要因素，加速老化后各种纸样 pH 值测试结果如图 12-2。

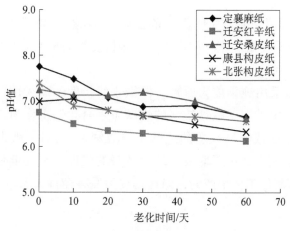

图 12-2　干热老化后纸样 pH 值变化

　　纸张在老化过程中 pH 值均呈现下降趋势，老化 60 天后，大多呈弱酸性。迁安红辛纸在老化之前已呈酸性，主要是由于其在制作过程中采用了化学漂白的方法，通过漂粉和漂液等强氧化剂对原料进行漂白处理。氧化性漂白剂残留在纸张中，对纸张中的纤维素、半纤维素起氧化作用，成为影响纸张耐久性的又一内在有害因素[2]。相比之下，采用传统工艺进行天然漂白或不经漂白的纸张则没有这一问题。

3. 耐折度

　　加速老化后，各纸样耐折度测试结果如图 12-3。

---

① 潘吉星：《中国造纸技术史稿》，北京：文物出版社，1979 年版，第 13 页。
② 郭莉珠：《档案保护技术学教程》（第二版），北京：中国人民大学出版社，2008 年版，第 21 页。

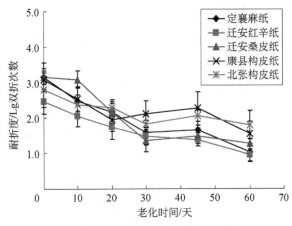

图 12-3　干热老化后纸样耐折度变化

　　各种纸样在老化之后均呈明显下降趋势，干热老化 60 天后，定襄麻纸、迁安红辛纸、迁安桑皮纸、康县构皮纸、北张构皮纸的耐折度对数的保留率依次为 32%、38%、40%、50%、64%。

　　迁安桑皮纸采用纯桑皮为原料，但纸张耐折度、耐久性较差，可能是由于其在制作过程中采用了碱性较强的烧碱（氢氧化钠）作为蒸煮剂，相比传统的石灰、草木灰或碱性较弱的纯碱（碳酸钠），其对于纸张纤维的损伤较大，而耐折度的大小，主要取决于纤维本身的强度，因此纸张的耐久性要差些 [1]。采用传统制作工艺生产的，以纯构皮为原料经石灰水蒸煮的北张构皮纸耐久性较好。

4. 撕裂度

　　加速老化后，各纸样撕裂度测试结果如图 12-4。

　　干热老化之后，纸张撕裂度均呈现下降趋势。老化 60 天后，定襄麻纸、迁安红辛纸、迁安桑皮纸、康县构皮纸、北张构皮纸的撕裂度保留率依次为 35%、42%、28%、40%、50%。撕裂度的大小，除纤维本身的强度以外，主要取决于纤维间的结合力。采用韧皮纤维为主要原料的北张构皮纸、迁安桑皮纸虽然其初始撕裂度较大，但后者老化后撕裂度下降很快，显示烧碱蒸煮、氧化性漂白剂漂白等工艺不仅会损伤纤维本身，而且对于纤维间的结合力也有潜在的不利影响。主要采用传统工艺制作的北张构皮纸耐久性较好。

---

[1] Inaba M，Chen G，Uyeda T，et al，"The effect of cooking agents on the permanence of washi（Part Ⅱ）"，Restaurator，2002（2），pp.133-144.

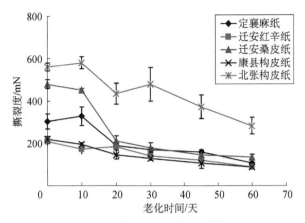

图 12-4　干热老化后纸样撕裂度变化

5. 抗张能量吸收

加速老化后，各纸样抗张能量吸收测试结果如图 12-5。

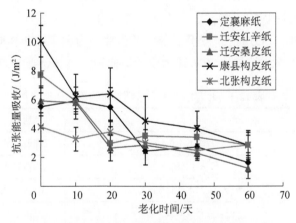

图 12-5　干热老化后纸样抗张能量吸收变化

干热老化 60 天后，定襄麻纸、迁安红辛纸、迁安桑皮纸、康县构皮纸、北张构皮纸的抗张能量吸收保留率依次为 30%、37%、21%、28%、69%。北张构皮纸在干热老化 60 天之后依然具有较高的抗张能量吸收保留率，说明以纯皮为原料并采用传统工艺生产的手工纸，具有较高的抗张力、耐久性。

通过对 5 种北方手工纸进行实验分析，得出以下结论。

（1）原料对纸张老化后颜色变化影响较为明显。原料中掺入废纸的纸张，所含木素较多，导致纸张老化后容易变色，而使用纯皮为原料的纸张，老化后变色不明显。废纸的使用，也会降低纸张强度。

（2）应用化学方法进行漂白的纸张，如迁安红辛纸老化后 pH 值下降明显；采用传统的打浆、漂白工艺，有助于使纸张保持较好的耐久性。

（3）北方手工纸耐久性普遍较差，即便是采用纯皮为原料的迁安桑皮纸，由于使用较强烈的蒸煮剂处理原料，耐久性也不理想。唯有北张构皮纸耐久性较好，说明如以纯皮为原料，采用传统工艺生产，北方手工纸可以具有良好的耐久性。

四、保护工作不力

对传统手工造纸工艺的保护，是随着非物质文化遗产保护工作的推进而展开的。2005 年，国务院办公厅印发《关于加强我国非物质文化遗产保护工作的意见》，提出要建立国家级和省、市、县级非物质文化遗产代表作名录体系。[①]目前，已成功开展三次全国范围内的非物质文化遗产普查。普查工作有助于增进对手工纸工艺现状的了解，北方许多传统手工造纸工艺在这个过程中重新被发现和认识。目前北方有 3 项手工造纸工艺被评为国家级非物质文化遗产，21项被评为省级非遗，还有 11 项被评为市县级非遗。具体情况如表 12-1 所示。

表 12-1　北方地区手工造纸类非物质文化遗产

级别	名称	地点	总数
国家级	楮皮纸制作技艺	陕西长安	3
	平阳麻笺制作技艺	山西襄汾	
	维吾尔族桑皮纸制作技艺	新疆吐鲁番	
省级	寺台造纸术	甘肃康县	21
	麻纸制作技艺	甘肃西和	
	迁安手工造纸	河北迁安	
	肃宁捞纸技艺	河北肃宁	
	麻纸制作技艺	河南新密	
	白棉纸制作技艺*	河南济源	
	东高高氏古法造纸技艺*	河南沁阳	
	桑皮纸制作技艺	山东曲阜	
	桑皮纸制作技艺	山东临朐	

---

① 王文章：《非物质文化遗产概论》，北京：文化艺术出版社，2006 年版，第216页。

续表

级别	名称	地点	总数
省级	鲁庄造纸技艺	山东阳谷	
	洋县传统造纸技艺	陕西洋县	
	起良村造纸制作技艺	陕西周至	
	杏坪皮纸制作技艺	陕西柞水	
	宣纸传统造纸技艺	陕西镇巴	
	阳城绵纸制作技艺*	山西阳城	
	桑皮纸制作技艺*	山西孟门	
	蒋村麻纸制作技艺	山西定襄	
	崞阳麻纸制作技艺*	山西原平	
	贾得手工麻纸技艺*	山西贾得	
	沁源手工麻纸制作技艺*	山西沁源	
	麻葛纸制造技艺	山西太原	
市县级	镇安土纸、皮纸制作技艺	陕西商洛	11
	柞水火纸	陕西商洛	
	牛村镇温池村、西潘乡东潘村手工造纸*	山西盂县	
	坪泉麻纸*	山西河曲	
	石柱村抄纸技艺*	河北保定	
	西仰陵手工造纸*	河北石家庄	
	手工"高丽纸"	河北迁安	
	捏掌构皮纸捞制技艺*	河南沁阳	
	朱刘河手工麻纸制作	甘肃西和	

注：*表示目前已经停产。

虽然目前北方已有 35 项传统手工造纸工艺被评为非物质文化遗产，但是却有近半数造纸地点已停产，评为非物质文化遗产并没有完全解决工艺传承的问题。北方手工纸工艺保护工作仍存在一些问题。

1. 重视程度不够，普查工作开展不到位

非物质文化遗产普查工作，是由各地文化部门独立开展的，因此不同地区在进行具体的普查工作时，难免存在差异。虽然大多数地区都将手工造纸工艺作为传统手工技艺类非遗，积极开展普查，但也有地区对其重要性认识不足。有的地区尽管还在进行手工纸生产，但并没有列入非遗普查的范畴之内。山西临县刘王沟村目前仍有二十多户人家进行手工纸生产，当地文化部门以造纸是污染行业为由，没有对之进行相关调查。前期的普查工作未能开展，后续的保护更无从谈起。

2. 普查和申报完成之后，保护政策制定不及时

北方手工纸的保护，比较侧重普查和申报工作。在普查阶段，各地倾注大量精力对本地的手工纸工艺进行调查，在此基础上，根据工艺的重要程度申报不同等级的非遗。前期工作的开展，有利于摸清北方现存手工造纸工艺的种类、数量、分布情况以及生存现状等，是后续保护工作的坚实基础。但在很多地区，普查和申报之后，相关的保护工作并没有及时有效开展。

山西贾得麻纸制作工艺于 2010 年被列为市级非遗，2011 年被列为省级非遗。当地已经停产数年，村中保留了纸槽等工具，也有数位掌握造纸工艺的老人健在，有条件进行恢复生产。但是调查时（2012 年）从临汾市文化局了解到，对贾得麻纸工艺的恢复和保护工作规划正在制定当中，尚未出台。这种已经停产的手工纸工艺，需要依靠从事过造纸生产的老人进行恢复和传授，考虑到老人的身体状况等因素，保护工作宜早不宜迟。相关保护政策的制定和颁布应当更加及时。

3. 相应补贴未完全落实，挫伤传承人积极性

为促进非物质文化遗产的传承，需对传承人有一定的补贴。但是在调查中了解到，这一政策未能完全落实，许多传承人没有得到补贴，因此保护传统工艺的积极性不高。没有相应的扶持和补贴政策，只是一味强调工艺的传承，其实是将保护的责任转嫁到传承人身上。没有强有力的政策支持，仅依靠个人，难以实现传统造纸工艺的真正传承和持续发展。

目前对北方传统手工造纸工艺的保护，主要集中在前期的普查和申报工作，也取得了丰硕的成果。通过普查，总体掌握了现存手工造纸工艺的数量和现状，并按照工艺的重要程度将之列为国家级、省级和市县级非物质文化遗产，以便在进行保护时能够有所侧重。但后续的保护工作在政策制定和落实等方面还存在一些不足。北方手工造纸工艺的保护，前期的普查申报和后续保护工作两者缺一不可，保护工作是一项复杂而持久的任务。

第二节　北方手工造纸工艺保护策略

通过对北方手工造纸工艺产销情形、传承状况和产品质量的分析，发现北方手工造纸业面临的问题是多方面的，并且彼此之间相互影响。对北方手工造纸工艺的保护，不能仅从单一方面入手，应将多种影响因素进行综合考虑。由于北方手工造纸是一项生产性产业，因此对这类传统手工艺进行保护，必须注意和研究其生产的性质。在一般情况下，生产的性质主要体现在传统手工艺的创造和传承的过程之中。可以说，传统手工艺的产品、经验和技术也都是生产的结果。[①]北方手工造纸工艺保护工作的关键在于：如何使手工造纸业这一生产性行业，在现代社会条件下实现持续发展，这也是传统手工艺类非物质文化遗产保护所面临的共同问题。

手工技艺类遗产项目和其他许多类非物质遗产中有手工业生产技艺含量的项目，其原生形态本来就是用生产性方式进行代代相传的，因此理应依据其固有规律的特征，充分发挥其生产性方式的独特优势，求得在现代转型过程中持续发展。[②]因此，对于北方手工造纸工艺这类传统手工技艺，应进行生产性方式保护。所谓"生产性方式保护"，便是力求在不违背手工生产规律和自身运作方式、不扭曲其自然演变趋势的前提下，将传统手工技艺导入当代社会及产业体系，使之在创造社会财富的生产活动中得到积极保护。[③]

由于北方手工纸产地分布比较分散，不同地区生存现状不甚相同，并不是所有地区都适合进行生产性方式保护，而且不同地区根据情况不同，生产性保护的具体方式也应有差别。根据调查了解到，目前有的地区完整地保留了传统工艺，却因为销路狭小而面临生存困境；有的地区则因产品依然具有市场需求而发展良好；另外，还有地区开始尝试发展手工纸工艺品或文化用纸，以开辟新的市场。因此在保护过程中，需根据北方手工纸的生存现状，制定有针对性的保护策略。笔者认为，北方手工纸的保护策略主要包括以下四类。

[①] 徐艺乙：《关于"非遗"生产性保护的思考》，《中国文化报》，2009 年 2 月 25 日第 3 版。

[②] 乌丙安：《非物质文化遗产保护的界定与生产性方式保护的管理》，见：乌丙安：《非物质文化遗产保护理论与方法》，北京：文化艺术出版社，2010 年版，第 203-208 页。

[③] 吕品田：《在生产中保护和发展——谈传统手工技艺的"生产性方式保护"》，《美术观察》，2009 年第 7 期，第 5-7 页。

一、保护传统工艺

目前北方部分地区传统手工造纸工艺保存较为完整，但产品已不适于市场需求。这一类手工纸生产模式以原始方式，采用古老工艺，生产传统产品。虽然在现代社会中，其产品的实用价值不高，但是工艺保留了大量的历史信息，展示了北方手工造纸技术发展演变的历程，为研究手工造纸工艺发展史提供了丰富的资料。

这一类型最典型的是山东曲阜纸坊村和山西孟门前冯家沟村的桑皮纸生产。两者都保留了古老的蒸料、打浆、抄纸、晒纸工艺，整个流程没有引进现代机械设备。所生产的产品在使用功能上也没有转变，曲阜桑皮纸依然用于裱糊等方面，孟门桑皮纸则作为丧葬用纸。但现代社会对这两类手工纸需求十分有限，因此两者生存空间狭小，处境艰难。如果不采取适当的保护措施，两者难逃消亡的厄运。针对这一类型的手工纸生产，保护工作应侧重传统工艺而非产品。

对这类具有重要价值的传统工艺，应进行资料性保护，通过系统地整理文献资料、采访调查，以笔录、摄影、录音、录像等方式，尽可能完整详尽地占有和记录有关信息与资料，建立档案和数据库，收集生产工具、原料以及保存的产品实物，并妥为保存。①资料性保护，并不限于现在仍在生产的手工纸地点。有的地区手工造纸业已经处于停产状态，而且较难恢复，但是当地依然保留了纸槽、蒸锅、洗料池等物质遗存。这种情况下，也应及时进行资料性保护。对手工纸相关物质遗存进行记录、测量、登记等工作，必要时对之加以修缮；并向当地居民了解遗存的年代、使用方法等信息，以便全面掌握造纸遗存的情况。在资料性保护的过程中，应注重发挥博物馆的作用。

有关北方手工纸的陈列展示，目前主要有以下几处。其一，山西定襄阎锡山故居内设有麻纸生产陈列室，采用复原陈列的方法，对定襄传统麻纸生产工艺进行展示。但遗憾的是，该陈列室已经关闭，房门紧锁，无法参观。其二，河北迁安博物馆民俗风情展厅，设有造纸工艺模块。展柜内陈列有从当地收集而来的造纸工具，并采用壁画和模型的方式，对迁安手工纸工艺进行展示（图12-6）。其三，陕西洋县的蔡伦纸文化博物馆（图 12-7），这是北方地区唯一的造纸工艺专题馆，是一家私人承包的博物馆。其中陈列了备料、制浆、抄纸、

---

① 廖育群：《传统手工技艺的保护和可持续发展》，郑州：大象出版社，2009年版，第162页。

晒纸各个环节的工具设备，并进行抄纸和晒纸操作演示。蔡伦纸文化博物馆对造纸工具的收集和保护工作，以及对整个工艺流程的展示，对于保存该工艺的历史信息、向广大游客宣传传统造纸十分有益。但同时也使造纸工艺脱离了原本的生存环境。蔡伦纸文化博物馆中展示的造纸工艺，是陕西西安北张村的工艺，聘请的工人也是北张村人。由于需要向游客展示，抄纸等操作更多带有了表演性质，对产品则关注不多，与真正的造纸生产关注点不同。这也是传统手工纸在展示过程中普遍面临的问题。表演性强的部分（如抄纸）常常被保留、夸大，而慢工细活式的部分（如原料处理）则被省略。手工纸看似找到了出路，实际上保留的是"花拳绣腿"，这种诱导的结果客观上加速了真正传统工艺的消失。①

图 12-6 迁安博物馆造纸工具陈列
注：河北迁安，2010 年 2 月

图 12-7 蔡伦纸文化博物馆
注：陕西洋县，2007 年 10 月

博物馆中的造纸工艺并不是真正意义上的传统工艺，博物馆虽然在资料性保护当中发挥重要作用，但不能彻底取代真正的手工纸生产。对于传统工艺的维护，需增加对手工造纸作坊的扶持。通过修整造纸作坊、提供工具设备等方法，改善工人生活环境。并开辟专门的原料种植基地，保证原料的稳定、充足供应。此外，需对传统生产工具制作工艺进行恢复和保护。日本为了更好地保护造纸工艺，对与造纸有关的其他工艺，如纸帘、纸架等造纸工具的制作也进行了良好的保护。全国手漉和纸用具制作技术保存会持有的手漉和纸用具制作技艺于 1976 年被评定为文化财保存技术，受到应有的重视。②我国在这一方面的工作比较欠缺，值得借鉴。

① 陈刚：《传统造纸工艺的科学研究与保护》，见：中国文化遗产研究院：《文化遗产保护科技发展国际研讨会论文集——中国文物研究所成立七十周年纪念》，北京：科学出版社，2007 年版，第 198-202 页。
② 冯彤：《和纸的艺术：日本无形文化遗产》，北京：中国社会科学出版社，2010 年版，第 153 页。

二、开发手工纸工艺品

手工纸工艺品的开发，是传统手工造纸工艺与文化产业领域相结合的探索。在对传统造纸工艺进行恢复的基础上，开发新的高端产品，走工艺品之路。北方手工纸生产长期以来的局限性在于产品定位比较低，以生产日常生活用纸为主，因此对产品质量把关不严，价格低廉。随着生活方式的转变，社会对北方手工纸的需求不断降低，致使生存空间萎缩。开发手工纸工艺品，便是为了解决这一生存困境。

目前陕西长安北张村构皮纸生产者张逢学和山西定襄蒋村的麻纸生产者刘隆谦已开始进行这方面的尝试。张逢学是国家级非物质文化遗产传承人，刘隆谦是省级非物质文化遗产传承人。两人抓住了媒体对其传承人身份进行大力宣传的契机，恢复传统工艺，对产品质量进行改善，并以"传统造纸工艺，纯手工制作"为宣传口号，提高产品地位，获得更高收益。北张地区普通日用手工纸价格为 0.12 元/张，张逢学恢复传统工艺所生产的手工纸价格为 1 元/张，后者已不再是日常生活用纸，带有了一定的工艺品色彩。这样的生产模式，明显能够给生产者带来更多的收益，是北方手工纸发展的新途径。

对于传统造纸工艺的开发，应该根据传统手工技艺自身的特点、规律和条件来展开，不能沿袭强调产速、量大、划一的大工业开发方式，盲目地追求产业化、市场化和商业化。[①]因此需对传统造纸工艺进行恢复，采用传统方法生产，以便与工业化大生产的生产模式区分开来，这也是手工纸工艺品区别于普通工艺品的重要特点。

但是由于北方长久以来只生产日常生活用纸，对纸张质量要求不高，传统造纸工艺在打浆等环节处理不够精细，可以根据产品的需要对之加以适当改良，但对引入现代机械设备要慎重。

发展工艺品仅靠造纸生产者个人的力量很难实现。张逢学、刘隆谦两人是借助自己非遗传承人的身份提高了产品知名度，但是对于普通生产者来说，难以达到此效果。因此，对这一类型的手工纸生产模式的保护，离不开政府、企业和造纸者的合作。政府在其中起桥梁作用，吸引文化企业对传统手工造纸业投资，进行手工纸工艺品的开发和生产。在这种合作关系中，企业进行产品的设计和开发，造纸者负责生产。政府则可以对这类手工纸工艺品进行适当宣

---

① 吕品田：《在生产中保护和发展——谈传统手工技艺的"生产性方式保护"》，《美术观察》，2009 年第 7 期，第 5-7 页。

传，提高社会影响力。

三、维持生产现状

传统手工造纸工艺具有顽强的生命力，这也是其能传承至今的重要原因。虽然现代社会对日常生活用手工纸的需求比较低，北方大多数地区手工纸生产面临困境，但是有的地区手工纸生产依然比较兴盛。说明在小范围内，北方手工纸还能够满足特定的市场需求。这主要是由于在某些方面，日用手工纸还具有较高的实用价值，并且没有替代品的产生。对这类手工纸生产，应适当加以引导，延续产品的实用价值。

陕西柞水是北方地区目前为数不多的发展较为乐观的北方手工纸产地之一。由于当地在丧葬中有以构皮纸垫棺材的习俗，而且用量较大，每副棺材需用纸 20 刀。构皮纸柔软、强韧、吸水，是机制纸所无法取代的，而且目前柞水仍然采用土葬，对手工构皮纸的需求依然存在，因此柞水手工纸生产能够持续繁荣。

这类手工纸生产，其本身发展状况良好，因此无须特别进行干预。对于这类手工技艺的保护，要特别注意防止项目主体为提高经济效益而用现代技术替代原有技术。应要求有关企业采取措施，确保传统手工技艺得到传承和持续。[1]政府可以加强手工纸生产的组织管理，建立行业协会，制定产品质量标准。同时，促进生产者之间的沟通，避免盲目生产带来的损害。

柞水手工纸业的兴盛，得益于传统生活习俗在当今社会的保留，同时手工纸本身也成为传统习俗的一部分。手工纸生产，是与当地人的生活密切相连的。即使是在工业化大生产的时代，在某些领域，手工纸生产的独特性依然是现代技术无法取代的部分。虽然随着生活方式的彻底转变，终有一天日用类手工纸将退出人们的生活。但手工纸生产内在生命力决定了它将重新适应新的社会生活环境，进行新的发展。目前柞水地区已经开始尝试生产书画用纸。因此，对于这类生产模式，应稍加引导，不能强行干预，限定它的发展方向。

四、发展书画和文物修复用纸

现在市场上对传统手工纸的需求主要集中在书画方面，因此适用于书画创

---

[1] 廖育群：《传统手工技艺的保护和可持续发展》，郑州：大象出版社，2009 年版，第 163 页。

作的宣纸一直占据主导地位。另外，随着文物保护与修复工作的展开，对文物修复用纸的需求量也在增加。北方手工纸生产者为适应市场的需要，也开始学习宣纸技术，生产文化用纸。这种生产模式，着眼于对纸张实用价值的开发，扩大产品的使用范围。河北迁安，山西高平、襄汾，甘肃西和等地区都在积极探索生产书画和文物修复用纸。这一发展模式，可能成为北方手工纸未来发展的主流。

迁安地区是北方传统的手工纸产地，采用桑皮为原料，一直以日常生活用纸为主要产品。清末时期，学习了朝鲜高丽纸生产技术，创制红辛纸。20 世纪80 年代，学习南方宣纸技术，开始生产书画纸，曾与宣纸并称为"南宣北迁"。目前，迁安李姑店村有五六家小型手工纸厂，以生产红辛纸和书画纸为主。现以迁安汇远书画纸厂为例，介绍此类纸厂的发展情况。

迁安汇远书画纸厂是当地最大的手工纸厂，也是当地的原料处理中心，其他纸厂的原料都到这里统一处理。该纸厂采用桑皮、麻料、木浆为原料，不限于传统的红辛纸和书画纸产品，而是开发出四尺单宣、四尺双面宣、六尺宣、八尺宣、四尺纯桑皮纸、高丽纯桑皮纸、普通高丽纸等多种产品。产品的主要客户群为书画创作者。为摸清市场需求，该纸厂与书画家建立联系，并提供纸样供其创作，听取用纸感受并在此基础上加以改良。此外，该厂的产品尤其是高丽纯桑皮纸，还销往北京荣宝斋、中国书店等文博单位，以供文物修复和制作礼品之用。目前汇远书画纸厂已经在京津冀地区拥有一定的知名度，纸厂发展较好。迁安汇远书画纸厂，代表了北方手工纸未来发展的一个方向——以生产书画用纸为主，通过市场竞争获得收益，实现自主发展。

发展书画用纸，很容易陷入完全模仿宣纸生产的发展模式，试图与宣纸直接竞争。这种倾向并不利于北方手工纸的发展。目前市场上安徽泾县的红星牌等名牌宣纸已获得普遍认可，拥有良好的口碑，北方手工纸如果直接与之竞争，很难取得优势。因此，在开发文化用纸生产的过程中，应积极发扬自身的特点。北方地区普遍使用麻、桑皮、构皮等为原料，产品与宣纸具有不同的书画效果，可以作为宣纸的补充，具有一定的发展潜力，应对纸张的这种独特性加以开发，而不是一味模仿宣纸。只有形成自己的特色产品，才能更具市场影响力。

这类手工纸厂的发展，主要依托于市场，为提高市场竞争力，应对工艺加以改良。通过对北方手工纸耐久性分析得知，原料中掺入废纸的纸张普遍耐久性较差，这一点在纸张颜色变化、酸碱度、纸张强度上都有所体现。为使北方手工纸能够作为文化用纸，在原料选择上应严格把关，采用纯桑皮、构皮或麻为造纸原料，杜绝废纸的使用。

为了提高生产效率、降低成本，手工纸厂普遍采用现代机械设备和化学处理方法。但实验表明，这种改变对手工纸的耐久性存在负面影响。因此，在技术变革的过程中应注意，涉及化学处理过程的，应采用传统工艺，杜绝漂白粉等化学试剂的使用；涉及物理处理过程的，应采用与传统工具原理相类似的机械设备。例如，在打浆阶段，可以使用电动碓替代脚碓，而尽量避免使用打浆机进行低浓度打浆，防止纤维被过分切断，影响纸质。只有对原料进行严格把关，并进行适当的工艺改良，北方手工纸生产才能在不损害纸张质量的前提下，提高市场竞争力，实现自主发展。

对于文物修复用纸的开发，应选择工艺保存较好的麻纸和皮纸产地，根据文物修复用纸的要求，进行工艺改良，生产出符合文物修复需求的纸张。由于文物修复用纸对纸张酸碱性要求很高，如果呈酸性，会对文物造成潜在损害，因此在生产过程中应杜绝漂白粉等化学药品的使用。目前安徽潜山、泾县，贵州丹寨地区已与国家图书馆建立合作关系，形成古籍修复用纸的定点生产。相比之下，北方手工纸生产则显得比较薄弱，应积极与文博单位合作，进行文物修复用纸，特别是有传统特色的麻纸的定点生产，提供修复用纸的定制生产服务。不仅能够满足文物修复用纸多样化的需求，也能扩大北方手工纸的产品使用范围，拓展其生存空间。

发展文化用纸，是手工纸生产者为适应现代社会环境进行的有益探索，是北方手工纸的发展方向。对于这种产业，应坚持特别化的原则，即把包括其产业形态在内的手工艺生产视为非同一般工业的文化经济或文化产业，以至在贷款、税收、出口、工商管理等方面给予产业生产上的特别扶持[1]，促进北方手工造纸业发展。

① 吕品田：《在生产中保护和发展——谈传统手工技艺的"生产性方式保护"》，《美术观察》，2009 年第 7 期，第 5-7 页。

附录一 北方地区主要手工纸种信息表

产地		纸名	尺寸/尺		原料	常用计量单位	用途	备注	出处
			长	宽					
河北	迁安	毛头纸	1.8	1.7	桑皮	190 张/匹，40 匹/块	裱窗及墙壁湘油酒笺	尺为营造尺	《近代中国实业通志》
		高丽纸	2.6	2.2	桑皮	200 张/匹	糊窗		
		油衫纸	4.2	2.6	桑皮	200 张/把	糊窗		
		加宽油衫纸	4.5	3.05	桑皮				
	井陉	高条纸	1.5	1.2	碎麻绳、麻皮、废纸		糊窗口、裱屋顶	厚、硬	《头泉的麻头纸》
		老连纸	1.4	1.2	碎麻绳、麻皮、废纸		做账本	厚、保存期长	
		尺八纸	1	0.8	碎麻绳、麻皮、废纸		学生习字用	薄而透明	
		城门纸	2.4	1.89	碎麻绳、麻皮、废纸			可能指呈文纸中华人民共和国成立后统一	
山西	襄汾	呈文	3（2.9）	2.1（2）	废麻	190 张/去，20 去/捆			《邓庄地区麻纸生产工艺及品种的演变》
		小呈文	2.8	1.9	废麻	190 张/去			
		方日尺	1.8（1.35）	1.8（1.35）	废麻	190 张/去，40 去/捆	契约用		
		小尺八	1（0.9）	1（0.9）	废麻	190 张/去，50 去/捆	学生写仿、做账簿		
		三五	1.3	1.2	废麻		糊窗、祭祀		

续表

产地		纸名	尺寸/尺		原料	常用计量单位	用途	备注	出处
			长	宽					
山西	襄汾	满泊	3.2	2.4	废麻				《邓庄地区麻纸生产工艺及品种的演变》
		官纸	1.2	1.2	废麻		苏坊包皮用		
		条帘子	1.9	0.95	废麻				
		条曰子	1.8	1.5	废麻				
山东	临朐	八方子	0.8（1.32）	0.8（1.32）	桑皮	100张/刀，50刀/捆	铺垫蚕席、包装中药、裱糊、书写		《临朐桑皮纸》
		篓纸	约1	约0.7	桑皮	100张/刀，100刀/捆	糊篓		
	淄博	黄表纸	1.1	1.1	废纸，姜黄或洋黄	30、40、60、90、100张/刀，12刀/个	烧纸		《山东省淄博市大房造纸村考察》
河南	密县	绵纸	1.35（1.2）	0.95（0.8）	楮皮穰	500张/捆		有大绵麻纸、单极纸、小绵纸	《河南土特产资料选编》
	新乡	小方纸	0.8	0.8	麻绳头	160张/刀，50刀/捆	包中药、写契约、裱糊	属麻头纸	《麻头纸之乡——孟营》
		大方纸	1	1	麻绳头	190张/刀，50刀/捆	包中药、写契约、裱糊	属麻头纸	
		行纸	1.1	1	麻绳头	190张/刀，50刀/捆	包中药、写契约、裱糊	属麻头纸	
		顶帘纸	1.2	1.2	麻绳头	190张/刀，50刀/捆	包中药、写契约、裱糊	属麻头纸	
		老帘纸	1.4（1.6）（1.8）	1.4（1.6）（1.8）	麻绳头	190张/刀，50刀/捆	包中药、写契约、裱糊	属麻头纸	
	嵩县	白绵纸			构穰	80张/刀，10刀/捆	书写、印刷	当地还产火纸，竹制	《白河造纸》
	鲁山	棉纸			构皮、稻草	80张/刀，10刀/捆	书写、印刷	印报用纸2.2尺×1.6尺	《下汤棉纸的兴衰》

续表

产地		纸名	尺寸/尺		原料	常用计量单位	用途	备注	出处
			长	宽					
河南	鲁山	构瓤纸	1.8	1.3	纯构瓤	80张/刀，10刀/捆，20刀/绳	文教、契约、做账簿、纸花、灯笼	也称净瓤纸	《白草坪的净瓤纸》
	安阳	庄纸	1.5	1.5	废纸	195张/刀	做旧式账簿		《河南轻工业志（初稿）·造纸》
		麻纸	2	2	废麻、绳头	195张/刀	机关公文		
陕西	定远	二则、圆边、毛边、黄表纸			木竹	二则、圆边、毛边每捆五六合，每合200张。黄表纸论箱			《三省边防备览》卷九
	商县	报纸、书写纸	小2.5	小1	构皮	100张		有大小两种	《陕西省之纸业与造纸试验》
		黄纸板			稻秆				
		烧纸			构皮，或加30%稻秆		迷信用纸		
	南郑	土纸			构皮、废纸		做报纸、信封纸	还有小张棉纸	《陕西省之纸业与造纸试验》
	城固	报纸			50%构皮、50%废纸			还有嫩竹毛边纸	《陕西省之纸业与造纸试验》
	洋县	白烧纸			构皮				《陕西省之纸业与造纸试验》
		毛边纸			竹				
	西镇	火纸					点火用	纸面积约十六平方寸	《陕西省之纸业与造纸试验》
		黑皮纸、方块纸			构皮			还有用嫩竹制皮纸	
		黄纸板			稻草		作纸盒及包物		

续表

产地		纸名	尺寸/尺		原料	常用计量单位	用途	备注	出处
			长	宽					
陕西	凤翔	报纸、斤纸			破麻鞋、旧麻绳头			洁白匀细	《陕西省之纸业与造纸试验》
		厚黄纸	1.2	1.2	麦秆		用作衬鞋底及包物	质极粗劣	
	陇县	烧纸	1.0	1.0	破麻绳、旧绳头		迷信用	薄而不匀	《陕西省之纸业与造纸试验》
		斤纸	1.4	1.4	破麻绳、旧绳	以100张论价	书写纸	纸质比较匀细，纸色亦白	
	长安	报纸、书写纸			构穰、碎纸		制作报纸、书写纸、信封纸	还有构皮黑麻纸、白棉纸	《陕西省之纸业与造纸试验》
		厚黄纸	1	1	麦秆		包装点心时衬纸		
	蒲城	报纸			构穰、麻鞋及旧绳头			书写纸用破布鞋为原料。以前曾专用破鞋造上等绘画纸，名曰蒲墨，制工极细	《陕西省之纸业与造纸试验》
	镇巴（西乡）	毛边纸	2.9	1.6	嫩木竹			质粗色黄易碎	《西北的手工制纸业》
		二则纸	2.8	1.8	嫩木竹			质细色白坚韧耐用	
		火纸	0.7	0.48	老竹			色黄、纸重、质松	
		白皮纸	0.95	0.85	构皮（去黑皮）			色白	
		黑皮纸	1.5	0.95	构皮（未去黑皮）				
	长安	白长帘、白二帘、黑麻纸							《西北的手工制纸业》
	蒲城	蒲长墨纸			穰子：麻质=12：21			麻质为旧麻绳、废麻鞋，穰子为废布鞋、废棉花	《西北的手工制纸业》
		尺一五金凤纸			穰子：麻质=7：11				

续表

产地		纸名	尺寸/尺		原料	常用计量单位	用途	备注	出处
			长	宽					
陕西	蒲城	尺三凤麻纸			穰子：麻质=7：17				《西北的手工制纸业》
		尺四白穰纸			穰子：麻质=10：19				
		月尺白麻纸			穰子：麻质=13：10				
		尺三白麻纸			穰子：麻质=8：8				
		尺一墨纸			构穰：穰子=3：10			穰子为废布鞋、废棉花，构穰为构皮	
		十两白穰子			构穰：穰子=3：9				
	凤翔	十八两、独梅、改梅、上斤纸			废麻鞋、绳头				《西北的手工制纸业》
	商县	大独张、大斗方、小斗方、条梅			构穰				《西北的手工制纸业》
	宁羌	生料草纸、熟料皮纸			木竹、箭竹、构树皮、稻草				《西北的手工制纸业》
	镇安	白皮纸	1.5	1.45	构瓢		文化用纸、裱糊、纸扎	小帘纸尺寸1.25尺×1.2尺	《商洛特产》
		黑皮纸	1.5	1.45	构瓢		裱糊底垫纸、妇女卫生纸、药物包装纸	小帘纸尺寸1.25尺×1.2尺	
	陇县	大京纸	1.5	1.2	次麻、废旧麻	100张/刀，10刀/墩	包装、裱糊、书写	洁白、细腻、光滑	《陇县手工业造纸》
		夹纸	1.5	1.2	次麻、废旧麻	100张/刀，10刀/墩	包装、衬垫、做封面	较厚、耐磨、平滑	
		小京纸	1	0.8	次麻、废旧麻	1000张/疙瘩	包装、裱糊、书写		

续表

产地		纸名	尺寸/尺		原料	常用计量单位	用途	备注	出处
			长	宽					
陕西	陇县	冥纸	1	0.8	次麻、废旧麻	1000张/疙瘩	祭祀	质薄粗糙	《陇县手工业造纸》
	向河	皮纸	2.2	1.6	楮皮	95张/刀，30刀/篓		似应为"白河县"	《近代中国实业通志》
甘肃	兰州	包货纸			废麻、纸		包装	属白麻纸	《甘肃的土纸生产》
		草纸	1余	0.5—0.6	稻草或麦草		包货、做鞭炮	有黄黑两种，黄者较好韧性，黑者较厚，无韧性，易破烂	
		土报纸			构皮、废麻、纸筋、芨芨草	100张	印刷、吸墨纸、书皮包纸	用芨芨草参合者，质粗色黑，其用普通麻绳、纸筋者，色灰质粗	
	天水	白麻纸	1.8	1	麻	100张/刀	糊窗、书写		《甘肃的土纸生产》
		高黑纸	1.8	1		100张	包物、裱糊房屋	属黑麻纸	
		草纸	1.54	0.75		100张	包货及作手纸		
		仿麻纸	约1.3	约1.3	麻纸、构皮	100张	书写、包货及表纸		
	平凉	四裁、天方、小纸			麻绳头、烂麻鞋、废纸			属白麻纸	《甘肃的土纸生产》
		烧纸			烂麻鞋		焚烧用、包物		
	华亭	白麻纸	1	1.2	麻或烂麻鞋				《甘肃的土纸生产》
		烧纸	0.9	0.9	烂麻鞋	50张	焚烧用、包物		
	清水	郭纸	1	0.8	烂麻鞋	95张/刀		属白麻纸	《甘肃的土纸生产》
		烧纸	0.5	0.4	烂麻鞋	70张	焚烧用、包物	又称麻合纸	
	金塔	白麻纸	1.4	1.3	马莲草	100张			《甘肃的土纸生产》
		黑麻纸	1.3	1.25	马莲草	100张			
		烧纸	1.2	0.8	马莲草	100张	焚烧用、包物		

续表

产地		纸名	尺寸/尺		原料	常用计量单位	用途	备注	出处
			长	宽					
甘肃	金塔	草纸	1.25	1.25	马莲草、芨芨草	100 张	包货及作手纸		《甘肃的土纸生产》
	张掖	白麻纸	1.6	1.6	大麻				《甘肃的土纸生产》
		黑麻纸	1.25	0.9	马莲草、毛菁都	100 张		也有 1.4 尺×1.3 尺者	
		烧纸	1	0.7	马莲草	100 张	焚烧用、包物	有 1.2 尺×1 尺者，由麻茎、废纸制成	
		草纸	1.5	1	马莲草	100 张	包货及作手纸		
		毛头纸	1.2	1.2	破布、大麻	100 张	做账簿、包货、糊窗、书契		
		改良纸	2.1	1.7	纯麻	100 张	质细者供书写，粗者作为烧纸		
	酒泉	公文纸			马莲草、麻	100 张	印十行纸，作稿纸，供学生稿簿等用	马莲草 50%者质细色白；马莲草 90%者色略黄	《甘肃的土纸生产》
		大方纸	0.8—0.9	0.8—0.9	马莲草、麻	100 张	包货	马莲草 50%者质细色白；马莲草 90%者色黄质粗	
		黑麻纸			麻、马莲草				
		烧纸			马莲草	100 张	焚烧用、包物		
		草纸			马莲草	100 张	包货及作手纸	质较粗厚	
	两当	黑麻纸	2	0.8		100 张			《甘肃的土纸生产》
		烧纸	0.6	0.6		60 张	焚烧用、包物		
	安西	黑麻纸	1.2	1.1	马莲草	100 张			《甘肃的土纸生产》
		烧纸	1.2	1.1	马莲草、废麻绳	100 张	焚烧用、包物		

续表

产地		纸名	尺寸/尺		原料	常用计量单位	用途	备注	出处
			长	宽					
甘肃	临泽	黑麻纸	1.2	1	马莲草	100 张			《甘肃的土纸生产》
		烧纸	0.8	0.6	马莲草、麻皮	100 张	焚烧用、包物		
		草纸	1.4	1.2	马莲草、芨芨草	100 张	包货及作手纸		
	固原	烧纸	1.2	1	破麻鞋	95 张	焚烧用、包物		《甘肃的土纸生产》
	康县	烧纸	0.75	0.5	构皮	100 张	焚烧用、包物		《甘肃的土纸生产》
		改良纸	1.45	0.95	构皮	100 张	质细者供书写，粗者作为烧纸		
	永昌	烧纸	1	0.5	废纸	100 张	焚烧用、包物		《甘肃的土纸生产》
		草纸	1.5	1	马莲草、芨芨草	100 张	包货及作手纸		
新疆	奇台	毛头纸			旧麻绳头、破废纸	100 张/合		名目有尺八纸、尺六纸、烧纸	《奇台造纸业》

注：1 尺≈0.33 米

（ ）中为其他规格尺寸

附录一 文献出处

《河南土特产资料选编》编辑组：《河南土特产资料选编》，郑州：河南人民出版社，1986
　　年版，第 471 页。

河南省轻工业厅轻工志编辑室：《河南省轻工业志（初稿）·造纸》，郑州：河南省轻工业
　　厅轻工志编辑室，1986 年版，第 5-10 页。

孔繁琛：《麻头纸之乡——孟营》，见：中国人民政治协商会议新乡市新华区委员会学习文
　　史工作委员会：《新华区文史资料》（第 2 辑），1990 年版，第 35-37 页。

毛葛、罗德胤：《山东省淄博市大房造纸村考察》，《建筑史》，2013 年第 1 期，第 140-
　　147 页。

潘振洲：《白河造纸》，见：中国人民政治协商会议嵩县委员会文史资料委员会：《嵩县文
　　史资料》（第三、四辑），1989 年版，第 157-158 页。

乔泉发、郭占荣：《邓庄地区麻纸生产工艺及品种的演变》，见：政协襄汾县委员会文史资
　　料研究委员会：《襄汾文史资料》（第 8 辑），1995 年版，第 187-190 页。

陕西省政府建设厅：《陕西省之纸业与造纸试验》，1942 年版。

商洛地区地方志编纂领导小组办公室：《商洛特产》，商洛：商洛地区地方志编纂领导小组
　　办公室，1986 年版，第 159 页。

王玉芬：《甘肃的土纸生产》，《甘肃贸易季刊》，1943 年第 5-6 期，第 154-159 页。

王兆祥：《临朐桑皮纸》，见：中国人民政治协商会议山东省临朐县委员会：《临朐文史资
　　料选辑》（第 11 辑），1993 年版，第 164-167 页。

武计所、马玉书：《头泉的麻头纸》，见：中国人民政治协商会议河北省井陉县委员会：
　　《井陉文史资料》（第 3 辑），1992 年版，第 223-224 页。

薛友三：《白草坪的净瓤纸》，见：中国人民政治协商会议鲁山县委员会文史资料研究委员
　　会：《鲁山文史资料》（第 3 辑），1987 年版，第 100-102 页。

严如煜：《三省边防备览》卷九，来鹿堂刊本，道光十年（1830）版。

阎治洲：《陇县手工业造纸》，见：中国人民政治协商会议陕西省陇县委员会文史资料研究
　　委员会：《陇县文史资料选辑》（第 5 辑），1987 年版，第 103-110 页。

杨大金：《近代中国实业通志》（上册），南京：钟山书局，1933 年版，第 162 页。

张屏甫、李章记：《下汤棉纸的兴衰》，见：中国人民政治协商会议鲁山县委员会文史资料
　　研究委员会：《鲁山文史资料》（第 5 辑），1989 年版，第 132-133 页。

朱宝亭：《西北的手工制纸业》，《西北通讯》，1948 年第 2 卷第 12 期，第 14-15 页。

附录二　北方地区手工造纸工艺调查简表

表1　河北迁安桑皮纸制作工艺调查表

基本信息			
调查地点	河北省迁安市省庄、石新庄、庞庄、李姑店村		
调查时间	2009年1月、8月		
调查对象	杨永安（50岁）、刘树（67岁）、马宝印（84岁）、庞宝（72岁）、马春弟、李景华、郭凤俊、李秀庭、宋玉如等		
生产时间	3月至秋季		
日产量	1000—1300张/槽		
生产现状	省庄现存两家纸坊，石新庄现存一家纸坊，庞庄现存一家纸坊，每个纸坊有一个纸槽。李姑店村现存五六家小型手工纸厂，每家纸厂有两到三个纸槽		
相关遗存	省庄现有废弃的石槽一个、蒸皮锅一口；李姑店村现有废弃的蒸皮锅一口		
产品信息			
纸张种类	用途	尺寸	价格/（元/张）
毛头纸	书写（现已不用）、衬垫、做戏曲道具、裱糊、糊窗、包装、医用杀菌	50厘米×48厘米	0.15
红辛纸	糊窗、书画	98厘米×95厘米	0.6—3
书画纸	书画	140厘米×69厘米	2—6
原料信息			
原料种类	原料价格/（元/斤）	原料比例	
桑皮	干皮：1.5 湿皮：0.6—0.7	毛头纸：桑皮33%，纸边67% 红辛纸：桑皮33%，纸边50%，麻绳和麻袋17% 书画纸：桑皮40%，纸边40%，麻绳和麻袋20%	
纸边	2		
麻绳、麻袋	0.06		
备料制浆			
传统工艺	砍条（秋末冬初）→蒸皮→剥皮→碾压（碌碡、石碾）→泡皮→沤皮（石灰）→蒸皮（石灰）→碾压（石碾、脚踩）→清洗→晒干→砸碓（脚碓）→切皮→捶捣		
现代工艺	砍条（秋末冬初）→蒸皮→剥皮→碾压（电动碾）→泡皮→沤皮（石灰）→高压蒸皮（烧碱，3小时）→洗皮→切皮→打浆（打浆机）→漂白		

续表

抄纸工艺				
纸张品种	纸槽形制	抄纸方法	纸帘尺寸	纸帘形制
毛头纸	地坑式	单人端帘	109 厘米×53 厘米	一抄二
红辛纸、书画纸	高于地面	双人扛帘	110 厘米×104 厘米	一抄一

压纸工艺	
压纸工具	千斤桩、梯杆

晒纸工艺			
干燥方法	工具	干燥载体	时间
自然晒干	鬃刷	晒纸墙	一天

整理
毛头纸不经剪裁，红辛纸、书画纸需裁去毛边，100 张纸为一刀

表2　河北肃宁毛头纸制作工艺调查表

基本信息	
调查地点	河北省沧州市肃宁县梁家村镇桥城铺村
调查时间	2018 年 11 月
调查对象	邓旭亚（61 岁）、邓那（邓旭亚之子）等
生产时间	
日产量	500—1000 张/槽
生产现状	现存邓那一家纸坊
备注	切料机、打浆机、纸帘均自己制作

产品信息			
纸张种类	用途	尺寸	价格/（元/张）
毛头纸	糊窗、糊纸车马、包炮弹	86 厘米×56 厘米	0.7（批发）
草纸	包吃食点心（用麦秸）	已不生产	

原料信息		
原料种类	原料价格/（元/斤）	原料比例
化纤	3	纸浆或纸边为主，加入少量化纤（来自废旧安全网）以增加强度，原来是加麻（废麻或蒿麻）以增加强度
纸浆	1.6	
纸边	1.5	

备料制浆	
传统工艺	拆麻→浸泡→剁麻→碾麻→灰烧（石灰水）→蒸麻（一天一夜）→退灰→碾麻（大型地碾）→洗麻
现代工艺	安全网：切断→整理→细切（切料机）→打浆（打浆机）→洗浆

续表

抄纸工艺				
纸张品种	纸槽形制	抄纸方法	纸帘尺寸	纸帘形制
毛头纸	高于地面式	单人端帘	100厘米×60厘米	一抄一

压纸工艺	
压纸工具	梯杆、水泥块

晒纸工艺			
干燥方法	工具	干燥载体	时间
晒干	传统用猪鬃刷	院墙	

整理
100张一刀

表3 河北邢台南和麻头纸制作工艺调查表

基本信息	
调查地点	河北省邢台市南和区杨牌村、大会塔村、东西三官店村
调查时间	2020年7月、8月、10月
调查对象	崔志子（73岁）、杨月敏（65岁）、张银山（76岁）、姚杏兰、刘胜兰、王鹏德（88岁）、乔果（67岁）、张恒申（68岁）、刘贵缺等
生产时间	全年生产
日产量	1000张/槽
生产现状	均已全部停产
相关遗存	杨牌村现存大碾十盘左右、碾坨众多、废弃碾底众多、抄纸帘两个、晒纸架一个、鬃刷三把、麻斧一把、麻墩一个等

产品信息			
纸张种类	用途	尺寸	价格/（元/张）
麻头纸	印冀南票、糊窗、做包装纸、包蔬果、糊酒篓	90厘米×43厘米	0.03—0.05，后期0.1
边子纸	书写、做包装纸、做鞋底（类似于袼褙纸）	42厘米×43厘米	

原料信息		
原料种类	原料价格/（元/斤）	原料比例
麻绳、麻头	0.27—0.35	麻头纸：麻绳和麻头100%
废纸、蒲棒		边子纸：废纸加一定量蒲棒（起增强拉力作用）

备料制浆	
传统工艺	麻头纸：展绳→铲绳→泡龙柜→澄绳→转绳→铡绳→串绳（串麻）→上灰水→掐麻→转锅（蒸浆）→退灰水（龙柜蜕）→掐麻豆→再次碾压→洗细麻→搅陷 边子纸：采集废弃纸张→碾压→清洗→搅陷

备料制浆	
现代工艺	麻头纸：展绳→铲绳→泡龙柜→澄绳→转绳→铈绳→串绳（串麻采用电动碾）→上灰水→掐麻→转锅（蒸浆）→退灰麻（龙柜蜕）→掐麻豆→再次碾压（电动碾）→洗细麻→搅陷（打浆机） 边子纸：采集废弃纸张→碾压（电动碾）→清洗→搅陷（打浆机）

抄纸工艺				
纸张品种	纸槽形制	抄纸方法	纸帘尺寸	纸帘形制
麻头纸	地坑式	单人端帘	92 厘米×43.5 厘米（多种）	一抄二、一抄一、一抄三
边子纸	地坑式	单人端帘	92 厘米×43.5 厘米	一抄二、一抄一

压纸工艺	
压纸工具	大理石和压杠

晒纸工艺			
干燥方法	工具	干燥载体	时间
自然晒干、烘干	猪鬃刷、棕榈刷、晒纸架	晒纸墙、火墙	晒纸墙半天、火墙 10 分钟

整理
麻头纸不经剪裁，最初 190 张为一刀，后来 200 张为一刀（一抄二），一捆纸 30 刀

表 4   河北石家庄及保定毛头纸制作工艺调查表

基本信息	
调查地点	河北省石家庄市西仰陵村、西马村、西龙贵村 定州市大奇连村 保定市竞秀区谢庄村、北章村
调查时间	2020 年 7 月、8 月
调查对象	赫锡周（71 岁）、赫福全（84 岁）、张喜俊（72 岁）、张立国、杜占芬、段旭华、谢春福、贾芝玲等
生产时间	全年生产
日产量	400—500 张/人
生产现状	均已全部停产
相关遗存	西仰陵村现有废弃碾底两块、鬃刷一把，西马村有小碾一盘

产品信息			
纸张种类	用途	尺寸	价格/（元/张）
毛头纸	做文书纸、衬垫、做戏曲道具、裱糊、糊窗、包蔬果、做大棚	88 厘米×44 厘米	0.03—0.05
小黑纸	卫生用品	42 厘米×43 厘米 88 厘米×44 厘米	不到 0.02
纤维纸	糊窗纸	88 厘米×44 厘米	

续表

原料信息		
原料种类	原料价格/（元/斤）	原料比例
麻绳、麻袋		多数人描述为凭经验，不可太少
纸边（优）		
蒲棒		
纸箱（劣）		

备料制浆	
传统工艺	毛头纸：买麻→整麻→浸麻→剁麻→碾麻→洗麻→灰麻→蒸麻→退灰麻→再次洗麻→混合纸边与麻料→搅陷 小黑纸：采集蒲棒上部絮状绒毛→与废纸箱混合→搅陷
现代工艺	毛头纸：买麻→整麻→浸麻→剁麻→碾麻（电动碾）→洗麻→灰麻→蒸麻→退灰麻→再次洗麻→混合纸边与麻料→搅陷（打浆机） 再后：利用人造纤维代替麻料，直接剁短混合纸边进行打浆

抄纸工艺				
纸张品种	纸槽形制	抄纸方法	纸帘尺寸	纸帘形制
毛头纸	地坑式	单人端帘	90厘米×50厘米	一抄二、一抄一
小黑纸	地坑式	单人端帘	90厘米×50厘米	一抄二、一抄一

压纸工艺	
压纸工具	大理石（四五块、每块20斤左右）和压杠（头部有方形架或者丫型架）

晒纸工艺			
干燥方法	工具	干燥载体	时间
自然晒干、烘干	鬃刷、独轮车	晒纸墙、火墙	晒纸墙半天，火墙不到10分钟

整理
毛头纸不经剪裁，100张纸为一刀，1000张为一捆

表5　河北保定望都袼褙纸制作工艺调查表

基本信息	
调查地点	河北省保定市望都县张过村
调查时间	2020年7月
调查对象	刘红军（55岁）、刘建平（62岁）
生产时间	全年生产、太冷时停产
日产量	500～600张/人
生产现状	已全部停产
相关遗存	袼褙纸70张、碾底一块

产品信息			
纸张种类	用途	尺寸	价格/（元/张）
毛头纸	糊窗、糊风筝、书写	75 厘米×42 厘米	0.18—0.2
袼褙纸	做鞋底	75 厘米×42 厘米	0.15
小黑纸	做卫生用品	36 厘米×42 厘米	0.08

原料信息		
原料种类	原料价格/（元/斤）	原料比例
废纸		凭经验
蒲棒		
纸箱（劣）		

备料制浆	
传统工艺	毛头纸：买麻→整麻→浸麻→剁麻→碾麻→洗麻→蒸麻→灰麻→封严发酵→再次清洗→与废纸混合→搅陷 袼褙纸：采集蒲棒上部絮状绒毛→与废纸箱混合→搅陷 小黑纸：与袼褙纸类似，但是所造纸张要轻薄很多
现代工艺	毛头纸：买麻→整麻→浸麻→剁麻→扫麻至绒毛状→混合纸边与麻料→搅陷（打浆机） 袼褙纸：采集蒲棒上部絮状绒毛→与废纸箱混合→搅陷（打浆机）

抄纸工艺				
纸张品种	纸槽形制	抄纸方法	纸帘尺寸	纸帘形制
毛头纸	地坑式	单人端帘	78 厘米×43 厘米	一抄一
小黑纸	地坑式	单人端帘	78 厘米×43 厘米	一抄二
袼褙纸	地坑式	单人端帘	78 厘米×43 厘米	一抄一

压纸工艺	
压纸工具、方法	五块大理石和压杠（头部有架），间隔时间压

晒纸工艺			
干燥方法	工具	干燥载体	时间
自然晒干	马鬃刷	晒纸墙	半天

整理
袼褙纸 50 张为一刀，小黑纸、卫生纸 100 张一刀

表 6 河北定兴麻纸制作工艺调查表

基本信息	
调查地点	河北省保定市定兴县石柱村
调查时间	2020 年 8 月、10 月

续表

基本信息			
调查对象	姬丙山（76岁）、姬艳荣、董宏利、梁茂林（80岁）		
生产时间	全年生产		
日产量	500张/人		
生产现状	已全部停产		
相关遗存	现存大碾一盘、碾坨两个、小碾一盘、龙柜一座、蹲麻石五块、辘轳一把、抄纸帘三个、麻斧一把、鬃刷两把、捏尺两对、帘架两个、全顺姬纸行印戳以及商标印各一个、纤维纸五十张、双抄纸一张等		

产品信息			
纸张种类	用途	尺寸	价格/（元/张）
麻纸	书写契约、农村活动记录、糊窗		0.05
纤维纸	书写契约、农村活动记录、糊窗	80厘米×46厘米	
黑纸	卫生用品		0.01

原料信息		
原料种类	原料价格/（元/斤）	原料比例
麻绳、麻袋		麻纸：麻33%，纸边67%
人造纤维、纸边（优）		纤维纸：人造纤维33%，纸边67%
纸箱（劣）、蒲棒		黑纸：废纸箱里加少量蒲棒，起拉力作用

备料制浆	
传统工艺	麻纸：称麻→泡麻→錾麻→铲麻→捋麻→砍麻→碾麻（串泥麻）→揣麻（利用辘轳井）→蹲麻→灰麻→蒸麻→退灰麻→洗灰麻→混合纸边与麻料→搅陷 纤维纸：浸泡→剁短→与纸边按比例混合→搅陷 小黑纸：采集蒲棒上部絮状绒毛→与废纸箱混合→搅陷
现代工艺	麻纸：称麻→泡麻→錾麻→铲麻→捋麻→砍麻→碾麻（电动碾）→揣麻（河中利用水车）→蹲麻→灰麻→蒸麻→退灰麻→洗灰麻→混合纸边与麻料→搅陷（打浆机）

抄纸工艺				
纸张品种	纸槽形制	抄纸方法	纸帘尺寸	纸帘形制
麻纸	地坑式	单人端帘	86厘米×50厘米	一抄二、一抄一
纤维纸	地坑式	单人端帘	86厘米×50厘米	一抄二
黑纸	地坑式	单人端帘	86厘米×50厘米	
亦有一八纸、二八纸、一六纸、二六纸、傻大个等多个种类，纸帘尺寸亦有多种，取决于所造纸张				

压纸工艺	
压纸工具	大理石、压托板、梯形架（类似于梯子，头部并在一起，中间有并排横棍）、铺托席、压托席

续表

晒纸工艺			
干燥方法	工具	干燥载体	时间
自然晒干、烘干	猪鬃刷	晒纸墙、火墙	晒纸墙半天、火墙约10分钟。太冷存托，天暖时晒

整理
不经剪裁，起初180张一刀，后为100张一刀，每50张做记号要进行打张齐纸，印上本纸行特有的商标，上下分别包上席子

表7 河北磁县草纸调查表

基本信息	
调查地点	河北省邯郸市磁县龙王庙村、东武仕村、东田井村、泥河村
调查时间	2020年10月
调查对象	赵福章（75岁）
生产时间	全年生产
日产量	1200张/槽
生产现状	全部停产
相关遗存	仅存碾坨一个

产品信息			
纸张种类	用途	尺寸	价格/（元/张）
麦秸纸	迷信、包装、卫生纸、写仿		
稻草纸	迷信、包装、卫生纸、写仿		

原料信息		
原料种类	原料价格/（元/斤）	原料比例
麦秸		
稻草		
蒲棒		起增加拉力作用

备料制浆	
传统工艺	收集麦秸→石灰水浸泡→蒸料→淘洗→碾料→淘洗→加入黏合剂→抄纸
现代工艺	

抄纸工艺				
纸张品种	纸槽形制	抄纸方法	纸帘尺寸	纸帘形制
草纸	地坑式	单人端帘	有多种尺寸	一抄三、一抄四

压纸工艺		
压纸工具	压杠（头部有平板）、石块	

晒纸工艺		
干燥方法	工具	干燥载体	时间
自然晒干	鬃刷	院墙	半天

整理
每 100 张纸为一刀，无须裁边处理，100 刀为一捆

表 8　山西定襄麻纸制作工艺调查表

基本信息	
调查地点	山西省忻州市定襄县蒋村乡
调查时间	2010 年 7 月
调查对象	刘隆谦（86 岁）、尹二买等
生产时间	每年生产五六个月，冬季停产
日产量	1200 张/槽
生产现状	现存三四家纸坊，每家纸坊有两个纸槽
相关遗存	废弃的石碾盘一块、蒸麻锅一口

产品信息			
纸张种类	用途	尺寸	价格/（元/张）
麻纸	写仿（现已不用）、糊窗、裱糊、丧葬用纸	71 厘米×50 厘米	0.5
玻璃纤维纸	糊窗、裱糊、丧葬用纸	49.5 厘米×45.5 厘米	0.125
麻绳纸	糊窗、裱糊、丧葬用纸	49.5 厘米×45.5 厘米	0.16

原料信息		
原料种类	原料价格/（元/斤）	原料比例
麻（苎麻、麻绳）	苎麻：8 麻绳：1	麻纸：麻 33%，废纸 67% 玻璃纤维纸：玻璃纤维 15%，废纸 85% 麻绳纸：麻绳 25%，玻璃纤维 5%，废纸 70%
废纸		
玻璃纤维		

备料制浆	
传统工艺	切麻→洗料→灰沤（石灰）→蒸料（石灰，三四个小时）→清洗→碾料（石碾）→洗料
现代工艺	切料→灰沤（石灰）→打浆（打浆机）

抄纸工艺				
纸张品种	纸槽形制	抄纸方法	纸帘尺寸	纸帘形制
麻纸	高于地面式	单人端帘	104 厘米×74 厘米	一抄二

压纸工艺	
压纸工具	丫字形长木杆、石块

晒纸工艺			
干燥方法	工具	干燥载体	时间
自然晒干	鬃刷	院墙	半天

整理
每 100 张纸为一刀,无须裁边处理

表9 山西孟门桑皮纸制作工艺调查表

基本信息	
调查地点	山西省吕梁市柳林县孟门镇前冯家沟村
调查时间	2010 年 7 月
调查对象	
生产时间	
日产量	
生产现状	2009 年停产
相关遗存	村中现存纸帘、纸槽、洗料池、蒸锅等工具

产品信息			
纸张种类	用途	尺寸	价格/(元/张)
桑皮纸	丧葬用纸	21 厘米×19 厘米	0.02—0.38

原料信息		
原料种类	原料价格/(元/斤)	原料比例
桑皮		100%

备料制浆	
传统工艺	砍条(谷雨前后)→剥皮→晒干→浸泡→灰沤→蒸皮(石灰,两三天)→踩踏→洗皮→泡皮→醒皮→捶捣(木槌)→切皮→踩料→洗料
现代工艺	

抄纸工艺				
纸张品种	纸槽形制	抄纸方法	纸帘尺寸	纸帘形制
桑皮纸	地坑式	单人端帘	87 厘米×22 厘米	一抄三

续表

压纸工艺			
压纸工具			

晒纸工艺			
干燥方法	工具	干燥载体	时间
自然晒干		院墙（近来直接铺在地上）	

整理
传统 90 张为一刀，近来 15 张为一刀

表 10 山西临县麻纸制作工艺调查表

基本信息	
调查地点	山西省吕梁市临县刘王沟村
调查时间	2012 年 9 月
调查对象	侯全旺等人
生产时间	农历三月到八月
日产量	400 张/槽
生产现状	村中尚有二十四五户小型家庭作坊，每家一张纸槽
相关遗存	保留了每年三月十六祭蔡伦的习俗（请戏班唱晋剧）

产品信息			
纸张种类	用途	尺寸	价格/（元/张）
麻纸	写字（已不用）、糊窗、打吊棚、丧葬用纸	84 厘米×56 厘米	0.8

原料信息		
原料种类	原料价格/（元/斤）	原料比例
麻绳	1.5—1.6	20%
废纸	1	80%

备料制浆	
传统工艺	浸泡→切麻→灰沤→蒸煮（石灰，一天一夜）→碾料（石碾）
现代工艺	浸泡→切麻→灰沤→蒸煮（石灰，一天一夜）→碾料（电动碾）→漂白

抄纸工艺			
纸张品种	纸槽形制	抄纸方法	纸帘尺寸	纸帘形制
麻纸	半地下式	单人端帘	97 厘米×58 厘米	一抄一

压纸工艺	
压纸工具	木杆、石块

续表

晒纸工艺			
干燥方法	工具	干燥载体	时间
自然晒干	鬃刷	院墙	1 小时至半天

备注：传统冬季造纸时使用火墙烘干，夏季依靠日光晒干。现在冬季不做纸，也不再采用火墙烘干的方法

整理
每 100 张纸为一刀，需要用剪刀将纸张边缘裁齐

表 11　山西沁源麻纸制作工艺调查表（一）

基本信息	
调查地点	山西省长治市沁源县中峪乡渣滩村
调查时间	2012 年 9 月
调查对象	郑变和（57 岁）
生产时间	
日产量	
生产现状	当地只有郑变和一家纸坊，但已停产，偶尔有人定制才生产
相关遗存	近年虽已停产，但保留了石碾、蒸锅等工具，纸坊是 2009 年重建的，具有恢复生产的条件 当地山上有蔡伦像，春节时会祭蔡伦

产品信息			
纸张种类	用途	尺寸	价格/（元/张）
麻纸	书写、糊窗、吊顶棚、佛纸、丧葬用纸		传统：0.15 现在：2

原料信息		
原料种类	原料价格/（元/斤）	原料比例
麻绳	0.8	100%

备料制浆	
传统工艺	剁麻→浸泡→灰沤→蒸麻（石灰，一天一夜）→洗麻→碾麻→洗麻
现代工艺	

抄纸工艺				
纸张品种	纸槽形制	抄纸方法	纸帘尺寸	纸帘形制
佛纸	地坑式	单人端帘	103 厘米×47 厘米	一抄二
大纸	地坑式	单人端帘		一抄一

压纸工艺	
压纸工具	丫字形木杆、石块

续表

晒纸工艺			
干燥方法	工具	干燥载体	时间
夏季：自然晒干 冬季：火墙烘干	鬃刷	夏季：院墙 冬季：火墙	夏季：几小时 冬季：几分钟

整理
每 100 张纸为一刀，需要将纸张四边裁齐

表 12　山西沁源麻纸制作工艺调查表（二）

基本信息	
调查地点	山西省长治市沁源县中峪乡渣滩村
调查时间	2015 年 7 月
调查对象	郑变和（60 岁）
生产时间	
日产量	1000 张/槽（现在实际 300 张/槽）
生产现状	当地只有郑变和一家纸坊，有人定制才生产
备注	2011 年做了一批麻纸，市文化局以 2 元/张的价格买走。2014 年用麻 600 多斤，做纸 3 万多张，主要是山西民俗博物馆订购

产品信息			
纸张种类	用途	尺寸	价格/（元/张）
麻纸	书写、糊窗、吊顶棚、佛纸、丧葬用纸	大纸：97.5 厘米 × 46.5 厘米 佛纸：46 厘米 × 45.5 厘米	大纸：2 佛纸：1.5

原料信息		
原料种类	原料价格/（元/斤）	原料比例
夏麻、秋麻、废麻 （主要是麻绳）		100%（有麦草纤维）

备料制浆	
传统工艺	剁麻→浸泡→灰沤→蒸麻（石灰，一天一夜）→洗麻→碾麻→洗麻
现代工艺	

抄纸工艺				
纸张品种	纸槽形制	抄纸方法	纸帘尺寸	纸帘形制
佛纸	地坑式	单人端帘	103 厘米 × 47 厘米	一抄二
大纸	地坑式	单人端帘		一抄一

压纸工艺			
压纸工具	丫字形木杆、石块		

晒纸工艺			
干燥方法	工具	干燥载体	时间
夏季：自然晒干 冬季：火墙烘干	猪鬃刷	夏季：院墙 冬季：火墙	夏季：几小时 冬季：几分钟

整理
每 100 张纸为一刀

表 13 山西平阳麻笺制作工艺调查表

基本信息	
调查地点	山西省临汾市襄汾县邓庄镇
调查时间	2015 年 7 月
调查对象	梁虎（41 岁）、陈振华（72 岁）等
生产时间	冬季停产
日产量	300—400 张/槽
生产现状	现存丁陶麻笺社等三四家纸坊
备注	主要为丁陶麻笺社情况

产品信息			
纸张种类	用途	尺寸	价格/（元/张）
方曰尺	契约用纸	60 厘米×60 厘米	已不生产
小尺八	学生写仿、账簿用	33 厘米×33 厘米	已不生产
斗方纸	书写	72.5 厘米×68.5 厘米	10（批发）
四尺麻笺	书画	150 厘米×80 厘米	18（批发）

原料信息		
原料种类	原料价格/（元/斤）	原料比例
麻绳、布鞋	现已不用	
白麻	5	纸张中见草类纤维

备料制浆	
传统工艺	铡货→拆货→泡货→整货→剁麻→燥麻→淘麻→蒸麻（12 个小时）→ 冲麻→碾麻→细碾
现代工艺	剁麻→蒸麻（拌石灰水，十几小时）→碾麻（电动碾）→ 打浆（打浆机）

续表

抄纸工艺				
纸张品种	纸槽形制	抄纸方法	纸帘尺寸	纸帘形制
斗方纸	高于地面式	单人端帘	90 厘米 × 82 厘米	一抄一
四尺麻笺	高于地面式	单人吊帘		一抄一

压纸工艺	
压纸工具	丫字形长木杆、石块，现在使用千斤顶

晒纸工艺			
干燥方法	工具	干燥载体	时间
室内阴干（斗方纸）	棕刷	室内晒纸墙	不一
室内烘干（四尺麻笺）	棕刷	蒸气加热铁板	不一

整理
每 100 张纸为一刀，传统上 190 张为一去

表 14 山西高平桑皮纸制作工艺调查表

基本信息	
调查地点	山西省高平市永录乡
调查时间	2015 年 7 月
调查对象	赵鸿钧、崔积财（54 岁）等
生产时间	3 月—10 月
日产量	120 张/槽
生产现状	现存晋桑文化发展有限公司一家
相关遗存	上扶村有废弃纸房，尚存纸陷和晒纸墙

产品信息			
纸张种类	用途	尺寸	价格/（元/张）
方日尺	契约用纸	60 厘米 × 60 厘米	已不生产
小尺八	学生写仿、做账簿	33 厘米 × 33 厘米	已不生产
桑皮纸	糊顶棚、糊窗、练大楷	58.5 厘米 × 47.5 厘米	0.1（20 世纪 90 年代）
汉皮纸	书画	145 厘米 × 69 厘米	58

原料信息		
原料种类	原料价格/（元/斤）	原料比例
桑皮	3	汉皮纸：100%桑皮
纸边		传统糊顶棚用：1 斤纸边加半斤桑皮

备料制浆	
传统工艺	浸泡去杂→石灰浸燥→蒸馏（蒸 7—8 天）→晾干→碾碎（去外皮）→再浸泡（河中泡 7—8 天）→再干→再碾→碱水再浸（加土碱）→再蒸（3—4 天）→再水洗→捣片→刀切→袋洗
现代工艺	浸泡→蒸皮（蘸石灰水蒸 4—8 天）→晒干→碾压（用碌碡）→拣皮→洗皮→煮皮（加纯碱）→细拣→榨丝（用电动碓）→切皮（用切面机）→踏浆→洗浆

抄纸工艺				
纸张品种	纸槽形制	抄纸方法	纸帘尺寸	纸帘形制
桑皮纸	地坑式	单人端帘		现已不用
汉皮纸	高于地面式	单人吊帘		一抄一

压纸工艺	
压纸工具	丫字形长木杆、石块，现在使用千斤顶

晒纸工艺			
干燥方法	工具	干燥载体	时间
汉皮纸：以前用院墙，现在是火墙烘干	鬃刷	砖砌石灰墙	

整理
每 100 张纸为一刀

表 15　山西崞阳麻纸制作工艺调查表

基本信息	
调查地点	山西省忻州市原平市上吉村
调查时间	2020 年 10 月
调查对象	温福田（65 岁）
生产时间	冬季停产，其余时间均在制作
日产量	1000 张
生产现状	全部停产
相关遗存	现存碾坨一个、大碾一盘、抄纸坑两个、打浆坑一个、小碾盘一个、抄纸帘三个

产品信息			
纸张种类	用途	尺寸	价格/（元/张）
麻纸	包装、裱糊、药厂用、迷信纸	48 厘米×49 厘米 79 厘米×55 厘米	
纤维纸	糊窗、裱糊、迷信纸、包装	48 厘米×49 厘米 79 厘米×55 厘米	

续表

原料信息		
原料种类	原料价格/（元/斤）	原料比例
废麻	0.2—0.3	麻纸：麻 30%，废纸 70% 纤维纸：废纸 90%，玻璃纤维 10%
废纸	不等	
玻璃纤维	1	

备料制浆	
传统工艺	断绳→铲绳→整绳→剁麻→洗麻→碾麻→灰麻→洗麻→碾麻→洗麻→搅海
现代工艺	断绳→铲绳→整绳→剁麻→洗麻→碾麻（电动机）→灰麻→洗麻→碾麻→洗麻→搅海（打浆机）

抄纸工艺				
纸张品种	纸槽形制	抄纸方法	纸帘尺寸	纸帘形制
麻纸以及纤维纸	高于地面式	单人端帘	102 厘米×50 厘米 79 厘米×55 厘米	一抄二、一抄一

压纸工艺	
压纸工具	丫字形长木杆、石块

晒纸工艺			
干燥方法	工具	干燥载体	时间
自然晒干	鬃刷	院墙、火墙	院墙半天

整理
每 100 张纸为一刀，无须裁边处理

表 16 山东曲阜桑皮纸制作工艺调查表（一）

基本信息	
调查地点	山东省曲阜市王庄镇纸坊村
调查时间	2009 年 8 月
调查对象	郑友明、槐成泉（60 岁）、郑功再（65 岁）等
生产时间	农闲时期，一年 8 个月
日产量	300 张/槽
生产现状	现有十几户人家抄纸，均为小型家庭作坊
相关遗存	村内尚存蒸锅、石灰池、石碾等工具，并仍在使用

产品信息			
纸张种类	用途	尺寸	价格/（元/张）
桑皮纸	裱糊（糊酒篓、篮子、簸箕等）	29 厘米×39 厘米	0.04—0.08

原料信息		
原料种类	原料价格/（元/斤）	原料比例
桑皮	干桑皮：1.5	100%

备料制浆	
传统工艺	砍条（农历四月）→剥皮→晒皮→泡皮→沤皮（石灰）→蒸皮（石灰，5个小时）→碾压（石碾）→洗皮→砸碓（脚碓）→切皮→泡瓤→撞瓤
现代工艺	

抄纸工艺				
纸张品种	纸槽形制	抄纸方法	纸帘尺寸	纸帘形制
桑皮纸	地坑式	单人端帘	79厘米×43厘米	一抄二

压纸工艺	
压纸工具	木板、石块

晒纸工艺			
干燥方法	工具	干燥载体	时间
自然晒干	鬃刷	院墙	一天

整理
每50张纸为一刀，无须裁边处理

表17　山东曲阜桑皮纸制作工艺调查表（二）

基本信息	
调查地点	山东省曲阜市王庄镇纸坊村
调查时间	2015年1月
调查对象	郑友明（53岁）、孔昭平（50岁）、孔雪（26岁）等
生产时间	农闲时期，一年8个月
日产量	500张/槽
生产现状	现有十八家作坊生产，均为家庭为单位的小型作坊
申遗情况	2009年省级非物质文化遗产
相关遗存	村内造纸设备几乎全部损毁，只存有可携带式的切刀和纸帘等工具，并仍在使用

产品信息			
纸张种类	用途	尺寸	价格/（元/张）
桑皮纸	裱糊（糊酒篓、篮子、簸箕等）	29厘米×39厘米	1.5
桑皮纸	书画纸	40厘米×70厘米	3.5

续表

原料信息		
原料种类	原料价格/（元/斤）	原料比例
桑皮	2	50%
楮皮	0.9—1	50%

备料制浆	
传统工艺	砍条（农历四月）→剥皮→晒皮→泡皮→沤皮（石灰）→蒸皮（石灰，5 个小时）→碾轧（畜力石碾）→化瓤→碓碓（脚碓）→切皮→撞瓤→打浆（人工木棍）
现代工艺	购皮→泡皮→沤皮（石灰）→蒸皮（石灰，8 个小时）→碾轧（拖拉机）→洗皮→砸碓（电碓）→切皮→撞瓤→打浆（电动）

抄纸工艺				
纸张品种	纸槽形制	抄纸方法	纸帘尺寸	纸帘形制
桑皮纸	地坑式	单人端帘	79 厘米×43 厘米	一抄二

压纸工艺	
压纸工具	木板、石块

晒纸工艺			
干燥方法	工具	干燥载体	时间
自然晒干	鬃刷	院墙	一天

整理
每 50 张纸为一刀，无须裁边处理

表 18　山东阳谷麻纸制作工艺调查表（一）

基本信息	
调查地点	山东省聊城市阳谷县石佛镇鲁庄村
调查时间	2009 年 8 月
调查对象	张恒祥、张作民、鲁清田、王改云（59 岁）等人
生产时间	全年
日产量	700—800 张/槽
生产现状	村中现有两家纸坊生产，每家纸坊有两到三个纸槽
相关遗存	村中尚存两座废弃的纸坊和几个废弃的石碾，村中有一座蔡伦像和一块石碑（1996 年立）
备注	当地传统做桑皮纸，但是由于原料来源不足，改作麻纸

产品信息			
纸张种类	用途	尺寸	价格/（元/张）
麻纸（大）	做衣服衬里	85 厘米×52 厘米	0.2

续表

产品信息			
麻纸（小）	写字、包装、糊窗，现在用作丧葬用纸	44 厘米×44 厘米	0.1

原料信息		
原料种类	原料价格/（元/斤）	原料比例
亚麻	1	40%
纸边	0.85—0.9	60%

备料制浆	
传统工艺	剁麻→碾压→灰沤→蒸麻（石灰，五六个小时）→切麻→碾压（石碾）→洗麻
现代工艺	打浆机打浆（先打纸边再打亚麻，用时一个半小时）→漂白

抄纸工艺				
纸张品种	纸槽形制	抄纸方法	纸帘尺寸	纸帘形制
麻纸	地坑式	单人端帘	98 厘米×48 厘米	大纸：一抄一 小纸：一抄二

压纸工艺	
压纸工具	丫字形长木杆、石块

晒纸工艺			
干燥方法	工具	干燥载体	时间
自然晒干	鬃刷	院墙	

整理
每 100 张纸为一刀，无须裁边处理

表 19　山东阳谷麻纸制作工艺调查表（二）

基本信息	
调查地点	山东省聊城市阳谷县石佛镇鲁庄村
调查时间	2015 年 7 月
调查对象	鲁清田（60 岁）、王树月（61 岁）、鲁工（63 岁）、惠丽丽（30 岁）、鲁兴旺（50 岁）、杨凤华（阳谷县文化馆）等人
生产时间	全年
日产量	700—800 张/槽
生产现状	村中现只有一家造纸厂，两个纸作坊，有三个纸槽主要做低档麻纸，将要恢复桑皮纸制作
申遗情况	2015 年省级非物质文化遗产
相关遗存	村中有一些废弃的石碾，作坊内有一套完整的石碾和磨盘，还有一口古井。村中有原先阳谷纸厂的旧址，厂内有蔡伦像和石碑（1996 年立）

续表

基本信息	
备注	该地传统也做桑皮纸，但是后来由于原料不足， 改为只做麻纸，现准备恢复桑皮纸生产

产品信息			
纸张种类	用途	尺寸	价格/（元/张）
麻纸（黄）	练字、包装、衬垫	90 厘米 × 66 厘米	1
麻纸（白）	练字、糊制、包装、衬垫	90 厘米 × 60 厘米	0.8
		90 厘米 × 50 厘米	0.6
		45 厘米 × 50 厘米	0.25
		96 厘米 × 66 厘米	1.2

原料信息		
原料种类	原料价格/（元/斤）	原料比例
原麻	20	有两种配比：麻毛 50%，纸边 50%；麻毛 40%，纸边 60%
麻毛	0.7	
纸边	1.3—1.5	

备料制浆	
传统工艺	备料→剁麻→洗麻→碾轧（大石碾，毛驴拉）→洗麻→灰沤（加石灰）→蒸麻（石灰，五六个小时）→洗麻→压扁（小石碾）→洗麻→下池打浆
现代工艺	备料→打浆机打浆（先打纸边再打麻毛，用时一个半小时）→漂白→下池

抄纸工艺				
纸张品种	纸槽形制	抄纸方法	纸帘尺寸	纸帘形制
麻纸	地坑式	单人端帘	98 厘米 × 48 厘米	大纸：一抄一 小纸：一抄二

压纸工艺	
压纸工具	丫字形长木杆、石块

晒纸工艺			
干燥方法	工具	干燥载体	时间
自然晒干	鬃刷	院墙	一天

整理
每 20、50、100 张纸为一刀，无须裁边处理

表 20　山东临朐桑皮纸制作工艺调查表

基本信息	
调查地点	山东省潍坊市临朐县冶源镇冶源北村
调查时间	2015 年 8 月

基本信息			
调查对象	连恩平（46 岁）、刘斌（19 岁）、宋德安（63 岁）、苏师傅（70 岁）		
生产时间	除三伏天和三九天的其余时间		
日产量	200—300 张/槽		
生产现状	只存一家，主要做特净书画桑皮纸		
申遗情况	2009 年省级非物质文化遗产		
相关遗存	很少		
产品信息			
纸张种类	用途	尺寸	价格/（元/张）
桑皮纸	书画	50 厘米×100 厘米（三尺）	20
		79 厘米×140 厘米（四尺）	30
		98 厘米×180 厘米（六尺）	60
原料信息			
原料种类	原料价格/（元/斤）	原料比例	
桑皮	干皮：1.5	100%	
备料制浆			
传统工艺	备料→泡皮（河中或池中浸泡）→腌皮（至少一星期）→盘皮（蹬桑皮去皴）→化瓤子→晒瓤子（潜水日晒）→化瓤子→卡对子（人工脚碓）→切瓤子（双把铡刀）→撞瓤子→打瓤子（木棍）		
现代工艺	备料→泡皮（池中三天）→灰皮→漂白（弱碱或日晒）→挑选（去杂）→洗皮→卡对子（打碓）→切皮（铡刀或机器）→打浆（打浆机）		
抄纸工艺			
纸张品种	纸槽形制	抄纸方法	纸帘尺寸	纸帘形制
桑皮纸	高于地面	单人端帘	多种	一抄一
压纸工艺			
压纸工具	千斤顶		
晒纸工艺			
干燥方法	工具	干燥载体	时间
加热	鬃刷	加热烤墙	几分钟
整理			
原来：50 张/刀、100 张/刀；现在：10 张/筒、12 张/筒、36 张/筒			

表 21　山东郯城草纸制作工艺调查表

基本信息	
调查地点	山东省临沂市郯城县马头镇田站村、石站村、高册社区
调查时间	2015 年 7 月
调查对象	田兆林（82 岁）、张丽英（51 岁）、魏娟（38 岁）、张培振（36 岁）等
生产时间	农闲时间，尤以节假日前最为繁忙
日产量	1000 张/槽
生产现状	全镇现存不足百家纸作坊，每家规模不等，草纸改为棉黄纸
相关遗存	现存一块埋于地下仅部分微露的石碾

产品信息			
纸张种类	用途	尺寸	价格/（元/张）
黄纸	丧葬用纸	40 厘米 × 90 厘米	0.167

原料信息		
原料种类	原料价格/（元/斤）	原料比例
传统原料：麦秆		
现代原料：废棉	0.05—0.075	100%

备料制浆	
传统工艺	黄纸：麦秆→呛料（池中加石灰，一个星期）→蒸料（2—3 个小时）→淘洗（布袋内河中）→压碾（加 3 斤蒲棒，石碾、毛驴，一天时间，黏稠为止）→清洗（布袋内河中）→压水→抄纸（地下式纸槽，纸帘为竹帘，一抄三，60 cm×90cm）→榨纸（杠杆式）→晒纸（院墙） 白纸：绳头/鞋底→剁料→泡料（石灰）→蒸料（一晚）→碾轧→洗料→抄纸→榨纸→晒纸
过渡阶段	废纸箱、纸板→打浆→拌料→抄纸→控水→干燥
现代工艺	废棉→打浆（打浆机）→拌料（加黄颜料）→抄纸（地上式，纸帘为塑料帘）→控水（4—5 杆一摞）→干燥（悬挂式）

抄纸工艺			
纸张品种	纸槽形制	抄纸方法	纸帘尺寸	纸帘形制
麻纸	高于地面式	单人端帘	90 厘米 × 40 厘米	一抄一

压纸工艺	
压纸工具	

晒纸工艺			
干燥方法	工具	干燥方式	时间
自然晒干	挂绳	悬挂式	一天

整理
每 24 张纸为一刀，40 刀一捆，无须裁边处理，零售一裁三

表 22 山东周村大房黄纸制作工艺调查表

基本信息			
调查地点	山东省淄博市周村区大房村		
调查时间	2015 年 7 月		
调查对象	邢象坤（78 岁）、石广林（67 岁）、石广河（65 岁）、鲍贻孝（78 岁）		
生产时间	农闲、节庆时间		
日产量	1200 张/槽		
生产现状	"文化大革命"期间停产至今		
相关遗存	邢象坤老宅有石碾、压石、老屋		

产品信息			
纸张种类	用途	尺寸	价格/（元/张）
黄纸	丧葬用纸	35 厘米×35 厘米	

原料信息		
原料种类	原料价格/（元/斤）	原料比例
废纸		100%

备料制浆	
传统工艺	废纸、废箱子→浸泡→碾轧（石碾）→淘洗→拌料（加黄色颜料）→抄纸（竹帘）→压纸→晒纸（贴于木板，挂于房梁）→裁纸
现代工艺	

抄纸工艺				
纸张品种	纸槽形制	抄纸方法	纸帘尺寸	纸帘形制
桑皮纸	地坑式	单人端帘	40 厘米×70 厘米	一抄二

压纸工艺	
压纸工具	压石，杠杆式

晒纸工艺			
干燥方法	工具	干燥载体	时间
自然晒干	鬃刷	木板	

整理
裁边处理，60 张为一刀

表 23 河南大隗棉纸制作工艺调查表

基本信息	
调查地点	河南省新密市大隗镇纸坊村
调查时间	2016 年 6 月
调查对象	李宗寅、陈大明（69 岁）、黄保灵之妻（51 岁）等

续表

基本信息	
生产时间	不定
日产量	1600 张/槽
生产现状	现存黄保灵一家纸坊
备注	主要为陈大明回忆

产品信息			
纸张种类	用途	尺寸	价格/（元/张）
棉纸（又称白纸）	糊顶棚、糊窗、练字、上坟	48 厘米×45.5 厘米	0.4
黑纸	包糖果等		已不生产

原料信息		
原料种类	原料价格/（元/斤）	原料比例
构皮		棉纸：60 斤稻草加 25 斤构皮做 1600 张，现在使用少量
稻草		构皮加棉花下脚料和白纸边
麦秸		黑纸：麦秸 100%

备料制浆	
传统工艺	构皮：糙皮（蘸石灰水放置）→灰蒸（一周左右）→清洗→碾料（水碾）→碱蒸（加食用碱蒸一周）→淘瓤→撕瓤→搓碓→切瓤 稻草：灰蒸（蘸石灰水蒸三天）→淘洗→晒干→初碾→碱蒸（蘸碱水蒸 6—7 天）→二碾→撞瓤（放进布袋淘洗）
现代工艺	

抄纸工艺			
纸张品种	纸槽形制	抄纸方法	纸帘尺寸	纸帘形制
棉纸	地坑式	单人端帘		一抄二、一抄三

压纸工艺	
压纸工具	长木杆、石块

晒纸工艺			
干燥方法	工具	干燥载体	时间
阴干	鬃刷	石灰墙	

整理
以前 50 张纸为一刀，现在 100 张一刀

表 24   河南济源白棉纸制作工艺调查简表

基本信息	
调查地点	河南省济源市克井镇渠首村
调查时间	2018 年 6 月、8 月
调查对象	卫中茂（1953—）、卫中宝（1930—）等人
生产时间	一年四季皆可
日产量	青壮年一天可捞 1000 余张
生产现状	已停产 50 余年
相关遗存	造纸老人家中保留有纸帘、帘床、"动戚"槽杻等工具，已逐渐糟朽老化。保留有皮茎坑、石碾、脚碓、抄纸槽、站人坑、石质纸坯台、晒纸墙等设备，逐渐荒废。圪了滩的设备因造水库已被淹没

产品信息			
纸张种类	用途	尺寸	价格/（元/张）
皮纸	书写、裱糊（糊窗等）	44 厘米×35.5 厘米	

原料信息		
原料种类	原料价格/（元/斤）	原料比例
青檀皮		100%

备料制浆	
传统工艺	砍条（冬季，最晚至正月）→蒸檀→泡条→剥皮→晒干→泡皮→糙皮（石灰）→冲洗→馏瓤→浸泡→糙皮（草木灰）→馏瓤→清洗→砸碓（脚碓）→捣瓤→纸瓤入槽→加纸药（莪叶）→捞纸→压纸→晒纸→揭纸→裁剪锉光→成纸打捆
现代工艺	

抄纸工艺				
纸张品种	纸槽形制	抄纸方法	纸帘尺寸	纸帘形制
白棉纸（夹纸）	地坑式	一人端帘，前后捞两次	44 厘米×35.5 厘米	一抄二，一抄三

压纸工艺	
压纸工具、方法	丫字形木头、木块、石头，压一夜

晒纸工艺			
干燥方法	工具	干燥载体	时间
室内火墙人工烘干为主，室外建筑墙体自然晒干为辅	鬃刷（猪鬃）	室内火墙，室外建筑墙体	人工烘干几分钟，自然晒干几小时

整理
100 张为 1 刀，每算好 1 刀折一角作为记号，5 刀为 1 捆，2 捆为 1 大捆，即 1000 张为 1 大捆，用裁纸刀、锉子等工具裁剪整齐

表 25 河南沁阳市西向镇东高村草纸制作工艺调查表

基本信息	
调查地点	河南省沁阳市区
调查时间	2016 年 6 月
调查对象	高俊良（59 岁）
生产时间	不定
日产量	
生产现状	2012 年曾恢复生产，现已停产
备注	主要为高俊良介绍

产品信息			
纸张种类	用途	尺寸	原料
麻头纸	书写	32 厘米×32 厘米（复原纸样）	构皮、麻头、破布
草黄纸（又称毛纸）	副食品、中药和零碎物品包装	32 厘米×32 厘米	麦秸
黑纸	包装、书写	32 厘米×32 厘米	废纸、废纸箱

备料制浆	
传统工艺	构皮：灰浸→沤煮→锤碎→碾压（辊碾）→撞穰（放进布袋淘洗） 麦秸：碾压→灰浸（石灰水泡一晌）→灰蒸（7—10 天）→淘洗→二碾→撞穰（放进布袋淘洗）
现代工艺	

抄纸工艺			
纸张品种	纸槽形制	抄纸方法	纸帘尺寸	纸帘形制
麻头纸	地坑式	单人端帘		一抄三

压纸工艺	
压纸工具	长木杆、石块

晒纸工艺			
干燥方法	工具	干燥载体	时间
晒干	鬃刷	院墙	

整理
40 张为一刀，100 刀为一绳

表 26 陕西佳县麻纸制作工艺调查表

基本信息	
调查地点	陕西省榆林市佳县峪口镇峪口村
调查时间	2012 年 9 月

基本信息			
调查对象			
生产时间	农历二月至十月		
日产量	600—700 张/槽		
生产现状	现存十余家小型家庭作坊		
相关遗存	当地保留了多家纸坊和纸槽等相关工具		
备注	当地有一户纸帘制作人家，但因生产者年长，已不再做纸帘，目前当地已没人做纸帘		

产品信息			
纸张种类	用途	尺寸	价格/（元/张）
麻纸（已停产）	写字、糊窗		
玻璃纤维纸	糊窗、丧葬用纸	88 厘米×55 厘米	0.5

原料信息		
原料种类	原料价格/（元/斤）	原料比例
麻绳		麻纸（已停产）：麻绳 60%，废纸 40% 玻璃纤维纸：废纸 75%，玻璃纤维 25%
废纸	1	
玻璃纤维	2.5	

备料制浆	
传统工艺	切麻→洗麻→灰沤→蒸麻（石灰，三天）→碾料（石碾）→洗料
现代工艺	废纸：碾料（电动碾） 玻璃纤维：切成 2 厘米小段

抄纸工艺				
纸张品种	纸槽形制	抄纸方法	纸帘尺寸	纸帘形制
麻纸、玻璃纤维纸	地坑式、高于地面式	单人端帘	92 厘米×59 厘米	一抄一

压纸工艺	
压纸工具	两根长木杆、石块

晒纸工艺			
干燥方法	工具	干燥载体	时间
自然晒干	鬃刷	院墙	半天

整理
每 100 张纸为一刀，需用剪刀将边缘裁齐

表 27 陕西北张构皮纸制作工艺调查表

基本信息	
调查地点	陕西省西安市长安区兴隆乡北张村
调查时间	2011 年 7 月
调查对象	张逢学等
生产时间	全年生产，春节休息
日产量	800 张
生产现状	当地尚有 7 家纸坊，其中只有张逢学一家做构皮纸，其他纸坊均做废纸料纸
相关遗存	当地保存了石臼、蒸锅、纸槽等工具

产品信息			
纸张种类	用途	尺寸	价格/（元/张）
构皮纸	传统：书写、绘画、做账簿、裱糊、包装、医用止血	40 厘米×35 厘米 91 厘米×43 厘米	1—2
废纸料纸	丧葬用纸、卫生纸		0.12

原料信息		
原料种类	原料价格/（元/斤）	原料比例
构皮	冬构：3 春构：0.7	构皮纸：构皮 100% 废纸料纸：废纸 100%
废纸	1—1.1	

备料制浆	
传统工艺	构皮纸工艺：备料（冬构：冬季砍料，蒸料，剥皮；春构：春季砍料，剥皮）→浸泡→蒸煮→碾皮（石碾）→灰沤→蒸皮（石灰）→洗料→晒干→砸碓（脚碓）→切皮→捣料（石臼）→淘洗
现代工艺	废纸料纸工艺：打浆（打浆机）→清洗

抄纸工艺				
纸张品种	纸槽形制	抄纸方法	纸帘尺寸	纸帘形制
构皮纸、废纸料纸	地坑式	单人端帘	88 厘米×37 厘米	一抄二（小纸）

压纸工艺	
压纸工具	木杆、石块

晒纸工艺			
干燥方法	工具	干燥载体	时间
自然晒干	棕刷	院墙	

整理
每 100 张纸为一刀，不须裁边处理

表 28　陕西柞水构皮纸制作工艺调查表

基本信息	
调查地点	陕西省商洛市柞水县杏坪镇金口村、严坪村
调查时间	2011 年 7 月
调查对象	陈忠喜、陈世林、杨子文等人
生产时间	全年生产
日产量	1000 张/槽
生产现状	金口村现存纸坊较多，严坪村仅剩三四家纸坊
相关遗存	当地保存了蒸锅等设备

产品信息			
纸张种类	用途	尺寸	价格/（元/张）
构皮纸（大）	裱糊（棺材、酒缸）、垫棺材、书画（新增）	70 厘米×33 厘米	0.43
构皮纸（小）	裱糊（棺材、酒缸）、垫棺材	49 厘米×47 厘米	0.15—0.22

原料信息		
原料种类	原料价格/（元/斤）	原料比例
构皮	0.85	67%—100%
废纸		33%—0%

备料制浆	
传统工艺	构皮：浸泡→灰沤→蒸料（石灰，三四天）→洗料→浸泡→砸碓（脚碓）→切皮
现代工艺	构皮：浸泡→灰沤→蒸料（石灰，三四天）→洗料→浸泡→砸碓（电动碓）→切皮

抄纸工艺				
纸张品种	纸槽形制	抄纸方法	纸帘尺寸	纸帘形制
构皮纸	地坑式，高于地面（改良）	单人端帘	57 厘米×48 厘米	一抄一、一抄二

压纸工艺	
压纸工具	丫字形木杆、石块

晒纸工艺			
干燥方法	工具	干燥载体	时间
自然晒干	高粱秆制成的晒纸刷	院墙	

整理
每 80 或 100 张纸为一刀，不需要裁边

表 29　陕西镇巴县巴庙镇火纸制作工艺调查表

基本信息	
调查地点	陕西省汉中市镇巴县巴庙镇吊钟村
调查时间	2017 年 10 月
调查对象	王兴培（60 岁）及其父亲王义兴（86 岁）
生产时间	3 月至 10 月霜降以前
日产量	900—1000 张/槽
生产现状	仅有巴庙镇一家纸坊尚生产竹纸，纸坊采用传统水碓打料，有水车一座、纸槽一个，造纸师傅为王兴培及其兄长 2 人。因造纸过程中采用石灰沤法，生产废水直接排入河流，面临环保部门关停压力，同时，该纸坊亦面临后继乏人的问题
相关遗存	吊钟村沿河区域还存有部分造纸遗迹，在村内还有废弃石槽一个、废弃石质水碓房一间

产品信息			
纸张种类	用途	尺寸	价格/（元/张）
火纸	祭祀	15.5 厘米×23 厘米	0.1

原料信息		
原料种类	原料价格/（元/斤）	原料比例
竹子	送来纸坊：0.25 上门购：0.22—0.23	火纸：竹料 100%

备料制浆	
传统工艺	砍竹（秋末冬初）→碾破→打捆→水气蒸熏（十次）→清洗→晾晒→砸碓（水碓）→脚踩（将粘连的竹粉弄散）
现代工艺	砍竹（农历九月）→碾竹→打捆→浸泡（石灰）→沤竹（石灰）→晒竹→清洗→晒干→砸碓（水碓）→过筛（打粉机）

抄纸工艺				
纸张品种	纸槽形制	抄纸方法	纸帘尺寸	纸帘形制
火纸	地面式	单人端帘	77 厘米×55 厘米	一抄九

压纸工艺	
压纸工具	竹席、木板、石块、绳子、木轳辘和梯杆

晒纸工艺			
干燥方法	工具	干燥载体	时间
晾晒（堆晒）	无	河滩空地	10—30 天

整理
火纸无须剪裁，晒干后直接打捆，500 张纸为一捆

表 30　陕西省镇巴县桥沟村皮纸制作工艺调查表

基本信息	
调查地点	陕西省汉中市镇巴县观音镇桥沟村学堂垭
调查时间	2017 年 10 月
调查对象	康树清
生产时间	农闲时期
日产量	
生产现状	该村 20 世纪 80 年代尚有 30 多户人家造纸，镇上原有采用传统工艺的国营纸厂，现仅有桥沟村康树清一家在农闲时节少量生产。纸坊采用石灰蒸煮和脚碓打浆，有简易露天锅炉式蒸窑一座、简易半露天造纸房一间。造纸房内有脚碓一个、带暖手炉地面式纸槽一个，生产方式粗放，采用火碱蒸煮和漂白剂，但纸质较差，产量较小
相关遗存	作坊内尚存浸泡池、蒸窑土炉、石灰池、脚碓、纸槽等设备，尚在使用

产品信息			
纸张种类	用途	尺寸	价格/（元/张）
书写用纸	写仿、书信用纸、做礼簿	按需确定	已停产
生活用纸	裱糊（糊酒篓、雨伞纸）	按需确定	已停产
迷信纸	祭祀	24 厘米×21 厘米	0.1—0.2

原料信息		
原料种类	原料价格/（元/斤）	原料比例
楮树皮	干楮皮：1.1	100%

备料制浆	
传统工艺	砍条→剥皮→晒皮→泡皮→沤皮（火碱，传统采用石灰）→蒸皮（火碱，4—5 天）→洗皮（→晒干备用→浸泡）→砸碓（脚碓）→切皮→舂捣→筛洗
现代工艺	

抄纸工艺				
纸张品种	纸槽形制	抄纸方法	纸帘尺寸	纸帘形制
构皮纸	地面式	单人端帘	75 厘米×25 厘米	一抄三

压纸工艺	
压纸工具	木板、石块

晒纸工艺			
干燥方法	工具	干燥载体	时间
晾晒	无	空地	

整理
每 15 张纸为一刀，无须裁边处理

表 31 陕西省镇巴宣纸制作工艺调查表

基本信息

调查地点	陕西省汉中市镇巴县长岭镇九阵坝村（镇巴宣纸厂）
调查时间	2017 年 10 月
调查对象	胡明富（64 岁）
生产时间	3—12 月
日产量	600 张/槽
生产现状	镇巴县观音镇一带盛产皮纸，中华人民共和国成立后成立了国营镇巴纸厂，改革开放后濒临倒闭，被私人收购，并逐渐转型生产宣纸。纸厂占地面积 200 多平方米，现有工人 14 名，建有专门的青檀皮种植基地。厂房内有电动机自动碓打器、大型蒸煮锅炉、漂洗池、电动搅拌机、炭火烘纸墙等便于大规模造纸的设施
相关遗存	原国营镇巴纸厂已废弃，无相关遗存

产品信息

纸张种类	用途	尺寸	价格/（元/张）
宣纸	书画	主要为 145 厘米×100 厘米（四尺宣），另有少量丈二宣等尺寸纸	10

原料信息

原料种类	原料价格/（元/斤）	原料比例
青檀皮	干青檀皮：3	约 75%
沙田稻草		约 25%

备料制浆

传统工艺	1.青檀皮：砍条（生皮，4 月中下旬；熟皮，冬至以后）→蒸煮→剥皮→晒皮→浸泡→蒸煮（纯碱，传统采用石灰）→洗皮→碓打→漂白→漂洗 2.稻草：去草衣→去草尖→浸泡（石灰水，45 天）→沤料（30 天）→清洗→蒸煮→清洗→晾晒风化（6 个月）→浸泡→碓打
现代工艺	

抄纸工艺

纸张品种	纸槽形制	抄纸方法	纸帘尺寸	纸帘形制
宣纸	地面式	双人端帘		一抄一

压纸工艺

压纸工具	榨水器、杠杆

晒纸工艺

干燥方法	工具	干燥载体	时间
烘干	鬃刷	烘纸墙	

整理

每 100 张纸为一刀，检验合格后裁边和打包

表 32　甘肃康县构皮纸制作工艺调查表

基本信息			
调查地点	甘肃省陇南市康县大堡镇庄子村李家山社		
调查时间	2011 年 7 月		
调查对象	李生强（43 岁）等		
生产时间	全年		
日产量	3000—5000 张/槽		
生产现状	现在尚存 10 余家纸坊		
相关遗存	当地纸坊分布在一个名叫拉沟的山沟里，沟里有一条小河，河两岸分布着诸多纸坊，现在大多数纸坊已经废弃。当地还有蒸煮锅、石碾等工具		

产品信息			
纸张种类	用途	尺寸	价格/（元/张）
构皮纸（大）	书写	24 厘米×36 厘米	0.1
构皮纸（小）	过滤蜂蜜、烧纸	17 厘米×26 厘米	0.06

原料信息		
原料种类	原料价格/（元/斤）	原料比例
构皮	0.5	33%
废纸		67%

备料制浆	
传统工艺	采料（清明节后）→晒干→浸泡→拌灰→蒸料（石灰，15 天）→去皮（木棒）→清洗→砸碓（脚碓）→切料→碾料（石碾）→淘洗
现代工艺	

抄纸工艺			
纸张品种	纸槽形制	抄纸方法	纸帘尺寸	纸帘形制
构皮纸	高于地面	单人端帘	83 厘米×26 厘米	一抄四

压纸工艺	
压纸工具	木榨（利用杠杆原理）

晒纸工艺			
干燥方法	工具	干燥载体	时间
自然晒干	棕刷	院墙	

整理
无须裁边处理

表 33　甘肃西和构皮纸制作工艺调查表

基本信息	
调查地点	甘肃省陇南市西和县西高山镇刘河村、朱河村
调查时间	2011 年 7 月
调查对象	尹典贵、尹选辉、尹富应
生产时间	每年 8 月至次年 4 月
日产量	
生产现状	现有五六家纸坊
相关遗存	当地现有五六家纸坊生产，并有数个废弃的纸坊
备注	当地目前出现工艺改良的情况，开始使用高于地面的抄纸槽和大型纸帘（固定式纸帘，帘框为铝合金材质，帘面为纱布）抄制大纸，以供书画之用

产品信息			
纸张种类	用途	尺寸	价格/（元/张）
构皮纸	新增：书画	44 厘米 × 27 厘米	0.25—0.3

原料信息		
原料种类	原料价格/（元/斤）	原料比例
构皮	0.5—0.6	100%

备料制浆	
传统工艺	砍料（2 月份）→浸泡→蒸煮（2 天）→灰沤→灰蒸（石灰，2 天）→洗料→砸碓（脚碓）→切皮→捣料（石臼）
现代工艺	

抄纸工艺				
纸张品种	纸槽形制	抄纸方法	纸帘尺寸	纸帘形制
构皮纸	地坑式、高于地面式（新增）	单人端帘、双人扛帘（新增）	50 厘米 × 30 厘米	一抄一

压纸工艺	
压纸工具	丫字形木杆、石块

晒纸工艺			
干燥方法	工具	干燥载体	时间
自然晒干	高粱秆做的晒纸刷	院墙	

整理
每 100 张纸为一刀

表34　新疆和田桑皮纸制作工艺调查表

基本信息

调查地点	新疆维吾尔自治区和田市墨玉县普恰克其镇布达村
调查时间	2015 年 8 月
调查对象	吐尔孙·托合提巴柯
生产时间	冬季一般不做
日产量	100 张/槽
生产现状	有吐尔孙·托合提巴柯等两户
相关遗存	

产品信息

纸张种类	用途	尺寸	价格/（元/张）
桑皮纸	书写、包装、做靴帽的衬里、糊天窗	40 厘米×36 厘米（传统）、48 厘米×41 厘米、56 厘米×46 厘米	
桑皮书画纸	书画	69 厘米×60 厘米	

原料信息

原料种类	原料价格/（元/斤）	原料比例
桑皮		100%

备料制浆

传统工艺	浸泡（至少一晚）→剥皮（用小刀将棕色表皮刮去）→煮料（加胡杨碱煮四五个小时）→捣料（用木槌捶打）
现代工艺	

抄纸工艺

纸张品种	纸槽形制	抄纸方法	纸帘尺寸	纸帘形制
桑皮纸	地坑式（已填）	单人浇纸	60 厘米×44 厘米、78 厘米×54 厘米（连突出部）等	固定式
桑皮书画纸	高于地面式	单人浇纸	87 厘米×70 厘米	固定式

压纸工艺

压纸工具	

晒纸工艺

干燥方法	工具	干燥载体	时间
自然晒干	无	纸帘	一个多小时

整理

每 50 张纸为一组

表 35 湖北十堰市郧阳皮纸制作工艺调查表

基本信息	
调查地点	湖北省十堰市郧阳区鲍峡镇石门沟村
调查时间	2017 年 10 月
调查对象	董在石（85 岁）
生产时间	农闲时期
日产量	800—900 张/槽
生产现状	该作坊的皮纸生产技艺列入湖北省非物质文化遗产名录，董在石之子董发坤为省级非遗项目传承人，但董发坤因车祸于 2016 年去世。作坊保存较为完整，有造纸作业间两间，各种设施和工具都较为齐全，因董在石年事已高，造纸作坊已停产
相关遗存	造纸坊现存有畜力石碾一个、带暖手炉地坑式捞纸槽一个、皮料槽一个、脚碓一套、切皮凳一套，以及若干晒纸架等

产品信息			
纸张种类	用途	尺寸	价格/（元/张）
黑皮纸	糊斗笠、糊纸伞、封油篓、封窗户、接生以及敛尸等	48 厘米×35 厘米	

原料信息		
原料种类	原料价格/（元/斤）	原料比例
构皮	干构皮：1.1	100%

备料制浆	
传统工艺	砍条→剥皮→捆把→晒皮→泡皮→蒸煮（1 天）→焖锅（1 天）→碾皮→抖皮→滚灰（石灰）→沤皮→蒸煮（1 天）→焖锅（1 天）→洗皮→浸泡→沥水→晒干→散把→浸润→脚碓→切杌→浸泡→搅浆→放浆→打槽
现代工艺	

抄纸工艺				
纸张品种	纸槽形制	抄纸方法	纸帘尺寸	纸帘形制
黑皮纸	地坑式	单人端帘		一抄一

压纸工艺	
压纸工具	木板、石块、杠杆

晒纸工艺			
干燥方法	工具	干燥载体	时间
晾晒	鬃刷	晒纸墙	视天气而定

整理
抄纸过程中三边齐平，一边需裁切

注：表 3、4、5、6、7、15 由吕畔来整理，表 17、19、20、21、22 由杨青整理，表 24 由邵青整理，表 29、30、31、35 由张勇整理

后　记

　　北方的手工造纸工艺和现状，想必在关心手工纸的人士中也已经知者寥寥。笔者多年来关注手工纸，主要是对日本纸以及我国南方手工纸的研究，很长一段时间，对于北方手工纸的认识，还停留在少数文献上。笔者指导的研究生苏俊杰在从事连史纸研究之余，于 2007 年对陕西凤翔、洋县的手工造纸进行了初步的调查，也使我对北方手工纸的认识从文献开始走向现实。2008 年，本科生张学津找到我，希望跟我做学年论文。闲谈中，说起家乡离迁安很近。以我对北方手工纸的一些粗浅认识，知道迁安是著名的书画纸产地，有"南宣北迁"之称，就布置她关注一下迁安的手工造纸。在 2009 年初，也就是正好 10 年之前，我们对北方手工造纸进行了第一次调查，结果是喜忧参半。喜的是在迁安，还保留有较为丰富多样的手工纸制造工艺，从传统的毛头纸，到高丽皮纸，再到仿宣书画纸，而且具有相当规模。特别是毛头纸的作坊中，还可以看到文献中介绍的地坑式纸槽、院墙晒纸等有北方特色的设备和工艺。忧的是传统造纸艺人大多年事已高，手工纸的原料和工艺退化严重，大量掺杂废纸，即使是较高档的高丽皮纸，当时质量也下降严重，在故宫等单位的书画修复中，只能作为吸水纸。这样的结果，使我们感到，北方手工造纸虽然已经湮没无闻，但仍有许多值得抢救、挖掘、研究的地方。以此为契机，我们开始着手对北方手工造纸进行比较系统的调查与研究。其初步的成果，就是本书作者之一张学津于 2013 年完成的硕士论文《北方地区传统手工造纸工艺研究》。随后，又对山西、陕西、山东、新疆等地的手工造纸地点进行了多次的补充调查，涵盖了大多数现存或是停产未久的北方手工造纸地点，其结果形成了本书的现状调查部分。

　　系统调查涉及二十余处地点，论其规模，不到有些南方省份如云南、贵州一个省的数量。尚存有手工造纸的县市数，对照清代民国时期的记载，也已经下降到当时的十分之一以下，按作坊数而言，更是百不存一。由此可见，北方手工造纸衰退之严重。这些硕果仅存的作坊，也大多在生产质量低劣的生活用纸，情形大抵与南方大量存在的迷信纸作坊类似。少数较有保存价值的地点，如山东曲阜、河南济源的传统手工造纸村落，其原貌也随着新农村建设和大规模的基建而彻底消失了。这又使我们感到抢救工作的紧迫性，目睹这些变化，常常有一丝无奈。

　　本书以北方手工造纸为主题，虽然是以一般认知上的北方地区为主要研究范围，但并非严格地基于南北地理或是行政区域划分，而是基于传统造纸工艺在历史发展过程中，由于种种原因而形成的北方区域特点。众所周知，北方是手工造纸的发源地，其工艺与南方手工造纸工艺相比，又有一些自身的特点，以往的纸史研究学者，如潘吉星、陈大川、久米康生等前辈，也已经关注到了这些特点，但限于当时的条件，没有能够进行比较全面系统的考察分析。而现在，随着交通条件的改善，调查工作变得更为便捷。但同时，不少地方的手工造纸，由于纸张需求和用途的改变，也在逐步吸收南方乃至国外的一些技术和设备，其固有的特点正在消失。对于这样一种变化，我们不必加以苛责，某种程度这也是适应需求的合理发展，在历史上也不断发生，无非是近年来这种改变明显加速了而已。但对于北方传统造纸工艺的研究而言，不啻是一大损失。本书的后半部分，即根据田野调查的结果，结合历史文献，试图对各类北方手工纸的传统制作工艺进行探讨，并归纳出北方手工造纸工艺的一些共同特点和地域差异，为还原北方传统造纸工艺提供一些线索。

　　对于北方传统造纸工艺的调查分析，目的之一，是为手工造纸技术的发展史研究提供材料，这也是笔者的兴趣所在。而对北方手工造纸工艺的研究和介绍，也希望能够进一步唤起各界对此的重视，在对工艺价值进行评估的基础上，更加科学合理地开展保护工作。而就北方手工造纸的发展而言，适应市场需求变化，结合造纸技术的进步，合理的工艺改良是必由之路。这是本书后半部分即北方手工造纸工艺保护部分想要探讨的问题。

　　对于北方手工造纸的研究，作为一项涵盖较多田野调查的研究工作，在实施过程中，离不开以研究生为主的科研团队成员的通力协作。特别是本书的合作者张学津，在整个研究过程中，对其中的山西、陕西、河北、山东、甘肃的10 余处地点进行了调查，同时对广西、湖南、安徽、浙江、江西等南方省份的一些地点也进行了考察，以对南北的手工造纸特点加以分析对比。随后，又对北方手工造纸工艺的价值进行了分析，提出了当前保护工作中存在的问题和保护策略。其硕士论文构成了本书的重要基础。除此之外，笔者的研究生苏俊杰、巩梦婷、唐潇骏、赵嫣一、董择、杨青、张勇、张泽广、邵青、赵汝轩、吕畔来以及本科生马婧婕等也参与了部分调查工作。在本书的写作过程中，常常想起那些快乐而难忘的日子。

在调查研究的过程中，得到了诸多当地造纸艺人和非遗保护人士的帮助，他们中有：任登科、刘算、刘华、李之超、杨永安、李景华、郭凤俊、李秀庭、宋玉如、张作民、鲁清田、王树月、鲁工、鲁兴旺、郑友明、孔昭平、连恩平、田兆林、张丽英、魏娟、张培振、槐成泉、郑功再、李生强、尹选辉、尹富应、陈忠喜、陈世林、杨子文、尹二买、侯全旺、郑变和、王清闲、梁虎、陈振华、赵鸿钧、崔积财、马宝印、庞宝、刘隆谦、赵文国、张逢学、吕希娃、侯平亮、安福增、李玉宝、田杰才、张恒祥、尹典贵、吐尔孙·托合提巴柯、陈大明、黄保灵、高俊良、王兴培、康树清、胡明富、卫中茂、卫中宝、范清义、卫乃庚、卫中超、卫太行、邓旭亚、邓那、马咏春、李恩佳、刘树、刘海、李爱文、尹小燕、付智军、孔祥伟、杨凤华、安海、陈黎云、刘岗、杨虎虎、张化杰、张霆、李宗寅、张诚忠、李睿芳、李浩、赵新迪、汪自强、缪延丰等。如有脱漏之处，还请相关人士见谅。

在此特别要感谢的是，纸史研究的前辈潘吉星先生不顾年事已高，阅读了本书的初稿并加以勉励。同时提供了 20 世纪 60 年代调查陕西手工造纸的原始笔记供笔者进行比较研究。这对于笔者是莫大的鼓励，同时更感到重任在肩。中科院院士、复旦大学原校长、复旦大学中华古籍保护研究院杨玉良院长在百忙之中，应笔者之请，欣然为本书作序，提出了不少真知灼见，体现了对北方手工纸研究的关心和支持。

作为北方手工造纸工艺研究的阶段性成果，本书以这样的面貌呈现在大家面前。其中，北方手工造纸的现状调查部分，对于各地造纸工艺的介绍，只是简报的形式，重要地点的详细调查报告，有待以后进一步整理。同时，传统工艺的分析比较，由于材料的限制，肯定存在一些认识片面甚至错漏的地方，有待今后进一步挖掘材料，加以补充完善，也请读者不吝指正。希望本书能够抛砖引玉，吸引更多的学者和热心人士，加入到北方手工造纸工艺的研究和保护队伍中来，重新认识北方手工纸所起过的重要作用，实现北方手工纸的复兴。

　　是为记。

陈　刚

己亥正月于梁溪